河北阳原姜家梁新石器时代人骨研究

李法军　著

科学出版社
北　京

内 容 简 介

本书的研究对象是河北省张家口市阳原县姜家梁新石器时代遗址所出的人类骨骼遗存。作者运用人口统计学、骨骼形态学、骨骼测量学、齿学人类学、古病理学、食谱分析以及多元统计分析方法，对这批迄今为止河北省内发现被发掘的、规模最大的新石器时代遗址人类骨骼遗存进行了系统研究。骨骼形态学和骨骼测量学的研究结果显示，姜家梁新石器时代居民属于先秦时期的古华北类型，并且是一个“同种系多类型的复合体”，反映出该人群在遗传构成上的复杂性和多元性。依据目前的信息，作者推断其最为可能的人口构成与庙子沟文化居民和红山文化居民有关。齿学人类学的研究表明，该人群属于“中国型牙”，明显归属于东北亚类群。古病理学的研究表明，其居民罹患疾病的种类较多，某些病理现象（如先天性胫腓骨联合、髌骨软化症和肱骨大结节结核）在国内古病理学研安中尚属首次报道，某些个体存在枕骨人工变形的现象。食谱分析的结果表明，部分个体在摄取食物的方式、种类和数量上可能存在差异，暗示该人群中确实存在食物占有和分配上的或者是某种饮食习惯上的差异。

本书可供体质人类学、考古学、博物馆学、历史学、民族学和古病理学等相关领域的人员阅读、参考。

图书在版编目(CIP)数据

河北阳原姜家梁新石器时代人骨研究/李法军著. —北京：科学出版社，2008

ISBN 978-7-03-021758-5

Ⅰ. 河… Ⅱ. 李… Ⅲ. 化石人类－考古－阳原县－新石器时代 Ⅳ. Q981. 6

中国版本图书馆 CIP 数据核字（2008）第 057772 号

责任编辑：宋小军 刘 能 卜 新／责任校对：张 琪
责任印制：赵德静／封面设计：王 浩

科学出版社 出版
北京东黄城根北街16号
邮政编码:100717
http://www.sciencep.com

中国科学院印刷厂 印刷

科学出版社发行 各地新华书店经销

*

2008年5月第 一 版 开本：B5（720×1000）
2008年5月第一次印刷 印张：17 1/2 插页：1
印数：1—1 500 字数：331 000

定价：80.00 元

（如有印装质量问题，我社负责调换〈科印〉）

A Research on Human Skeletons of the Neolithic Age in Jiangjialiang, Yangyuan, Hebei, China

By

Li Fajun

Science Press
Beijing

本课题的研究得到“教育部人文社会科学重点研究基地重大项目”和“国家基础科学人才培养基金特殊学科点项目”资助

该成果得到“吉林大学‘985 工程’项目——中国边疆史地哲学社会科学创新基地”资助

序

姜家梁新石器时代墓地位于河北省张家口市阳原县东城镇西水地村东的山丘顶部，是该地区仰韶时代向龙山时代过渡遗存的代表。河北省文物研究所分别于1995年和1998年对该遗址进行了两次发掘，共清理墓葬78座，采集到一批珍贵的新石器时代人骨资料。当时河北省文物研究所的谢飞所长与我联系，希望由我们吉林大学考古学系承担该批古人类遗骸的体质人类学与分子考古学的研究工作。

1999年，李法军同学考取了我的硕士研究生。该同学是一位勤于思索、刻苦努力、颇富创新精神的年轻人。他在本科生阶段就表现出对体质人类学研究的浓厚兴趣。在我的指导下，他撰写了《陶寺居民人类学类型的研究》这篇本科生毕业论文，后来该文经进一步修改已经在《文物春秋》杂志上正式发表。此外，他还完成了一项自选课题《中国北方地区古代人骨上所见骨骼病理与创伤的统计分析》的研究任务。鉴于上述情况，我决定从姜家梁新石器时代人骨研究课题中分出一个子项目交由李法军同学作为他的硕士学位论文来研究。

2001年，吉林大学研究生院开始在考古学及博物馆学专业遴选一部分优秀的硕士生为硕博连读培养对象，直接攻读博士学位。由于李法军同学具有良好的个人素质和突出的学术表现，他顺利入选，成为我所招收的第一位硕博连读的博士生。经我与他多次讨论、斟酌，决定将其原定硕士论文的研究范围扩大，作为其博士学位论文的选题。

在攻读博士学位期间，李法军同学更是勤勉不怠。在博士论文写作过程中，他主动提出进行多次调研活动，参加本系和校外考古单位的发掘和调查活动，以便为论文的写作搜集论据。在参与这些活动的过程中，李法军同学表现出了作为一名青年学者所应具有的认真和执著的品质。在此期间，他陆续发表了《河北阳原姜家梁新石器时代遗址头骨非连续性形态特征的观察与研究》、《湖北省巴东县孔包汉墓人骨鉴定》、《浅谈生物塑化技术在考古学和人类学中的应用》等多篇研究论文。同时，还参加了由我担任主编的教育部“十五”国家级规划教材《体质人类学》一书的编撰工作，独立完成了该书第三篇《人类在自然界中的位置》的编写工作。

李法军同学的博士论文《河北阳原姜家梁新石器时代人骨研究》从确定选题、收集资料、标本整理、观察测量、数理统计、比较分析、样品检测、文稿撰写一直到最后定稿，先后历经4年多的时光。此间，作者以坚忍不拔的顽强毅力和锐意进取的科学精神克服了诸多困难，很好地完成了此项研究工作，展示出他所具有的颇强的创造性科学研究能力。这篇文章是近年来我所指导的研究生学位论文中，就一批新出土的古人骨资料展开多学科、多角度、多方位综合型研究的一次有益的尝试。该论文除包括性别鉴定、年龄鉴定、颅骨的观察与测量、身高的估算以及古人种学分析等传统研究内容之外，作者还在颅骨的非连续性形态特征、牙齿人类学、古病理学和骨骼微量元素食谱分析等前沿、热点领域进行了细致的研究，取得了不少有益的成果。

值得提到的是，在这篇学位论文写作过程中，有些研究领域并非我之所长，因此李法军同学还曾经向众多校内外前辈学者和学界同行请教、学习，并得到了他们热情的帮助和耐心的指点。关于这些情况，作者在后记中已一一列出，并致谢忱。我在这里就不再赘述了，仅仅再次表达本人对这些前辈、朋友们的诚挚感谢之情。

此外，我还要感谢我的好朋友——河北省文物局副局长谢飞先生，感谢他对吉林大学考古学科以及我个人多年来的信任和支持，并委托我们对姜家梁墓地出土的新石器时代人骨进行研究，这是现在摆在读者们面前的这部古人骨研究专著诞生的基本前提。

朱　泓

于吉林大学边疆考古研究中心

2007 年 11 月 17 日

目　录

绪　　论

在中国史前考古的诸多地点中，有一块可称其为“宝地”，这就是著名的泥河湾盆地。它北依冀北山地、蒙古高原和山西高原，南临莽莽太行和广袤的华北平原，桑干河在其间由西南向东北蜿蜒流过（图 0-1）。

考古学研究表明，早在 200 万年之前，人类就已经在这里繁衍生息了（尤玉柱　1989；河北省文物研究所等　2003；卫奇　1989）。在空间上，我们可以将泥河湾盆地看成是阳原盆地、蔚县盆地和大同盆地的地理融合；在时间上，它又是整个旧石器时代到新石器时代的文化延续（谢飞　1989）。

泥河湾盆地研究已经有 80 余年历史了。1921 年，法国神甫桑志华（E. Lecent）开始在中国搜集古生物化石标本。1924 年，美国地质学家巴尔博（G. B. Barbour）以阳原县泥河湾村之名，将盆地里发育的这一套灰绿色、灰黄色地层称为“泥河湾层”。后来的研究表明，泥河湾层包括下更新统、中更新统和上更新统的地层（河北省文物研究所等　2003）。1930 年，法国生物学家德日进（P. Teilhard de Chardin）对泥河湾层的哺乳动物化石做了详细研究，并预见泥河湾盆地有人类存在的可能性。

1957 年，著名考古学家贾兰坡、王建提出了“泥河湾期的地层才是最早人类的脚踏地”的观点。1974 年，贾兰坡、卫奇等在泥河湾层顶部发现了许家窑—侯家窑遗址。1976 年，贾兰坡等对许家窑旧石器时代文化遗址进行了发掘，在这里首次发现了人类化石，共 9 件（贾兰坡等　1989）。

1977 年，吴茂霖等对该遗址做了进一步发掘，获得八件人类化石（吴茂霖　1989）。1978 年，尤玉柱、汤英俊、李毅在泥河湾早更新统地层中发现了著名的小长梁遗址，它是早更新世时期，泥河湾盆地远古人类活动的第一批考古学证据。

1983 年，河北省文物研究所的谢飞开始主持泥河湾旧石器考古工作。20 世纪 90 年代以来，谢飞等在考古调查中又先后发现了诸多非常重要的遗址，例如马圈沟遗址、飞梁遗址、雀儿沟遗址、摩天岭遗址、白土梁遗址、西白马营遗址、籍箕滩遗址等。其中，马圈沟遗址的发现，将泥河湾盆地古人类活动的历史推前到距今 200 万年前后（河北省文物研究所等　2003）。

姜家梁新石器时代遗址位于泥河湾盆地东部——河北省张家口市阳原县东城镇西水地村东的山丘顶。它是仰韶时代向龙山时代过渡遗存的代表（段宏振　2001）。该遗址是迄今为止在河北省被发现并被发掘的规模最大的新石器时代遗址。

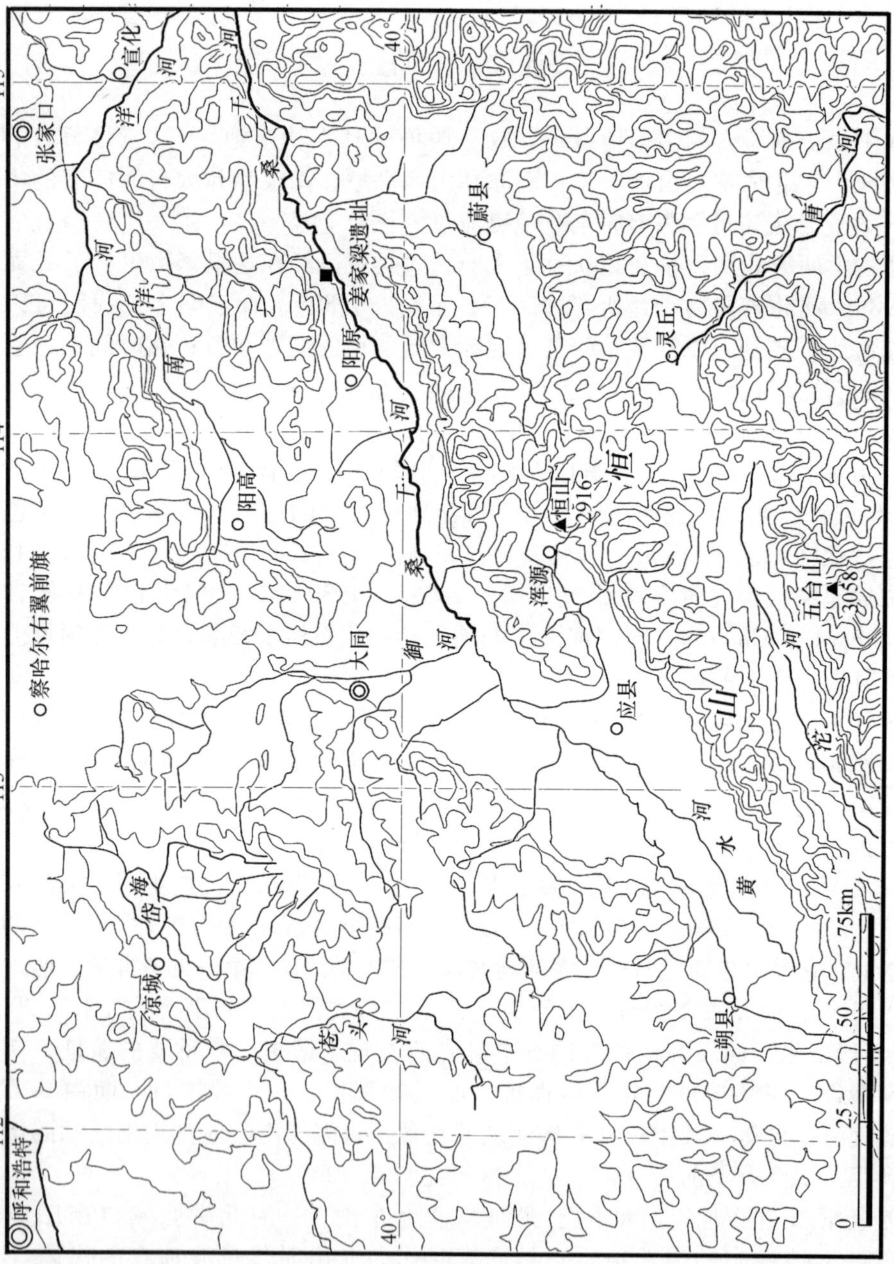

图 0-1 泥河湾盆地及其周围地貌

其地南临桑干河，高出河床约30m。遗址周围受地表径流冲积，形成了深沟壑谷的地貌，遗址因之而被分隔成三部分，在发掘中将其分为三个区，由东而西分别为Ⅰ、Ⅱ、Ⅲ区（图0-2）。1995年对Ⅰ区进行了发掘，1998年对Ⅱ、Ⅲ区进行了发掘。总发掘面积为1600 m^2。共发掘房址9座，清理墓葬78座（河北省文物研究所 2001）。

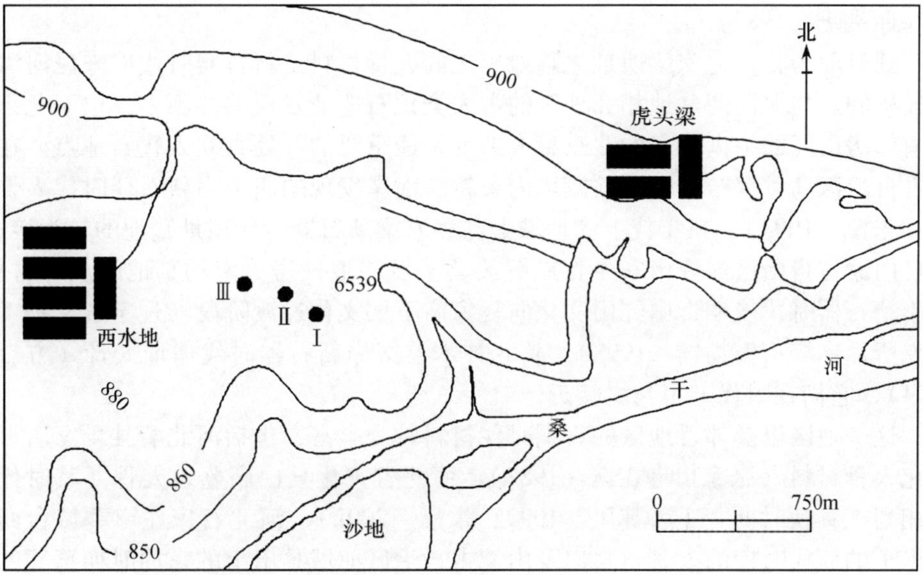

图0-2 姜家梁新石器时代遗址墓葬区分布图

墓地与居住址基本重合，除M78因年代不同之外，其余墓葬分布井然有序：由南而北，大致分为五排，每一排呈东西向排列，数量不等。墓葬之间无打破关系，墓向基本一致，主要集中于340°—355°。

墓葬形制分为长方形土坑竖穴墓和洞室墓，以长方形土坑竖穴墓为主。葬式均为仰身屈肢葬。墓葬本身以单人葬为主，仅有两例合葬墓（M43、M63）和两例三人葬（M47、M65）。有随葬品的墓葬多于无随葬品者。出土遗物的种类包括陶器、石器、玉器等，以陶器为主。陶器包括夹砂陶和泥质陶两系，具体包括盆、钵、瓢形器、豆、高足杯和纺轮等；石、玉器包括玉猪龙（M75∶1）、石锛、石镞、石环、石纺轮、石核和石片等。

由于没有姜家梁遗址墓葬的直接断年数据，我们只能间接获得姜家梁遗址墓葬所处的时代。据北京大学考古系碳-14测年，姜家梁房址（F1）的年代是距今6850年±80年（未做树轮校正）。姜家梁遗址的房址多被墓葬打破，显然其时代要早于墓葬的时代。但是从房址和墓葬所出遗物看，两者之间没有必然的联系，他们是不同时代，不同人群留下的不同的文化遗存（河北省文物研究所 2001）。

在文化特征上，姜家梁遗址墓葬的文化面貌与内蒙古赤峰大南沟墓地相近。雪山一期和蔚县三关遗址三期的某些器物的文化面貌与之有相似或相近之处（河北省文物研究所　2003）。姜家梁遗址的墓葬中有7座土洞墓，在华北、东北的新石器时代墓葬中，是绝少有土洞墓出现的，类似情况仅见赤峰大南沟墓地。有人认为土洞墓的分布中心在甘青地区，范围达黄河中上游以及河西走廊等西北地区（谢端琚　1987）。

到目前为止，姜家梁遗址之墓地出土的人骨材料是新石器时代以来泥河湾盆地最早的。与泥河湾盆地相邻地区的古人类化石遗址发现的并不多，位于北京市西南郊房山区的举世闻名的北京猿人遗址是最重要的一处直立人化石地点。在内蒙古自治区乌兰察布盟察右前旗境内黄旗海南岸发现的庙子沟新石器时代人骨材料（朱泓　1994），在年代上和地域上与姜家梁新石器时代遗址墓地的较为接近。出自内蒙古自治区赤峰市翁牛特旗解放营子乡二道杖房大南沟墓地的人骨材料，处于新石器时代晚期，由红山文化向夏家店下层文化过渡阶段（辽宁省文物考古研究所，赤峰市博物馆　1998）；陕北神木县寨峁新石器时代遗址人骨（方启　2004），它们在时代上也与之接近。

这一地区以及邻近地区的青铜时代材料较为丰富，包括河北蔚县夏家店下层文化人骨材料（张家口考古队　1987）、河北省宣化县白庙墓地人骨（其时代大约相当于春秋时期）（潘其风　1993；朱泓　2002）、河北石家庄市藁城台西遗址出土的商代时期的人骨材料以及内蒙古自治区凉城县出土的东周时期墓葬的人骨材料，这些遗址和墓地均在地域上与姜家梁遗址接近（汪洋　1996；潘其风　1986；朱泓　1991；何嘉宁　2001）。

此外，还包括内蒙古赤峰市敖汉旗大甸子墓地人骨（潘其风　1996）、赤峰市敖汉旗水泉墓地人骨（朱泓等　2002）、赤峰市翁牛特旗大南沟人骨（潘其风　1998）、赤峰地区出土的夏家店上层文化人骨（朱泓　1989）、鄂尔多斯市伊金霍洛旗朱开沟青铜时代早期遗址人骨（潘其风　2000）、辽宁彰武平安堡青铜时代人骨（朱泓等　1994）、辽宁康平顺山屯青铜时代人骨（朱泓　1994）、辽宁本溪庙后山青铜时代人骨（朱泓　1997）、山西忻州游邀青铜时代人骨（朱泓　2004）、山西汾阳杏花村先秦时期人骨（朱泓　1999）、山西襄汾陶寺先秦时期遗址人骨（李法军　2001）、山西侯马天马—曲村西周墓地人骨（潘其风　2000），这些遗址或墓地在年代上均晚于姜家梁遗址，在地域上与姜家梁遗址相对接近。

姜家梁新石器时代遗址墓葬群的发现对研究冀北地区新石器时代文化面貌和特征以及与东北、西北地区的文化交流具有重要意义。笔者将全面深入地研究这批珍贵的人骨材料，希望从中获得有关人类学、考古学、病理学和营养学等诸多方面的信息，为今后的相关研究提供一份有价值的参考。

参 考 文 献

段宏振. 2001. 河北考古的世纪回顾与思考. 考古,(2):1—12
方启. 2004. 陕西神木县寨峁遗址古人骨研究//边疆考古研究. 第2辑. 科学出版社. 316—336
何嘉宁. 2001. 内蒙古凉城县饮牛沟墓地1997年发掘出土人骨研究. 考古,(11):80—86
河北省文物研究所. 2001. 河北阳原县姜家梁新石器时代遗址的发掘. 考古,(2):13—25
河北省文物研究所,河北省泥河湾文化研究会. 2003. 泥河湾盆地远古之旅. 2,3
贾兰坡,卫奇,李超荣. 1989. 许家窑旧石器时代文化遗址1976年发掘报告//泥河湾研究论文选编. 文物出版社. 6—18
李法军. 2001. 陶寺居民人类学类型的研究. 文物春秋,(4):8—16
辽宁省文物考古研究所,赤峰市博物馆. 1998. 大南沟——后红山文化墓地的发掘报告. 科学出版社. 61,66
潘其风. 1986. 毛庆沟墓葬人骨的研究//鄂尔多斯式青铜器. 文物出版社. 316—341
潘其风. 1993. 内蒙古和东北地区商周时期至汉代居民的人种类型及其相互关系//中国考古学论丛——中国社会科学院考古研究所建所40年纪念. 科学出版社. 267—278
潘其风. 1996. 大甸子墓葬出土人骨的研究//大甸子——夏家店下层文化遗址与墓地发掘报告. 科学出版社. 224—322
潘其风. 1998. 大南沟新石器时代墓葬出土人骨的观察鉴定与研究//大南沟——后红山文化墓地的发掘报告. 科学出版社. 145—150
潘其风. 2000. 天马——曲村遗址西周墓地出土人骨的研究报告//天马曲村(1980—1989). 第三册. 科学出版社. 1 138—1 152
潘其风. 2000. 朱开沟墓地人骨的研究//朱开沟——青铜时代早期遗址发掘报告. 文物出版社. 340—399
汪洋. 1996. 藁城台西商代居民的人种学研究. 文物春秋,(4):13—21
卫奇. 1989. 东谷坨旧石器初步观察//泥河湾研究论文选编. 文物出版社. 115—128
吴茂霖. 1989. 许家窑遗址1977年出土的人类化石//泥河湾研究论文选编. 文物出版社. 19—28
谢端琚. 1987. 试论我国早期土洞墓. 考古,(12):1 097—1 104
谢飞. 1989. 前言//泥河湾研究论文选编. 文物出版社. 1—4
尤玉柱. 1989. 河北小长梁旧石器遗址的新材料及其时代问题//泥河湾研究论文选编. 文物出版社. 92—98
张家口考古队. 1987. 蔚县夏家店下层文化颅骨的人种学研究. 北方文物,(1):2—11
朱泓. 1989. 夏家店上层文化居民的种族类型及相关问题//辽海文物学刊——辽宁省博物馆建馆四十周年纪念特刊,(1):111—122
朱泓. 1991. 内蒙古凉城东周时期墓葬人骨研究//考古学集刊. 第七集. 科学出版社. 169—191

朱泓. 1994. 顺山屯青铜时代居民的人种学研究. 辽海文物学刊,(1):131—139
朱泓. 1994. 内蒙古察右前旗庙子沟新石器时代颅骨的人类学特征. 人类学学报,(2):126—133
朱泓. 1997. 本溪庙后山青铜时代居民的种系归属//考古学文化论集(四). 文物出版社. 211—218
朱泓. 1999. 杏花村遗址古代人骨研究//晋中考古. 文物出版社. 207—209
朱泓. 2002. 内蒙古长城地带的古代种族//边疆考古研究——中国北方长城地带青铜文化考古国际研讨会论文集第一辑. 科学出版社. 301—313
朱泓. 2004. 游邀遗址夏代居民的人类学特征//忻州游邀考古. 科学出版社. 188—214
朱泓,王成生. 1994. 彰武平安堡青铜时代居民的种族类型. 考古,(2):159—164
朱泓,魏东. 2002. 内蒙古敖汉旗水泉遗迹出土の青铜器时代人骨//东北アヅアにわける先史文化の比较考古学的研究——平成11年度—13年度科学研究费补助金(基盘研究<A><2>研究成果报告书). シモグ印刷株式会社. 69—93

第一章　人口寿命研究

“在对骨骼进行人类学、考古学和法医学的研究之前，都必须首先对其做出可靠的性别鉴定，否则便会直接影响到研究结论的正确性……比较准确地鉴定骨骼的年龄，是进行骨骼测量研究的重要前提，否则，我们就不能正确地按照年龄组分别处理测量数据，而各不同年龄组之间，尤其是在未成年人和成年人之间同类测量项目上数值的变异范围是有很大差距的。所以，不能比较准确地做出性别鉴定，就无法正确地统计和使用测量资料进行研究和分析（朱泓等　2004）。”不仅如此，在研究各个时期人口寿命以及居民健康等问题的时候，如果没有可靠的性别和年龄鉴定，就没有研究这些问题的基础。

第一节　性别和年龄鉴定的材料与方法

笔者用于性别和年龄鉴定的人骨材料出自河北阳原县姜家梁新石器时代遗址的Ⅰ、Ⅱ、Ⅲ区，出土人骨138例，现存87例。全部人骨标本目前保存于吉林大学边疆考古研究中心人类学研究室。

性别和年龄鉴定方法主要依据吴汝康等（1984）、邵象清（1985）和Todd（1921）等所确立的标准。

一、个体年龄鉴定的依据

未成年骨骼主要根据牙齿萌出时间、四肢骨骨化点出现、骨骺愈合来判断。成年人骨骼主要依据耻骨联合面年龄变化、牙齿磨耗程度、颅骨骨缝愈合情况进行综合分析。

各年龄组判断具体依据如下：

（1）婴幼少年期：乳齿萌出、或乳恒牙齿并存、或除第三臼齿外的恒齿全部萌出且未有磨耗，颅骨骨缝没有开始愈合，四肢骨骨骺自13岁开始愈合。

（2）青年期：耻骨联合面圆突，整个联合面由隆嵴和沟组成，嵴的高度可达2—3mm，其后逐渐明显变平。联合面的边缘无界限边缘，背侧缘从中部开始出现。第一臼齿和第二臼齿一般属于Ⅰ级磨耗。颅骨基底缝和矢状缝未愈合或开始愈合。

(3) 壮年期：耻骨联合面隆嵴逐渐消失至开始凹陷。背侧缘和腹侧缘完全形成，周缘完全形成并开始呈卵圆形倾向。第一臼齿属于Ⅱ—Ⅲ级磨耗，第二臼齿达Ⅱ级磨耗。颅骨基底缝已经愈合，颅骨骨缝部分开始愈合，矢状缝几近完全愈合。

(4) 中年期：耻骨联合面由轻度下凹转向波形起伏继而明显下凹。联合面呈卵圆形。腹侧缘和背侧缘有唇缘形成。第一臼齿属于Ⅳ级磨耗，第二臼齿达Ⅲ—Ⅳ级磨耗。颅骨基底缝已经愈合，颅骨骨缝大部分愈合。

(5) 老年期：整个耻骨联合面骨质变得疏松，出现诸多退行性变化。牙齿齿冠全部磨耗，骨缝几乎全部愈合，骨质开始变薄。

二、个体性别鉴定的依据

主要依据骨盆和头骨上所反映的性别差异特征。骨盆的性别差异十分明显。一般说来，男性的骨盆粗壮，高而窄，坐骨大切迹窄而深，耻骨联合部较高，耻骨下角小；女性的骨盆浅而宽，骨面细腻，坐骨大切迹宽而浅，耻骨联合部较低，耻骨下角大，常有耳前沟。此外，胸骨和四肢长骨也可体现一定的性别差异。眶上缘形态，眉弓突度，额部倾斜度，乳突大小和枕外隆突等结构也是性别鉴定的重要依据。

第二节　人口寿命研究的方法

在考古学和人类学研究中，人口寿命研究主要是指对其人口平均预期寿命的推算。目前，在实际工作中一般采用编制简略生命表方法。简略生命表是人口学中用来反映一批同龄人生命过程的表现形式（刘铮等　1981）。这种方法可以考察死亡与年龄的关系，了解一批同龄人生命过程变化的规律。

从理论上讲，这种方法需要对所考察的对象做长期连续的观察记录。但实际上，我们不可能按照严格的规范去做。所以在编制生命表时，通常的做法是采取假定一代人的方法。具体方法是，将处于不同年龄阶段的一群人，当作同时出生的一代人的发展状况来对待，将某一时期各年龄阶段的死亡水平，看作是一代人一生中所经历的各个年龄阶段水平。同样，对于出自同一古代墓地的人骨资料，也可以借用这种方法。

具体方法是，将墓葬中出土的个体，经过性别和年龄鉴定后分属不同性别和不同年龄的阶段，视为同一代人处于不同年龄阶段的状况来看待，并据此编制简略生命表（刘铮等　1981；潘其风　1996）。

第三节 人口寿命研究的结果

一、死亡年龄分布统计

表1-1显示了姜家梁遗址新石器时代遗址之墓地人骨死亡年龄分布统计结果，共鉴定骨骼标本138例，性别明确者122例，鉴定率为88.41%；年龄段明确者132例，鉴定率为90.15%。男性标本73例，女性标本49例，男女性比为1.49∶1。

表1-1 姜家梁遗址新石器时代人骨死亡年龄分布统计 （单位:%）

年龄阶段	男性	女性	性别不明	合计
婴儿期（X—2）	0（0.00）	0（0.00）	0（0.00）	0（0.00）
幼儿期（3—6）	0（0.00）	0（0.00）	0（0.00）	0（0.00）
少年期（7—14）	0（0.00）	0（0.00）	3（23.08）	3（2.27）
青年期（15—23）	16（21.92）	2（4.35）	4（30.77）	22（16.67）
壮年期（24—35）	31（42.46）	25（54.35）	5（38.46）	61（46.21）
中年期（36—55）	26（35.62）	19（41.30）	1（7.69）	46（34.85）
老年期（56—*X*）	0（0.00）	0（0.00）	0（0.00）	0（0.00）
合计	73（100.00）	46（100.00）	13（100.00）	132（100.00）
成年	0	3	3	6
总计	73	49	16	138

二、死亡年龄段分布

死亡年龄段主要集中在青年期、壮年期和中年期这三个阶段。壮年期所占比例最大，婴、幼儿期和老年期死亡率几乎为0（图1-1）。男女两性死亡率在这三个阶段中的比例是不均衡的：在青年期，男性死亡率远远高于女性；在壮年期，男女两性死亡率均很高，而且在整个年龄阶段中是最高的，女性高于男性；在中年期，男女两性死亡率也很高，女性高于男性（图1-2）。

平均死亡年龄的计算方法是将只确定为成年人的平均年龄视为35岁，对于被确定为“可能是男性”或者“可能是女性”的个体视其为“性别不详”之个体。根据性别年龄鉴定结果计算整个人群的平均死亡年龄及男女两性的平均死亡年龄。计算结果如下：姜家梁组整个年龄段的平均死亡年龄为32.70岁，可鉴定为男性的平均死亡年龄为31.70岁，可鉴定为女性的平均死亡年龄为34.60岁。

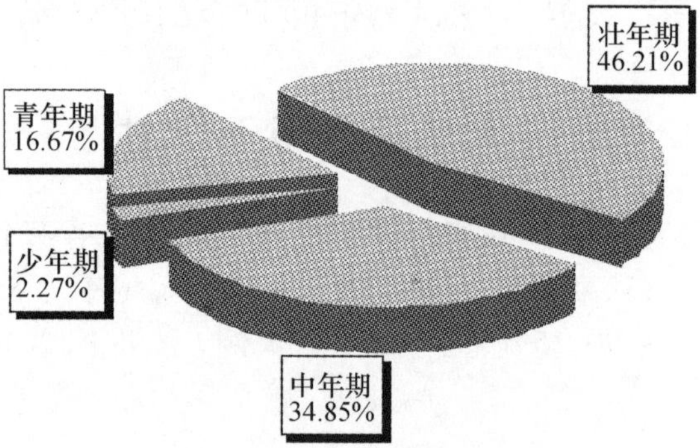

图 1-1　各个年龄段之死亡率

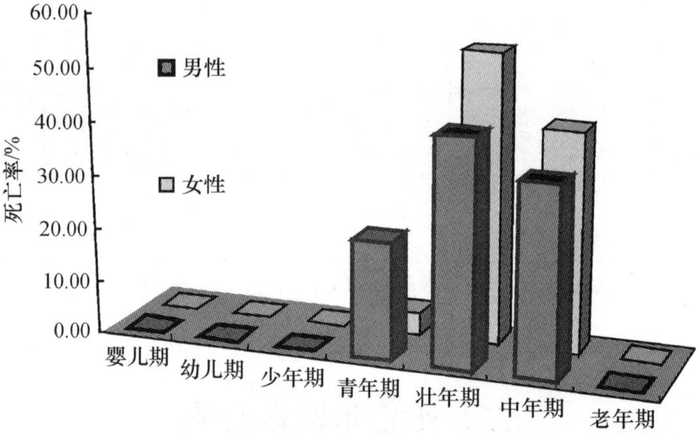

图 1-2　男女两性在各个年龄段之死亡率

三、平 均 寿 命

男女两性合计简略生命表见表 1-2，男性简略生命表见表 1-3，女性简略生命表见表 1-4。

从这三组简略生命表计算出姜家梁遗址墓地总人口的平均寿命为 34. 06 岁，男性为 32. 91 岁，女性为 37. 40 岁。

表 1-2　姜家梁遗址新石器时代人骨男女两性合计简略生命表

年龄组 X	死亡概率 nqx	尚存人数 l_X	各年龄组死亡人数 ndx	各年龄组内生存人年数 $_NL_X$	未来生存人年数累计 T_X	平均预期寿命 E_X
0—1	0.00	138	0	138.0	4700.5	34.06
1—5	0.00	138	0	552.0	4562.5	33.06
5—10	0.72	138	1	685.5	4010.5	29.06
10—15	1.46	137	2	685.0	3325.0	24.27
15—20	5.93	135	8	655.0	2640.0	19.56
20—25	10.24	127	13	602.5	1985.0	15.63
25—30	10.53	114	12	540.0	1385.0	12.15
30—35	37.25	102	38	415.0	845.0	8.28
35—40	42.19	64	27	252.5	430.0	6.72
40—45	67.57	37	25	147.5	177.5	4.80
45—	100.00	12	12	30.0	30.0	2.50

表 1-3　姜家梁遗址新石器时代人骨男性简略生命表

年龄组 X	死亡概率 nqx	尚存人数 l_X	各年龄组死亡人数 ndx	各年龄组内生存人年数 $_NL_X$	未来生存人年数累计 T_X	平均预期寿命 E_X
0—1	0.00	73	0	73.0	2402.5	32.91
1—5	0.00	73	0	292.0	2319.5	31.77
5—10	0.00	73	0	365.0	2027.5	27.77
10—15	0.00	73	0	365.0	1662.5	22.77
15—20	8.22	73	6	350.0	1297.5	17.77
20—25	14.93	67	10	310.0	947.5	14.14
25—30	12.28	57	7	267.5	637.5	11.18
30—35	38.00	50	19	202.5	370.0	7.40
35—40	48.39	31	15	117.5	167.5	5.40
40—45	87.50	16	14	45.0	50.0	3.13
45—	100.00	2	2	5.0	5.0	2.50

表 1-4　姜家梁遗址新石器时代人骨女性简略生命表

年龄组 X	死亡概率 nqx	尚存人数 l_X	各年龄组死亡人数 ndx	各年龄组内生存人年数 $_NL_X$	未来生存人年数累计 T_X	平均预期寿命 E_X
0—1	0.00	49	0	49.0	1832.5	37.40
1—5	0.00	49	0	196.0	1783.5	36.40
5—10	0.00	49	0	245.0	1587.5	32.40

续表

年龄组 X	死亡概率 nqx	尚存人数 l_X	各年龄组死亡人数 ndx	各年龄组内生存人年数 $_NL_X$	未来生存人年数累计 T_X	平均预期寿命 E_X
10—15	0.00	49	0	245.0	1342.5	27.40
15—20	0.00	49	0	245.0	1097.5	22.40
20—25	2.04	49	1	242.5	852.5	17.40
25—30	8.33	48	4	230.0	610.0	12.71
30—35	34.09	44	15	182.5	380.0	8.64
35—40	41.38	29	12	115.0	197.5	6.81
40—45	52.94	17	9	62.5	82.5	4.85
45—	100.00	8	8	20.0	20.0	2.50

姜家梁遗址墓地人群的平均死亡年龄和平均寿命比较结果见图 1-3。

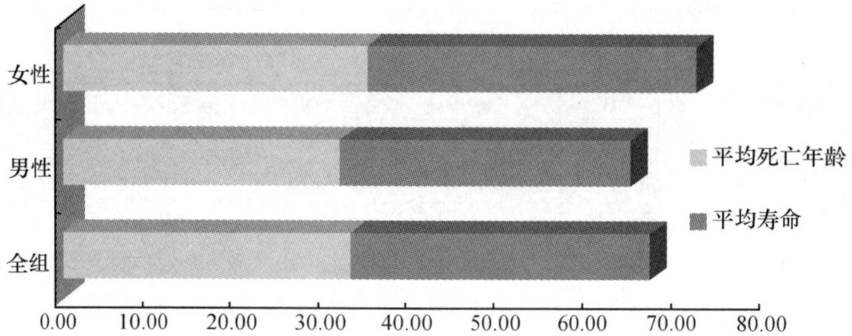

图 1-3　姜家梁遗址墓地人群的平均死亡年龄和平均寿命比较

第四节　讨　　论

“生育作为人口再生产中一个重要的环节，它是从正的方向影响人口总量变动。所谓生育是指在一定社会条件下，男女两性结合生儿育女、繁衍后代的一种人口现象。人类的生育行为不是一个单纯的生理过程。生活在一定社会中的人必然要受到社会的制约和影响，因此，人类的生育活动不仅是个生物现象，同时也是个社会现象”（吴忠观等　1994）。按照一般的人口学理论，人口死亡率的两性差异应该反映人群中两性人口的比例（刘铮等　1981）；从生物学角度来看，因受到生物自身繁殖能力属性的控制，同一人群中男女两性比例应该接近 1∶1，人类第二性比例为 100∶(103—105)，到 20 岁左右则降到 100∶100，然而，事实上并非完全如此，如果男女人口数出现显著差别时就叫“比例失调”或者叫

"性比（sexual proportion）失调"（李书祯　1984）。

姜家梁遗址墓地个体性别鉴定率为88.41%，个体年龄鉴定率为90.15%，基本反映了姜家梁遗址墓地已知人骨所反映出的总人口的性别年龄构成情况。男女性别比为1.49∶1，表明男女性比失调。导致这种现象的原因可能是多方面的，其自然因素和社会因素均不容忽视。有学者认为此现象可能与其中的男性成活率高于女性和氏族埋葬制度等因素有关，女性可能受到较多的限制（尚虹　2002）。

这里涉及一个问题，以往在采集人骨过程中，未成年人特别是15岁以下的骨骼不易保存，保存下来又难以做出性别鉴定，或者有些古代居民群体不将未成年人放在家族墓地埋葬，这些因素都会影响到整个人群的真实性别统计。正因为这些原因，曾有学者指出："从墓地见到的死者总数，并不能了解当时社会儿童和成年人的比例。"（张忠培　1990）但事实上许多学者在研究出土于古代遗址或墓葬中的古代人骨时，往往只偏重论述成年人的性别构成，因而得出的人口性别比例往往表现为男女不均衡特征，但是如果考虑未成年人的性别比例时，总体上还是应该接近1∶1的。现在有许多新的方法可以较为准确的鉴定未成年人的性别，比如基因检测技术。如果在今后的工作当中能够应用这些检测技术，就可以进一步了解未成年人的性别构成情况，但基因检测技术的局限性还是相当明显，即受到出土人骨保存情况的限制。

在探讨男女性别比例时，对于未成年而言，还有一个问题需要考虑，即在探讨婴儿成活率这一问题上，除了需要考虑因某种特殊习俗（如杀女婴习惯）而造成的性别比例失衡外，是否还存在人们对待男婴和女婴的具体行为上？比如在日常生活中，因性别取向差异而导致的男女在物质获取方面的不均衡，我们可以利用现在的古病理学和营养学研究方法（比如食谱分析）来研究未成年人的健康状况，其中营养状况是一个重要方面，这有助于我们分析男婴和女婴在营养摄取方面的差异。

从图1-2可以看出：在青年期，男性死亡率远远高于女性；在壮年期和中年期，男女两性死亡率均很高，且女性高于男性。产生这种现象的原因对于我们来说是不确定的，我们只能就此结果加以推论性的分析。青年期的男性高于女性，原因之一可能是较少的女性样本量（2例）造成的。男女两性的死亡高峰期是在壮年期和中年期，这两个时期女性平均寿命和平均死亡年龄均高于男性，可能暗示女性寿命长于男性（图1-3）。

古DNA研究结果表明，姜家梁遗址墓地属于父系氏族墓地（吉林大学考古DNA实验室　2001）。在父系氏族社会，"按照当时家庭内的分工，丈夫的责任是获得食物和为此所必需的劳动工具，从而他也取得了劳动工具的所有权"（恩格斯　1972；佟柱臣　1975）。"男子成为主要生活资料和生产资料的所有者"（石陶　1961），男性较女性承担着更多的社会责任和体力劳动，所以遭受死亡的风险也多于女性，这可能是造成男性在青年期高死亡率的原因之一。

研究表明，“不同年龄的人发生死亡的可能性不同。出生不久的婴儿，由于自身发育的不完善，最易夭折。随着年龄的增加，人体抗御疾病能力也不断增加；死亡率呈下降趋势。人到老年由于生物规律的支配，死亡率又呈上升趋势。所以，分年龄的死亡率曲线图上，表现出两头高、中间低的U形。此外，不同性别的人死亡率不相同。通常是男性人口的死亡率比女性人口高。通常的解释是：“男性从事危及生命和健康职业的可能性比女性大；另一方面，女性的免疫能力比男性强。”（吴忠观等 1994）当时的人口平均寿命值较低这一点也可以从其居民的微量元素分析结果得到解释，虽然根据其考古学来看，当时社会生产力水平有了较大的提高（河北省文物研究所 2001），但人们的营养状况和生活质量可能还是比较低的（见本书第八章）。

姜家梁古代居民的男女性比失调情况在中国古代人群中，特别是在新石器时代和青铜时代各人群中是比较普遍的，比如甘肃青海柳湾史前社会居民的性比为2.3∶1（潘其风等 1984），渭河流域属于新石器时代仰韶文化半坡类型的史家村居民的性比为1.97∶1（张忠培 1990），山西游邀史前文化居民的性比为1.9∶1（吉林大学边疆考古研究中心等 2004），姜家梁居民的性比为1.49∶1，与姜家梁居民同时期的属于父系氏族的大汶口文化刘林期居民的性比是1.55∶1（张忠培 1990），西北地区属于青铜时代的四坝文化居民的性比为1.47∶1（朱泓 1998），东北地区东周时期平洋居民的性比为1.32∶1（潘其风 1990），夏家店下层文化居民的性比为1.04∶1（潘其风 1996），这种现象表明，我国北方地区先秦时期的居民在性比构成上具有一个显著的特点，即时代越晚，性比越小。

有学者分析了渭河流域属于新石器时代仰韶文化半坡类型的史家村墓地居民的性比构成以及寿命问题，研究结果指出：“半坡类型时期的居民的寿命，是相当短促的……女性寿命短于男性的情况，是半坡类型的普遍现象”（张忠培 1990），但是笔者的研究结果表明女性平均预期寿命（37.40）可能长于男性平均预期寿命（32.91），处于青铜时期的夏家店下层文化居民，其女性平均预期寿命（31.85）也高于男性（30.68）（潘其风 1996），这说明至少在新石器时代的晚期，女性的平均寿命已经开始长于男性了。

参考文献

恩格斯. 1972. 家庭、私有制和国家的起源//马克思恩格斯选集（4）. 人民出版社. 1—175

河北省文物研究所. 2001. 河北阳原县姜家梁新石器时代遗址的发掘. 考古，（2）：13—25

吉林大学边疆考古研究中心，山西省考古研究所，忻州地区文物管理处. 2004. 忻州游邀考古. 科学出版社

吉林大学考古DNA实验室．2001．河北阳原姜家梁新石器时代人骨DNA的研究．考古，(7)
李书祯．1984．遗传·性别·健康．北京师范大学出版社
刘铮，邬论萍，查瑞传．1981．人口统计学．中国人民大学出版社
潘其风．1990．平洋墓葬人骨的研究//平洋墓葬．文物出版社
潘其风．1996．大甸子墓地出土人骨的研究//大甸子——夏家店下层文化遗址与墓地发掘报告．科学出版社．224—322
潘其风，韩康信．1984．柳湾墓地的人骨研究//青海柳湾——乐都柳湾原始社会墓地．文物出版社．261—303
尚虹．2002．山东广饶新石器时代人骨及其与中国早期全新世人类之间关系的研究．中国科学院研究生院博士学位论文．3—15
邵象清．1985．人体测量手册．上海辞书出版社
石陶．1961．黄河上游的父系氏族社会——齐家文化社会经济形态的探讨．考古，(1)：3—11
佟柱臣．1975．从大汶口文化墓葬看私有制的起源．考古，(4)：203，213—221
吴汝康，吴新智，张振标．1984．人体骨骼测量手册．科学出版社
吴忠观，周君玉，陈文彬等．1994．人口学．重庆大学出版社
张忠培．1990．史家村墓地的研究//中国北方考古文集．文物出版社
朱泓．1998．东灰山墓地人骨的研究//民乐东灰山考古——四坝文化墓地的揭示与研究．科学出版社．172—183
朱泓，李法军，魏东等．2004．体质人类学．高等教育出版社
Todd T W. 1921. Age Changes in the Pubic Bone. Ⅰ: The Male White Pubis. *American Journal of Physical Anthropology*, (3): 285—334
Todd T W. 1921. Age Changes in the Pubic Bone. Ⅲ: The Pubis of the White Female. Ⅳ: The Pubis of the Female White-Negro Hybrid. *American Journal of Physical Anthropology*, (4): 1—70

第二章 头骨的连续性形态特征研究

头骨的形态特征包括头骨的连续性形态特征（continuous morphological traits）和“非连续性形态特征”（discontinuous morphological traits）。连续性形态特征是指头骨上的具有多个分级或分型的非测量性状；非连续性形态特征是指头骨上的不具有多级分类的条件的非测量性状，这些性状只适合用“存在/缺失”或者“有/无”来表示（王令红 1988；Schwartz 1995；张银运 1993）。本章专门讨论姜家梁人骨的“连续性形态特征”问题，在第三章将专门讨论“非连续性形态特征”问题。

第一节 头骨连续性形态特征观察的方法与结果

头骨的连续性形态包括很多具体特征，表 2-1 中所列的均为人类学研究当中最为常用的观察项目。这些项目包括：颅形、眉弓突度、眉弓范围、眉间突度、前额、额中缝、前囟段、鼻前棘、上颌中门齿、鼻根凹、翼区、矢状嵴、腭形、颏形、下颌角形、矢状缝顶段、矢状缝顶孔段、矢状缝后段、乳突、枕外隆突、眶形、梨状孔和梨状孔下缘。

由于以往的学者在进行形态特征研究的时候，并没有意识到将形态特征划分为连续性形态特征和非连续性形态特征，因此在这些常用的或者说是经典的连续性形态特征中包括了某些非连续性形态特征，例如上颌中门齿铲形结构的出现与否和矢状嵴的有无。

连续性形态特征的观察方法主要依据吴汝康等以及邵象清的相关文献所确立的标准（吴汝康等 1984；邵象清 1985）。

表 2-1 姜家梁头骨连续性形态特征观察统计表

项目	性别	例数	形态分类及出现率					
			椭圆形	卵圆形	圆形	五角形	楔形	菱形
颅形	男性	41	24.39%（10）	56.10%（23）	0.00%（0）	0.00%（0）	19.51%（8）	0.00%（0）
	女性	22	18.18%（4）	68.18%（15）	4.55%（1）	0.00%（0）	9.09%（2）	0.00%（0）
	合计	63	22.22%（14）	60.32%（38）	1.59%（1）	0.00%（0）	15.87%（10）	0.00%（0）
眉弓突度			弱	中等	显著	特显	粗壮	
	男性	41	24.39%（10）	41.46%（17）	24.39%（10）	9.76%（4）	0.00%（0）	
	女性	23	78.26%（18）	13.04%（3）	8.70%（2）	0.00%（0）	0.00%（0）	
	合计	64	43.75%（28）	31.25%（20）	18.75%（12）	6.25%（4）	0.00%（0）	

续表

项目	性别	例数	形态分类及出现率					
眉弓范围			0级	1级	2级	3级	4级	
	男性	41	0.00% (0)	65.85% (27)	29.27% (12)	4.88% (2)	0.00% (0)	
	女性	23	4.35% (1)	82.61% (19)	13.04% (3)	0.00% (0)	0.00% (0)	
	合计	64	1.56% (1)	71.88% (46)	23.44% (15)	3.13% (2)	0.00% (0)	
眉间突度			不显	微显	中等	显著	极显	粗壮
	男性	39	28.21% (11)	33.33% (13)	20.51% (8)	15.38% (6)	0.00% (0)	2.56% (1)
	女性	22	54.55% (12)	36.36% (8)	9.09% (2)	0.00% (0)	0.00% (0)	0.00% (0)
	合计	61	37.70% (23)	34.43% (21)	16.39% (10)	9.84% (6)	0.00% (0)	1.64% (1)
前额			平直	中等	倾斜			
	男性	41	19.51% (8)	24.39% (10)	56.10% (23)			
	女性	23	30.43% (7)	60.87% (14)	8.70% (2)			
	合计	64	23.44% (15)	37.50% (24)	39.06% (25)			
额中缝			无	小于1/3	1/3—2/3	大于2/3	全	
	男性	40	97.50% (39)	0.00% (0)	0.00% (0)	0.00% (0)	2.50% (1)	
	女性	23	95.65% (22)	0.00% (0)	0.00% (0)	4.35% (1)	0.00% (0)	
	合计	63	96.83% (61)	0.00% (0)	0.00% (0)	1.59% (1)	1.59% (1)	
前囟段			微波形	深波形	锯齿形	复杂形		
	男性	40	62.50% (25)	25.00% (10)	10.00% (4)	2.50% (1)		
	女性	22	59.09% (13)	31.82% (7)	4.55% (1)	4.55% (1)		
	合计	62	61.29% (38)	27.42% (17)	8.06% (5)	3.23% (2)		
顶段			微波形	深波形	锯齿形	复杂形		
	男性	37	10.81% (4)	16.22% (16)	16.22% (16)	2.70% (1)		
	女性	21	4.76% (1)	42.86% (9)	47.62% (10)	4.76% (1)		
	合计	58	8.62% (5)	43.10% (25)	44.83% (26)	3.45% (2)		
顶孔段			微波形	深波形	锯齿形	复杂形		
	男性	39	48.72% (19)	28.21% (11)	23.08% (9)	0.00% (0)		
	女性	20	55.00% (11)	25.00% (5)	20.00% (4)	0.00% (0)		
	合计	59	50.85% (30)	27.12% (16)	5.08% (13)	0.00% (0)		
后段			微波形	深波形	锯齿形	复杂形		
	男性	35	11.43% (4)	22.86% (8)	60.00% (21)	5.71% (2)		
	女性	20	20.00% (4)	30.00% (6)	45.00% (9)	5.00% (1)		
	合计	55	14.55% (8)	25.45% (14)	54.55% (30)	5.45% (3)		
乳突			极小	小	中等	大	特大	
	男性	40	2.50% (1)	20.00% (8)	22.50% (9)	52.50% (21)	2.50% (1)	
	女性	23	8.70% (2)	60.87% (14)	26.07% (6)	0.00% (0)	0.00% (0)	
	合计	63	4.76% (3)	34.92% (22)	23.81% (15)	33.33% (21)	1.59% (1)	

续表

项目	性别	例数	形态分类及出现率					
枕外隆突			阙如	稍显	中等	显著	极显	喙嘴
	男性	34	5.88%（2）	17.65%（6）	17.65%（6）	23.53%（8）	29.41%（10）	5.88%（2）
	女性	17	29.41%（5）	52.94%（9）	11.76%（2）	5.88%（1）	0.00%（0）	0.00%（0）
	合计	51	13.73%（7）	29.41%（15）	15.69%（8）	17.65%（9）	19.61（10）	3.92%（2）
眶形			圆形	椭圆形	方形	长方形	斜方形	
	男性	41	9.76%（4）	41.46%（17）	26.83%（11）	4.88%（2）	17.07%（7）	
	女性	19	10.53%（2）	31.58%（6）	15.79%（3）	0.00%（0）	42.11%（8）	
	合计	60	10.00%（6）	38.33%（23）	23.33%（14）	3.33%（2）	25.00%（15）	
梨状孔			心形	梨形	三角形			
	男性	40	10.00%（4）	85.00%（34）	5.00%（2）			
	女性	19	26.32%（5）	73.68%（14）	0.00%（0）			
	合计	59	15.25%（9）	81.36%（48）	3.39%（2）			
梨状孔下缘			锐型	钝型	鼻前沟	鼻前窝		
	男性	40	22.50%（9）	65.00%（26）	5.00%（2）	7.50%（3）		
	女性	19	47.37%（9）	47.37%（9）	0.00%（0）	5.26%（1）		
	合计	59	30.51%（18）	59.31%（35）	3.39%（2）	6.78%（4）		
鼻前棘			不显	稍显	中等	显著	特显	
	男性	31	3.23%（1）	35.48%（11）	45.16%（14）	12.90%（4）	3.23%（1）	
	女性	8	12.50%（1）	25.00%（2）	62.50%（5）	0.00%（0）	0.00%（0）	
	合计	39	5.13%（2）	33.33%（13）	48.72%（19）	10.26%（4）	2.56%（1）	
上颌中门齿			铲形	非铲形				
	男性	37	100.00%（37）	0.00%（0）				
	女性	12	100.00%（12）	0.00%（0）				
	合计	49	100.00%（49）	0.00%（0）				
鼻根凹			0级	1级	2级	3级	4级	
	男性	37	8.11%（3）	54.05%（20）	29.73%（11）	8.11%（3）	0.00%（0）	
	女性	19	68.42%（13）	26.32%（5）	5.26%（1）	0.00%（0）	0.00%（0）	
	合计	56	28.57%（16）	44.64%（25）	3.57%（12）	5.36%（3）	0.00%（0）	
翼区			H形	I形	X形	缝间骨型		
	男性	39	76.92%（30）	2.56%（1）	17.95%（7）	2.56%（1）		
	女性	16	87.50%（14）	0.00%（0）	12.50%（2）	0.00%（0）		
	合计	55	80.00%（44）	1.82%（1）	16.36%（9）	1.82%（1）		
矢状嵴			有	无				
	男性	40	52.50%（21）	47.50%（19）				
	女性	23	34.78%（8）	65.22%（15）				
	合计	63	46.03%（29）	53.97%（34）				

续表

项目	性别	例数	形态分类及出现率					
腭形			U形	V形	椭圆形	变形		
	男性	41	2.44%（1）	9.76%（4）	85.37%（35）	2.44%（1）		
	女性	20	5.00%（1）	5.00%（1）	90.00%（18）	0.00%（0）		
	合计	61	3.29%（2）	8.20%（5）	86.89%（53）	1.64%（1）		
颏形			方形	圆形	尖形	角形	杂形	
	男性	41	36.59%（15）	43.90%（18）	14.63%（6）	2.44%（1）	2.44%（1）	
	女性	21	14.29%（3）	19.05%（4）	66.67%（14）	0.00%（0）	0.00%（0）	
	合计	62	29.03%（18）	35.48%（22）	32.26%（20）	1.61%（1）	1.61%（1）	
下颌角形			外翻	直形	内翻			
	男性	40	42.50%（17）	22.50%（9）	35.00%（14）			
	女性	20	40.00%（8）	10.00%（2）	50.00%（10）			
	合计	60	41.67%（25）	18.33%（11）	40.00%（24）			

注：括号内数字为出现例数。

第二节　头骨连续性形态特征分析

依据头骨连续性形态特征的观察结果，对姜家梁新石器时代墓葬人骨的连续性形态特征作详细的描述和分析。

1. 颅形

颅形（top view of cranial shape）的研究中最常用的是头骨顶面观，观察时将头骨保持在法兰克福平面的位置上。以颅顶面观（superior aspect）视之，头骨一般可分为六种类型，即椭圆形、卵圆形、圆形、五角形、楔形和菱形。观察结果表明，男女两性颅形均以卵圆形者为主（男性中占56.10%，女性中占68.18%），椭圆形者比例次之（男性中占24.39%，女性中占18.18%），楔形者稍次（男性中占19.51%，女性中占9.09%）。男性中仅有卵圆形、椭圆形和楔形三种形态出现；女性中除这三种形态以外还有一例圆形颅，占4.55%。

2. 眉弓

眉弓（superciliary arch）是位于眶上缘上方突出的骨嵴。由于晚期智人和现代人眉弓的发达程度远较直立人和早期智人为低，因此，眉弓形态的观察在研究人类进化问题时意义重大。此外，眉弓的发达程度在性别差异上也较为明显，通常男性眉弓的发达程度强于女性。

（1）眉弓突度（superciliary arch projection）：眉弓突度分为五级，即弱、中等、显著、特显和粗壮。笔者所研究的头骨，男性中以中等者为主（占

41.46%），弱者和显著者次之（各占24.39%），特显者所占比例较少（占9.76%），无粗壮者出现。女性中以弱者为主（占78.26%），中等者次之（占13.04%），显著者所占比例很少（占8.70%），无特显者和粗壮者出现。

（2）眉弓范围（superciliary arch range）：眉弓范围分为五级，即0级、1级、2级、3级和4级。笔者所研究的头骨，男性中以1级为主（占65.86%），2级次之（占29.27%），3级所占比例甚少（占4.88%），无0级和4级者出现。女性中也以1级为主（占82.61%），2级次之（占13.04%），0级出现一个个体（占4.35%），无3级和4级者出现。

综上所述，总体来看，男性在眉弓这一特征的发达程度上是明显高于女性的，男性眉弓的发育程度属于中等偏弱者较多，女性以弱者较多。

3. 眉间突度

眉间因人类进化阶段和性别的不同而表现为不同程度的突度。白洛嘉（Broca）将眉间突度（glabella projection）分为六级，即不显、微显、中等、显著、极显和粗壮。笔者所研究的头骨，男性中以稍显者为主（占33.33%），不显者次之（占28.21%），二者比例相近；中等者稍次（占20.51%），显著者比例与中等者相近（占15.38%），无极显者和粗壮者出现。女性中以不显者为主（占54.55%），微显者次之（占36.36%），中等者甚少（占9.09%），无显著者、极显者和粗壮者出现。不难看出，该特征的分布程度在两性间是有明显差异的：男性在不显、微显、中等和显著这四个程度上有着相近的分布，总体趋势是显著突出优势的增强，而女性则是以较弱的眉间突度为特征的。

4. 前额

性别的差异，年龄的差异以及种族的差异均会造成人类头骨额骨前部的形态差异。一般来说，男性前额（anterior part of frontal bone）较女性的倾斜，儿童的额部比较丰满，远东和南亚蒙古人种比西伯利亚和北极蒙古人种的前额更陡直些。通常，将前额分为平直、中等和倾斜三种类型。笔者所研究的头骨，男性中以倾斜者为主（占56.10%），中等者次之（占24.39%），平直者最少（占19.51%）。女性中以中等者为主（占60.87%），平直者次之（占30.43%），倾斜者出现率较小（占8.70%）。不难看出，两性前额的形态分布符合性别差异的一般规律。

5. 额中缝

人类的额骨形成于两个骨化中心，左右各一，大约在一周岁时开始愈合。至两周岁时，大部分额中缝（metopic suture）已经愈合，仅在眉间部分保留一小段此缝。至六周岁，额中缝完全愈合。但亦有少数人在此之后仍部分或者全部保留此缝。一般认为，额中缝与遗传因素、地理环境或者种族变异有关，但笔者认为个体变异也是重要的原因之一。笔者所研究的头骨，男性中未出现此缝，女性中仅出现一例。

6. 颅顶缝

颅顶矢状缝各段的形态常不一致，描述时分为前囟段、顶段、顶孔段和后段等四段记录。笔者所研究的头骨，在前囟段男女两性均以微波形为主，深波形次之，锯齿形和复杂形的出现率较少，表明此段在两性间均以简单形为主；在顶段男女两性均以锯齿形和深波形为主，微波形次之，复杂形出现率极低，表明此段在两性间均表现得复杂些；在顶孔段男女两性均以微波形为主，深波形次之，锯齿形稍次，均无复杂形出现，表明此段两性间以简单形为主；在后段男女两性均以锯齿形为主，深波形次之，微波形稍次，复杂形有极少的出现率，表明此段在两性间均较为复杂。综上所述，男女两性在这四段中的形态出现率非常一致，说明在这批头骨资料中，男女两性在颅顶缝（cranial sagittal suture）的形态分布上不存性别差异。

7. 乳突

以往的人类学研究普遍认为，男女两性在乳突（mastoid process）的发育程度上存在差异，男性乳突通常发育的较为粗大，女性发育的较为弱小。笔者所研究的头骨，男性中以大者为主（占52.50%），中等者次之（占22.50%），小者稍次（占20.00%），极小者和特大者出现率较小（各占2.50%）。女性中以小者为主（占60.87%），中等者次之（占26.07%），极小者有较小的出现率（占8.70%），无大者和特大者出现。这些结果表明，在乳突的发育程度上，存在着明显的性别差异。

8. 枕外隆突

枕外隆突（external occipital protuberance）一直作为性别鉴定的重要标准，就一般情况而言，男性发育得较为明显，女性则少有发育或者发育得较为微弱。笔者的研究结果表明，男性以极显者为主（占29.41%），显著者次之（占23.53%），中等者和稍显者稍次（各占17.65%），阙如者和喙嘴者有较小的出现率（占5.88%）。女性中则以稍显者为主（占52.94%），阙如者次之（占29.41%），中等者稍次（占11.76%），显著者有极小的出现率（占5.88%），无极显者和喙嘴者出现。枕外隆突确实存在着明显的性别差异。

9. 眶形

笔者对眶形（orbit shape）的研究结果表明，男性以椭圆形者为主（占 41.46%），方形者次之（占 26.83%），斜方形者稍次（占 17.07%），圆形者和长方形者有较小的出现率（分别占 9.76% 和 4.88%）。女性则以斜方形者为主（占 42.11%），椭圆形者次之（占 31.58%），方形者和圆形者有一定的出现率（分别占 15.79% 和 10.53%），无长方形者出现。

10. 梨状孔

梨状孔（shape of piriform aperture）一般分为三种形态：心形、梨形和三角形。其中，前两者较为常见。笔者所研究的头骨，男性中以梨形者为主（占 85.00%），心形者和三角形者出现率较少（分别占 10.00% 和 5.00%）。女性中也以梨形者为主（占 73.68%），心形者次之（占 26.32%），无三角形者出现。

11. 梨状孔下缘

梨状孔下缘（shape of inferior edge of piriform aperture）一般分为四种形态：锐型（人型）、钝型（婴儿型）、鼻前沟型和鼻前窝型。笔者所研究的头骨，男性中以钝型为主（占 65.00%），锐型次之（占 22.50%），鼻前窝型和鼻前沟型有较少的出现率（分别占 7.50% 和 5.00%）。男性中以钝型和锐型为主（均占 47.37%），鼻前窝型仅一例（占 5.26%），无鼻前沟型出现。

12. 鼻前棘

鼻前棘（anterior nasal spine）的发育程度与鼻骨的高突程度密切相关。依据白洛嘉（Broca）的分类可为五级：不显、稍显、中等、显著和特显。总体来看，两性鼻前棘分布均以稍显和中等为主，但略有差异，男性显著者也占有相当的比例，而女性中不显者出现率也很高，虽然只有一例。

13. 上颌中门齿

铲形门齿是黄种人显著的体质特征之一。一般出现于上颌门齿，特别是上颌中门齿。其特征为：齿冠舌面近中缘和远中缘各有一条明显的唇形嵴，使得齿冠的舌面出现一个明显的窝，形如铁铲，故名铲形门齿。笔者所观察的所有两性上颌中门齿（shape of upper central incisor）资料，无一例外地表现出铲形门齿的特征，只是发育的程度不同，详细的阐述和结论详见牙齿非测量形态观察章节。

14. 鼻根凹

鼻根凹（hollow extent of nasal bone）即鼻根点凹陷，一般分为 0—5 级。研

究结果表明，男性以 1 级（略有凹陷）为主（占 54. 05% ），2 级（凹陷明显）次之（占 29. 73% ），0 级和 3 级（凹陷极为明显）均占 8. 11% ，无 4 级者（鼻根点极深，深陷明显）出现。女性以 0 级为主，占（68. 42% ），1 级次之（占 26. 32% ），2 级仅有 1 例出现，无 3 级和 4 级者出现。表明该族群中男性鼻根凹发育程度明显大于女性。

15. 翼区

翼区（pterion area）是指蝶骨大翼、顶骨、额骨和颞骨相交界的区域，除了这四块骨的骨缝可有多种衔接方式外，还可以观察到独立的翼上骨（epipteric bone）的存在。翼区包括四种类型：H 形（蝶顶型）、I 形（额颞型）、X 形（点型）和缝间骨型。笔者所研究的头骨，男女两性均以 H 形为主（分别占 76. 92% 和 87. 50% ），X 形次之（分别占 17. 95% 和 12. 50% ），男性中 I 形和缝间骨型各有 1 例（分别占 2. 56% ），女性中则未见 I 形和缝间骨型出现。

16. 矢状嵴

黄种人中矢状嵴（sagittal crest）的出现率居于各大人种之首，澳洲土著也有相当的分布。笔者研究结果表明，有 52. 52% 的男性有矢状嵴，而女性的这一比例仅为 34. 78% 。

17. 腭形

腭形（shapes of palatine）可分为 U 形、V 形、椭圆形和变形四种形态。笔者所研究的头骨，男女两性均以椭圆形为主，而且出现率都很高（分别占 85. 37% 和 90. 00% ），男性中还有较少的 V 形出现率（占 9. 67% ），U 形和变形各 1 例。女性中 U 形和 V 形各有 1 例（分别占 5. 00% ）。

18. 颏形

两性的颏形（mental shape）有明显的差异，男性通常以方形和圆形为主，女性则以尖形为主。笔者的研究结果表明，男性中圆形的出现率最高（占 43. 90% ），其次为方形（占 36. 59% ），尖形也有一定的出现（占 14. 63% ），角形和杂形各有一例。女性中以尖形（占 66. 67% ），圆形和方形也有一定的出现（分别占 19. 05% 和 14. 29% ）。无角形和杂形者出现。

19. 下颌角形

下颌角形（shapes of angle of mandible）一般分为三种类型：外翻型、直型和内翻型。笔者所研究的头骨，男性中外翻型的出现率最高（占 42. 50% ），其次是内翻型（占 35. 00% ），直型也有较高的出现率（占 22. 50% ）。女性中则以内翻型为主（占 50. 00% ），外翻型次之（占 40. 00% ），直型出现者较少（仅占 10. 00% ）。

综上所述，姜家梁组新石器时代人群具有如下连续性形态特征：颅型以卵圆形者为主，眉间突度和眉弓发育以中等偏弱为主，颅顶缝以简单为主，眶形以椭圆形和斜方形为主，眶角圆钝，梨状孔多为梨形，两性鼻前棘分布均以稍显和中等为主，上颌中门齿资料无一例外的表现出铲形门齿的特征，鼻根凹以浅平为主，有 52. 52% 的男性有矢状嵴，两性腭型均以椭圆形为主。此外，经过笔者的观察和研究，这批头骨的上颌骨转角明显，犬齿窝发育以弱为主，颧骨缘突发育也以弱为主。这些特征说明，姜家梁新石器时代人群应属于蒙古大人种的范畴。

参 考 文 献

邵象清. 1985. 人体测量手册. 上海辞书出版社

王令红. 1988. 华北人头骨非连续性形态特征的观察. 人类学学报，7（1）：17—25

吴汝康，吴新智，张振标. 1984. 人体骨骼测量手册. 科学出版社

张银运. 1993. 人类头骨非测量性状述评. 人类学学报，(4)：394—397. 261—278

Schwartz J H. 1995. *Skeleton Keys-An Introduction to Human Skeletal Morphology, Development, and Analysis.* Oxford New York：Oxford University Press. 257

第三章　头骨的非连续性形态特征研究

头骨非连续性形态特征（discontinuous morphological traits）是相对于头骨连续性形态特征而言的。人类学界对其有多种称谓，如“minor skeletal variants”、“nonmetrical traits”、“nonmetric variation”、“delineation of nonmetric traits”、“discontinuous traits”和“discrete traits”等。

有关头骨非连续性形态特征的研究多倾向于记录在骨骼形态学细节上不同个体的差异性和相似性，这种研究的动机有两个：一是试图描述群体之间所记录性状出现率的相对频率；二是试图判定一种群体相对于另一群体而言，它们之间的关系到底有多近或多远（Schwartz　1995）。因此，头骨非连续性形态特征研究在探讨群体间关系方面具有重要意义。

值得提及的是，日本学者在非连续性形态特征的研究方面做了很多工作，进一步证实了该方面研究的意义（Dodo　1974，1986，1990，1998；Yamaguchi　1985；Ishida　1991，1995；分部哲秋　1999）。

第一节　头骨非连续性形态特征的观察与研究

我国学者在头骨非连续性形态特征方面的研究始于20世纪80年代末（王令红　1988），其他学者相继进行了有关课题的研究（王令红等　1988；郑靖中等　1988；张振标等　1992；张银运　1993；张振标　1996；张君　2001；谭婧泽　2002；周文莲等　2001，2002；李法军等　2003）。可以看出，国内学者已在此项研究上进行了有益的尝试，但由于国内研究成果积累的不够以及研究的观点和侧重点的不同而造成了比较资料的缺乏，目前所做工作仍然处于积累阶段。

为了积累有关中国的头骨非连续性形态研究资料，笔者通过对姜家梁遗址出土的87例个体头骨的非连续性形态特征的观察，对其进行了群体内的性别和两侧间出现差异的检验以及群体间亲缘关系的比较分析。

一、材　　料

笔者所用人骨材料来自于3个区的墓葬中（河北省文物研究所　2001），包括男性55例，女性32例，共计87例个体，现保存于吉林大学边疆考古研究中心人类学研究室。

对比材料包括圩墩组（Weidun）、李家山组（Lijiashan）、太原组（Taiyuan）、华北组（Northern Chinese）、北海道阿伊努组（Hokkaido Ainu）、绳纹组（Jomon）、亚洲因纽特组（Asian Inuit）、埃科文组（Ekven）、黑龙江组（Amur）、蒙古组（Mongolian）、布里亚特组（Buryat）和贝加尔新石器组（Neolithic Baikalian）（分部哲秋　1999；张君　2001；王令红等　1988；王令红　1988；Dodo et al.　1990；Ishida　1995）。图3-1显示了全部13组人群的地理分布情况。

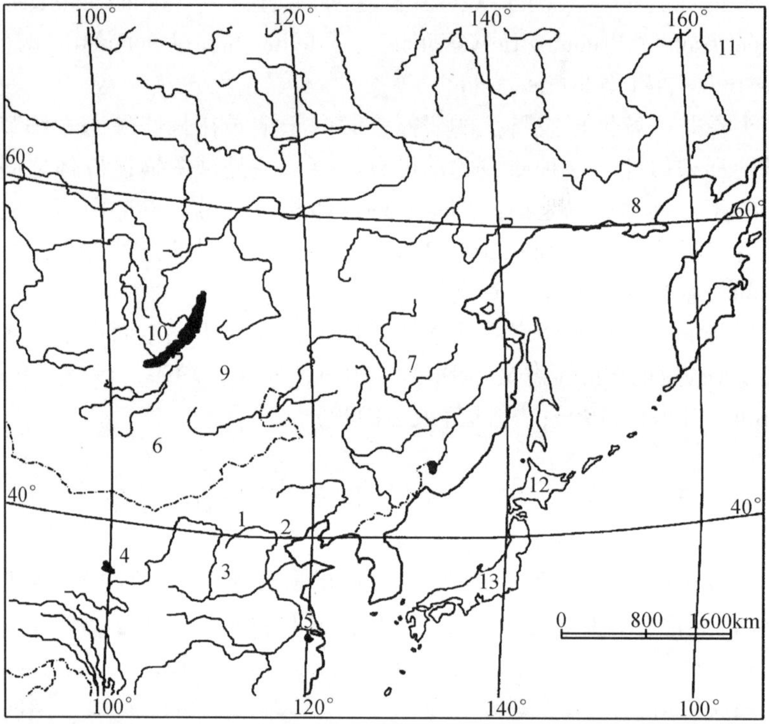

图3-1　13组人群的分布情况

1. 姜家梁组(Jiangjialiang); 2. 华北组(Northern Chinese); 3. 太原组(Taiyuan); 4. 李家山组(Lijiashan); 5. 圩墩组（Weidun）; 6. 蒙古组（Mongolian）; 7. 黑龙江组（Amur）; 8. 埃科文组（Ekven）; 9. 布里亚特组（Buryat）; 10. 贝加尔新石器组（Neolithic Baikalian）; 11. 亚洲因纽特组（Asian Inuit）; 12. 北海道阿伊努组（Hokkaido Ainu）; 13. 绳纹组（Jomon）

二、观　察　项

笔者列出45项观察性状（表3-1），除翼棘孔（pterygospinous foramen）这一项外，其余44项的观察标准均参照王令红和张银运所作描述（王令红　1988；张银运　1993）。

表 3-1　姜家梁组的 45 项非连续性形态特征

	男（male）					女（female）				
	RL	RO	OL	OO	N	RL	RO	OL	OO	N
1. 前囟骨 bregmatic bone	0	0	0	50	50	0	0	0	28	28
2. 冠状缝小骨 coronal ossicle	3	5	1	40	49	1	1	0	28	30
3. 人字点小骨 ossicle at lambda	5	0	0	33	38	3	0	0	15	18
4. 人字缝小骨 lambdoid ossicle	19	5	4	10	38	6	4	3	9	22
5. 印加骨 Inca bone	3	0	0	33	36	1	0	0	24	25
6. 星点小骨 ossicle at asterion	4	9	9	19	41	2	1	3	11	17
7. 枕乳缝间骨 occipito-mastoid wormian	6	2	1	37	46	3	3	0	13	19
8. 额中缝 metopic suture	1	0	0	50	51	1	0	0	30	31
9. 额切迹或孔 supraorbital notch/foramen	40	4	5	4	53	16	2	3	7	28
10. 眶上神经孔 supraorbital nerve foramen	30	0	3	16	49	15	3	3	7	28
11. 眶上神经沟 supraorbital nerve groove	1	0	0	52	53	0	0	0	29	29
12. 筛前孔上位 anterior ethmoid foramen exsutural	5	3	3	3	14	3	1	1	7	12
13. 筛后孔缺如 posterior ethmoid foramen absent	0	0	1	11	12	0	0	0	11	11
14. 脑膜眼眶孔 meningo-orbital foramen	5	2	7	11	25	3	2	0	14	19
15. 副眶下孔 accessory infraorbital foramen	3	5	3	32	43	3	1	0	20	24
16. 上颌圆枕 maxillary torus	14	6	1	25	46	10	0	0	15	25
17. 颧横缝 trace of transverse zygomatic suture	3	1	2	42	48	3	0	0	10	13
18. 颧面孔缺如 zygomatico-facial foramen absent	1	0	0	48	49	0	1	1	24	26
19. 外耳道骨肿 auditory exostoses	17	3	2	30	52	7	0	1	18	26
20. 胡施克孔 foramen of Huschke	3	1	4	36	44	5	1	0	17	23
21. 乳突孔上位 mastoid foramen exsutural	15	6	11	13	45	4	5	1	10	20
22. 乳突孔缺如 mastoid foramen absent	3	1	2	39	45	1	1	1	15	11
23. 额颞式连接翼区 frontotemporal articulation	1	0	0	50	51	0	0	0	14	14
24. 翼上骨 epipteric bone	0	1	1	50	52	1	0	0	16	17
25. 顶切迹骨 parietal notch born（>5mm）	5	2	7	33	47	2	4	1	15	22
26. 顶孔缺如 parietal foramen absent	19	4	7	13	43	8	5	3	10	26
27. 最上项线 highest nuchal line	21	0	0	14	35	6	0	0	13	19
28. 髁后管显著 condylar canal patent	13	4	7	10	34	4	3	2	2	11
29. 二分枕髁关节面 condylar facet double	11	0	0	22	33	2	0	0	11	13
30. 枕横缝 remain of biasterionic suture（>10mm）	0	0	0	44	44	0	2	0	21	23
31. 髁前结节 precondylar tubercle	6	1	0	24	31	2	0	1	10	13

续表

	男（male）					女（female）				
	RL	RO	OL	OO	N	RL	RO	OL	OO	N
32. 旁髁突 paracondylar process	7	0	1	23	31	1	0	1	11	13
33. 二分舌下神经管 hypoglossal canal bridging	0	1	0	25	26	0	2	0	11	13
34. 颈静脉孔骨桥 bony bridging of jugular for a.	0	1	0	22	23	1	1	1	10	13
35. 左横窦优势 left side dominance of trans. sinus	9	0	0	28	37	6	0	0	14	20
36. 卵圆孔不全 foramen ovale incomplete	0	3	2	30	35	0	2	1	11	14
37. 棘孔开放 foramen spinosum open	3	5	2	26	36	2	2	2	8	14
38. 维萨里孔 foramen petrosum	4	2	3	17	26	2	2	1	7	12
39. 翼棘孔 pterygospinous foramen	0	0	0	32	32	1	0	0	17	18
40. 床突间骨桥 clinoid bridging	0	0	1	20	21	0	0	0	13	13
41. 腭圆枕 palatine torus	36	0	0	12	48	18	0	0	6	24
42. 内侧腭管 medial palatine	0	2	2	37	41	0	0	2	20	22
43. 副腭小孔 accessory lesser palatine foramen	6	4	2	23	35	6	1	0	11	18
44. 下颌圆枕 mandible torus	27	2	3	17	49	17	2	2	9	30
45. 下颌舌骨沟骨桥 mylohyoid bridging	1	0	1	45	47	0	1	0	26	27

国内外学者在非连续性形态特征的选择上存在差异。虽然张银运在其文章中已经强调统一标准的意义，并且进一步提出了要进行有效的非连续性形态特征的筛选（张银运　1993），但由于受到头骨保存情况的限制以及学者们对非连续性形态特征在人种鉴别意义上的认识不同，所以这种差异仍然存在。

因此，为了能够更多的引用其他相关资料并与其进行比较，我们选择了在已发表的国内外相关文章中均引用的 11 项性状用于研究，这 11 项非连续性形态特征是：

（1）额中缝（metopic suture）：该缝在两岁之前愈合，少数人终生保存（张银运　1993）；

（2）人字点小骨（ossicle at lambda）：出现在矢状缝与人字缝的交接处（张银运　1993）；

（3）眶上神经沟（supraorbital nerve groove）：眶上神经的分支在额鳞外面的外侧部留下的一条或多条印痕，长度超过 10 毫米者记（王令红　1988）；

（4）眶上神经孔（supraorbital nerve foramen）：在眶内有开口的穿越眶上神经任何分支的眶上缘孔都包括在内（王令红　1988）；

（5）星点小骨（ossicle at asterion）：星点处的缝间骨（张银运　1993）；

（6）顶切迹骨（parietal notch born）：顶骨凸入颞骨之鳞部与乳突部之间的部

分成一小骨块（张银运　1993）；

（7）髁前结节（precondylar tubercle）：为一骨性结节，紧靠枕髁之前内侧。若结节位于中央，则可看作是两个结节融合在一起（张银运　1993）；

（8）二分舌下神经管（hypoglossal canal bridging）：该管贯穿枕髁之前部，为舌下神经通道。因胚胎时舌下神经由数支组成，故使舌下神经管之一段或全段呈二分状。由枕大孔向内侧视之，即可记录此性状（张银运　1993）；

（9）卵圆孔不全（foramen ovale incomplete）：卵圆孔之外后壁不全，故卵圆孔与棘孔相连接（张银运　1993）；

（10）翼棘孔（pterygospinous foramen）：蝶骨的角棘与翼突外侧板之间，由于有骨桥（为骨化的翼棘韧带）跨过而成一孔，称为翼棘孔（中国解剖学会　1982）；

（11）下颌舌骨沟骨桥（mylohyoid bridging）：有两种类型。一是近中型，由于蝶颌韧带的骨化，下颌小舌向后延伸成骨桥；二是远中型，下颌孔下后缘形成的小棘，它与下颌小舌相对应。不管何种类型均记录（张银运　1993）。

笔者发现在以往国内学者的研究中未见对翼棘孔进行过文字描述或图示的，因此笔者对这一性状的解剖学位置做了详细的文字描述和图示说明（图3-2）。

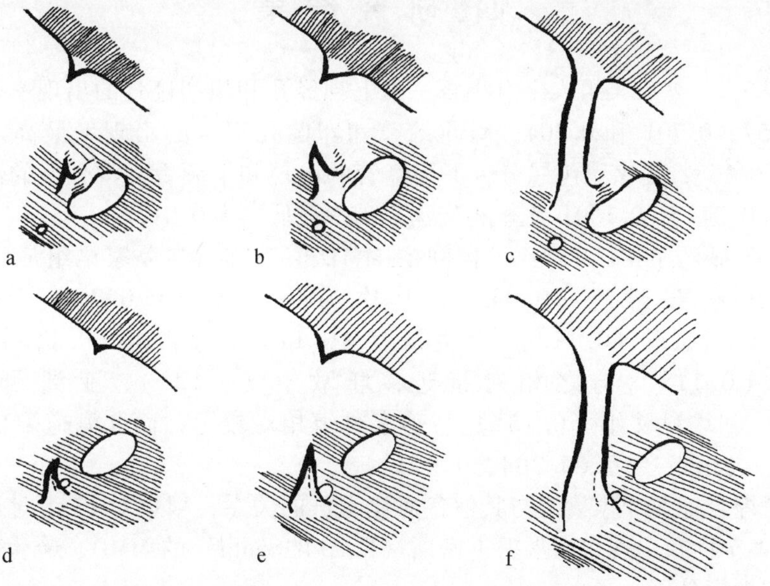

图3-2　翼棘孔形态示意图［承蒙日本京都大学灵长类研究所系统发生分野茂原信生（Nobuo Shigehara）教授提供］

a，d. 正常形态；b，e. 不完全形态；c，f. 翼棘骨桥完全形成

三、统计学方法

根据表 3-1 进行性别间出现差异的四格表分析和左右两侧间出现差异的 McNemar x^2检验，在 5% 的水平上 11 项非连续性形态特征的出现在性别间和左右侧无差别。将男女个体及左右侧合并，计算每项性状的出现频率，求出各对比组间的平均差异度（mean measure of divergence，MMD）值以估计群体间的相似程度。根据 MMD 矩阵进行聚类分析和主坐标分析并绘制出树状聚类图和二维主坐标图。

平均差异度计算公式如下：

$$\mathrm{MMD} = \frac{1}{n}\sum^{n}(\theta_1 - \theta_2)^2 - \frac{1}{n}\sum^{n}(\frac{1}{N_1} + \frac{1}{N_2})$$

其中，n 为非连续性形态特征项数；θ_1和 θ_2是两组间每个性状出现频率 p_1和 p_2弧度的角度转换，$\theta = \arcsin(1-2p)$，p 为每个形状的出现频率；N_1和 N_2是两组间样本的例数。当 $p=0$ 时，以 $1/4N$ 代替（Bartlett's adjustment）。

四、研 究 结 果

依表 3-2，姜家梁组人字点小骨、眶上神经孔和顶切迹骨的出现率较高，分别为 0.157、0.701 和 0.304；髁前结节和卵圆孔不全的出现率最高，分别为 0.227 和 0.163；姜家梁组二分舌下神经管的出现和下颌舌骨沟骨桥的出现率很低分别为 0.077 和 0.159；眶上神经沟出现率最低，为 0.012。

表 3-3 显示了 13 组对比人群间的 MMD 值矩阵。与姜家梁组最为接近的是贝加尔新石器组（0.045），其次为华北组（0.057），李家山组（0.093）、太原组（0.113）、黑龙江组（0.114）、蒙古组（0.116）和布里亚特组（0.118）与之相对接近，圩墩组（0.123）、亚洲因纽特组（0.145）和埃科文组（0.157）与姜家梁组相对较远，而北海道阿伊努组和绳纹组与之相距甚远（0.204，0.251）。

为了综合把握姜家梁组与其他各对比人群的关系，根据对 13 组对比人群所观察的 11 个性状出现率而求得史密斯（C. A. B. Smith）的 MMD，最后进行聚类分析和主坐标分析。

根据表 3-3，13 组对比人群间的 MMD 值绘制出图 3-3 所示树状聚类图。可以看出，13 组人群共聚为四类：姜家梁组独自成为一类；圩墩组、北海道阿伊努组和绳纹组聚为一类；华北组、贝加尔新石器组、太原组、黑龙江组和埃科文组聚为一类；蒙古组、布里亚特组、因纽特组和李家山组聚为

表 3-2　11 项头骨非连续性形态特征在 13 组人群中的比较

	姜家梁组		华北组①		太原组②		李家山组③		圩墩组④		蒙古组⑤		黑龙江组⑤		埃科文组⑤		布里亚特组⑤		贝加尔新石器组⑤		亚洲因纽特组⑤		北海道阿伊努组⑤		绳纹组⑥	
	N	P	N	P	N	P	N	P	N	P	N	P	N	P	N	P	N	P	N	P	N	P	N	P	N	P
1. 额中缝 metopic suture	82	0.024	140	0.050	115	0.122	24	0.042	38	0.053	108	0.033	153	0.002	111	0.027	140	0.043	81	0.012	136	0.051	150	0.020	159	0.151
2. 人字点小骨 ossicle at lambda	51	0.157	140	0.057	115	0.078	24	0.042	22	0.045	107	0.065	144	0.042	109	0.055	137	0.139	44	0.136	134	0.060	146	0.002	156	0.045
3. 眶上神经沟 supraorbital nerve groove	82	0.012	139	0.079	115	0.096	24	0.125	61	0.066	107	0.346	147	0.156	109	0.138	138	0.290	44	0.068	133	0.241	144	0.097	117	0.171
4. 眶上神经孔 supraorbital nerve foramen	77	0.701	137	0.635	115	0.635	24	0.958	69	0.406	108	0.583	152	0.717	108	0.648	139	0.705	78	0.679	136	0.728	145	0.283	124	0.185
5. 星点小骨 ossicle at asterion	58	0.138	137	0.124	115	0.148	24	0.250	45	0.133	105	0.133	145	0.193	102	0.118	133	0.120	64	0.172	113	0.168	144	0.125	113	0.142
6. 顶切迹骨 parietal norch born (>5mm)	69	0.304	139	0.129	115	0.139	24	0.125	43	0.070	103	0.252	147	0.143	101	0.317	128	0.133	63	0.206	135	0.222	141	0.220	88	0.205
7. 髁前结节 precondylar tubercle	44	0.227	140	0.124	115	0.052	24	0.083	38	0.026	106	0.142	147	0.048	99	0.003	138	0.174	68	0.088	121	0.074	143	0.112	80	0.100
8. 二分舌下神经管 hypoglossal canal bridging	39	0.077	139	0.223	115	0.174	24	0.167	45	0.044	107	0.187	151	0.225	98	0.327	138	0.217	70	0.286	129	0.326	146	0.377	84	0.333
9. 卵圆孔不全 foramen ovale incomplete	49	0.163	136	0.044	115	0.002	24	0.042	44	0.023	106	0.057	151	0.026	101	0.059	138	0.036	58	0.034	124	0.097	139	0.094	44	0.045
10. 翼棘孔 pterygospinous foramen	50	0.020	139	0.036	115	0.035	24	0.011	19	0.013	108	0.037	152	0.039	102	0.088	138	0.029	64	0.031	131	0.008	142	0.063	65	0.046
11. 下颌舌骨沟骨桥 mylohyoid bridging	74	0.041	126	0.024	95	0.073	13	0.019	81	0.099	68	0.088	100	0.080	88	0.159	117	0.145	59	0.051	41	0.244	95	0.200	112	0.205

数据来源：①王令红（1988）；②王令红等（1988）；③张君（2001）；④分部哲秋（1999）；⑤ Ishida H.（1995）；⑥ Dodo Y，et al.（1990）。加下划线者按 1/4*N* 计算，加字符边框者 *N* 按头骨数计算。

表 3-3　13 组对比人群间的 MMD 值

	1	2	3	4	5	6	7	8	9	10	11	12	13
1	0.000												
2	0.057	0.000											
3	0.113	0.143	0.000										
4	0.093	0.038	0.054	0.000									
5	0.123	0.047	0.024	0.145	0.000								
6	0.116	0.046	0.060	0.096	0.095	0.000							
7	0.114	0.024	0.035	0.022	0.066	0.039	0.000						
8	0.157	0.074	0.064	0.119	0.114	0.065	0.038	0.000					
9	0.118	0.064	0.050	0.068	0.107	0.010	0.045	0.088	0.000				
10	0.045	0.000	0.022	0.033	0.074	0.046	0.005	0.037	0.037	0.000			
11	0.145	0.076	0.075	0.077	0.133	0.033	0.043	0.038	0.026	0.050	0.000		
12	0.204	0.105	0.138	0.282	0.114	0.101	0.118	0.878	0.149	0.112	0.100	0.000	
13	0.251	0.129	0.113	0.337	0.102	0.101	0.170	0.124	0.141	0.146	0.120	0.031	0.000

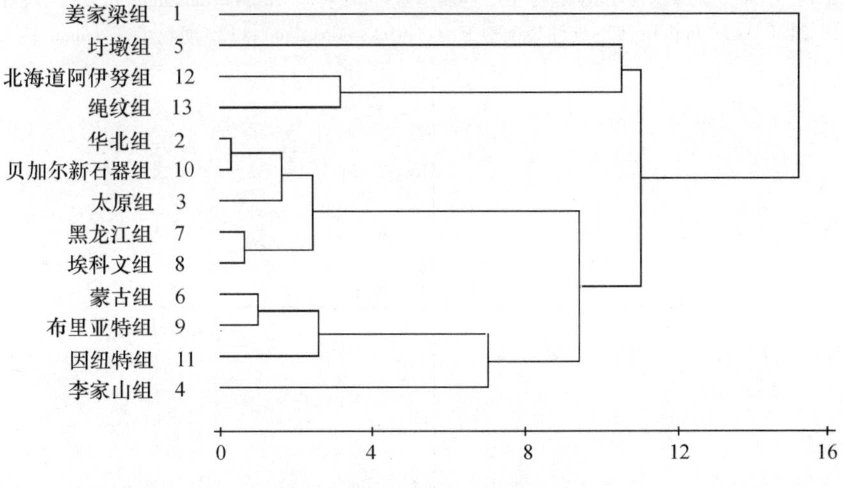

图 3-3　13 组人群的树状聚类图

一类。

根据 MMD 值矩阵做主坐标分析，三个主坐标轴累计贡献率为 76.5%。依据结果得出图 3-4 和图 3-5。

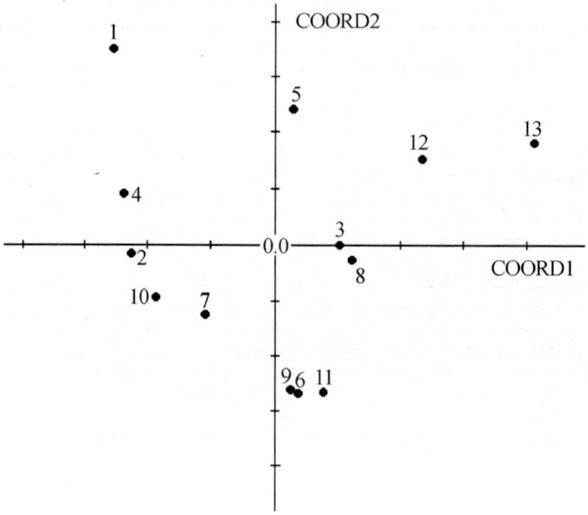

图 3-4　一、二主坐标图

1. 姜家梁组（Jiangjialiang）；2. 华北组（Northern Chinese）；3. 太原组（Taiyuan）；4. 李家山组（Lijiashan）；5. 圩墩组（Weidun）；6. 蒙古组（Mongolian）；7. 黑龙江组（Amur）；8. 埃科文组（Ekven）；9. 布里亚特组（Buryat）；10. 贝加尔新石器组（Neolithic Baikalian）；11. 亚洲因纽特组（Asian Inuit）；12. 北海道阿伊努组（Hokkaido Ainu）；13. 绳纹组（Jomon）

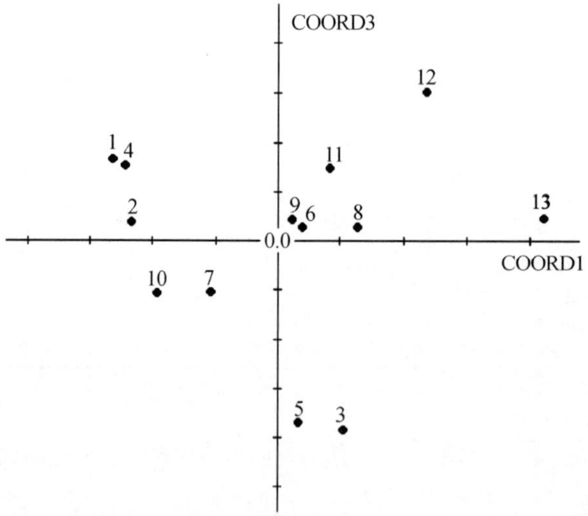

图 3-5　一、三主坐标图

1. 姜家梁组（Jiangjialiang）；2. 华北组（Northern Chinese）；3. 太原组（Taiyuan）；4. 李家山组（Lijiashan）；5. 圩墩组（Weidun）；6. 蒙古组（Mongolian）；7. 黑龙江组（Amur）；8. 埃科文组（Ekven）；9. 布里亚特组（Buryat）；10. 贝加尔新石器组（Neolithic Baikalian）；11. 亚洲因纽特组（Asian Inuit）；12. 北海道阿伊努组（Hokkaido Ainu）；13. 绳纹组（Jomon）

图3-4是第一和第二主坐标散点图，姜家梁组很明显地自成一类；圩墩组、北海道阿伊努组和绳纹组之间显示了某种程度上的联系；李家山组和其他组相比，与姜家梁组相对接近，与华北组、贝加尔新石器组和黑龙江组也有相对较近的距离，但也自成一类；华北组、黑龙江组和贝加尔新石器组之间较为接近；虽然太原组和埃科文组在地域上相距较远，但从具体坐标值来看，它们可能存在着某种联系；布里亚特组、蒙古组和亚洲因纽特组很明显地聚在了一起，表明三者具有较近的关系，它们与姜家梁组相距较远。

图3-5是第一和第三主坐标散点图，姜家梁组与李家山组聚在一起。不难看出，姜家梁组、华北组、李家山组、黑龙江组和贝加尔新石器组在第一和第三主坐标散点图中的相互位置较在第一和第二组坐标散点图中的相互位置更为接近，但贝加尔新石器组和黑龙江组与姜家梁组仍然相距较远；蒙古组、布里亚特组、埃科文组和亚洲因纽特组聚成一类，与姜家梁组相距较远；太原组和圩墩组聚成一类，与其他组较为疏远；北海道阿伊努组和绳纹组人与其他组也较为疏远，而且两者之间接近程度较在第一和第二主坐标散点图中疏远。

五、讨　论

姜家梁新石器时代遗址是河北省北部地区由仰韶时代向龙山时代过渡遗存的代表。姜家梁组居民的体质特征可概括为以中型颅为主，少量长颅型和圆颅型，伴以高颅型和狭颅型。中等程度的上面高和面宽，中等偏狭的面型，中等偏阔的鼻型，低眶型和偏低的中眶型，相对较大的面部扁平度。总体而言，姜家梁组所表现的个体间的差异虽然略超出了较纯的种系程度，但仔细研究其综合特征后发现，这种差异并非是大人种之间的差异表现，而更为确切地说应该是同一人种（黄色人种）下的类型间的区别，应该是一个“同种系多类型的复合体”。姜家梁新石器时代居民与庙子沟新石器时代居民、夏家店上层文化居民等在体质特征表现出较强的一致性。笔者认为其居民应该属于先秦时期的古华北类型。

如上所述，在13组对比人群中，姜家梁组人字点小骨、眶上神经孔和顶切迹骨的出现率较高，髁前结节和卵圆孔不全的出现率最高；姜家梁组二分舌下神经管的出现和下颌舌骨沟骨桥的出现率很低，眶上神经沟出现率最低；额中缝、星点小骨和翼棘孔等三项的出现率处于中等水平。

俄罗斯学者捷别茨（Debets）将近代西伯利亚人分为四个主要人群：①北冰洋人群（Arctic Group），包括亚洲因纽特人（原文为 Asian Eskimo）、楚科奇人（Chukchi）、埃科文人（Ekven）和阿留申人（Aleut）；②贝加尔人群（Baikal Group），包括乌尔奇人（Ulch）、赫哲人（那乃人）（Nanay）、内吉达尔人（Negidal）、奥罗科人（Orok）、黑龙江人（阿穆尔人）（Amur）、埃文基人（Evenki）

和尤卡基尔人（Yukagir）；③中央亚细亚人群（Central Asian Group），包括蒙古人（Mongolian）、布里亚特人（Buryat）、亚库特人（Yakut）和南西伯利亚人（South Siberian Peoples）；④乌拉尔人群（Uralic Group）（Debets 1951）。其他俄罗斯学者如阿里科谢夫（Alekseev）、科辛契夫（Kozintsev）和日本学者石田（Ishida）除了对乌拉尔人群的划分表示异议外，对其他三种分类均表示支持（Alekseev 1979；Kozintsev 1988；Ishida 1995）。

笔者的研究结果表明，蒙古组和布里亚特组在聚类分析和主坐标分析中都聚为一组，这与捷别茨和石田的研究结果是相同的。黑龙江组与新石器时代贝加尔组在聚类分析中没有聚在一起，但相距不是太远；二者在主坐标分析中相距很近，可以说还是与捷别茨和石田的观点相一致的。

石田等认为中央亚细亚组群与华北人接近而不与新石器时代贝加尔人接近，他们认为目前的证据似乎显示，中国人自从新石器时代开始就对中央亚细亚群体产生遗传性的影响了（Ishida et al. 1992）。而笔者的研究结果表明蒙古组和布里亚特组与亚洲因纽特组聚在一起，接近埃科文组，而远离华北组和贝加尔新石器组，这似乎说明中央亚细亚人群与北冰洋人群的密切程度可能大于与贝加尔人群和华北人的密切程度，但目前还没有证据来证实这一推测。亚洲因纽特组和古代因纽特墓葬中的埃科文人虽然存在着一定的距离，但他们之间的相近性不容否定，这与捷别茨的观点是一致的（Debets 1975）。

头骨学的材料显示，埃科文组与北冰洋组群相分离，或与其他西伯利亚组群相分离，是由于他们的过于超长的颅型造成的（Alekseev et al. 1984；Ishida et al. 1995）。另外，其他学者的非连续性形态特征分析显示了古代与近代北冰洋组群的强烈的亲缘关系（Ossenberg 1986；Ishida et al. 1992；Ishida 1993；Kozintsev 1992）。

测量学的研究结果表明华北人是与西伯利亚人相分离的，但是在非连续性形态特征研究中，他们与中央亚细亚组群相亲近（Ishida et al. 1995），笔者的研究结果表明华北组与贝加尔新石器组距在一起，而远离了中央亚细亚组，原因可能是因为笔者和石田所引用的华北人的非连续性形态特征观察数据的来源不同造成的。

圩墩组与太原组在聚类分析中比较疏远，但两者在主坐标分析中很接近，可能是聚类分析过于强调了两者的疏远关系或是主坐标分析在性状的选择上利于两者缩小距离，但主坐标分析的结果和日本学者分部哲秋（1999）的相一致。圩墩组在聚类分析中与北海道阿依努组和绳文组聚在一起，在主坐标分析中，三者的关系在第一、二主坐标中的位置是一致的，但可以看出三者之间还是存在一定距离的；在第一、三主坐标中，圩墩组却与两者相距甚远。

圩墩组属于马家浜文化（商志香覃，陈晶 1986），其人种学特点表现为扁圆的中颅型、高颅、低面、阔鼻，与现代东亚人种比较接近，且含有某些南亚类型的因素（魏东　2000）。日本列岛绳纹人具有多样性，多数绳纹人与现代阿依努人和北部蒙古人种比较接近，但也体现了某些强烈的低纬度赤道人种特征（汪洋　1998），所以两者存在着相似性和区别都很明显的现象。在非连续性形态特征方面，在不同的分析方法中可能会出现某些性状的突出和某些性状的弱化现象，这样可能产生了如上的结果。分部哲秋（1999）认为圩墩组与绳纹人差别远大于与北九州弥生人的差别，从头骨形态学（中桥孝博等　1999）和牙齿形态学（松村博文　1999）方面看也有同样的认识。

张君从头骨测量特征的角度分析，认为李家山组与藏族东部类型（藏族B型）具有密切的形态关系，同时与古代东亚、现代东北亚（北极）以及北亚类群都有不同程度的接近，但又很难把它归入某一类型中去（张君　1993）。非连续性形态特征研究表明，李家山组似乎与埃文克组、蒙古组、华北组、日本组和布里亚特组等东、北方人群存在相对接近的关系（张君　2001）。

笔者的研究结果表明，李家山组在聚类分析中虽然与蒙古组、布里亚特组和亚洲因纽特组聚在一起，形成一个独立的组群，但其与这三组的实际距离却是很大的；在主坐标分析中，第一、二主坐标显示李家山组与华北组、贝加尔组和黑龙江组相对接近，后两者构成了贝加尔人群；在第一、三主坐标中，李家山组与姜家梁组聚为一个群体，与华北组、贝加尔组和黑龙江组的紧密程度进一步增强，似可得出这样的结论：李家山组可能与贝加尔人群和华北人群存在着一定的联系。

华北组、贝加尔组和黑龙江组始终保持相对较近的距离，后两者构成了贝加尔人群，说明华北组与贝加尔人群之间可能存在着密切的联系。前两者在聚类分析中与太原组聚为一个群体，但是在主坐标分析中却始终相距较远。而在主坐标分析中，原来在聚类分析中相距较远的太原组和圩墩组却显示出了一定的联系，这说明太原组在某些非测量特征上可能既与其北方的人群有着共性又与其南部的人群产生了联系。

基于以上的分类准则和组群间的相互关系，可以进一步来分析姜家梁组与其他对比组的关系。如前所述，在13组对比人群中，姜家梁组人字点小骨、眶上神经孔和顶切迹骨的出现率较高；髁前结节和卵圆孔不全的出现率最高；二分舌下神经管的出现和下颌舌骨沟骨桥的出现率很低；眶上神经沟出现率最低。从MMD值来看，与姜家梁组最为接近的是贝加尔组（0.045），其次为华北组（0.057），李家山组（0.093）、太原组（0.113）、黑龙江组（0.114）、蒙古组（0.116）和布里亚特组（0.118）与之相对接近，圩墩组（0.123）、亚洲因纽特组（0.145）和埃科文组（0.157）与姜家梁组相对较远，而北海道阿伊努组和绳纹组与之相距甚远（0.204，0.251）。贝加尔组和黑龙江组代表了贝加尔人群；华北组代表了华北人群；李家山组可能与贝加尔人群和华北人群存在着一定的联系；太原组可能具有某些相近于其周边地区人群的特点；蒙古组和布里亚特组代表着中央亚细亚人群；圩墩组既独立于其他组又似乎与北海道阿伊努组和绳纹组有着一定的联系；亚洲因纽特组和埃科文组代表了北冰洋人群。那么，如果单从MMD值来看，姜家梁组与贝加尔人群、华北组、李家山组和中央亚细亚人群存在着联系。从聚类分析来看，姜家梁组独自成为一类。从主坐标分析来看，姜家梁组在第一、二主坐标中保持着相对独立的位置，而在第一、三主坐标中，其与李家山组、华北组和贝加尔组群的相互关系有了增强。在一、二和第一、三主坐标中，姜家梁组与中央亚细亚人群、日本列岛人群、北冰洋人群、太原组、圩墩组和日本列岛人群总是保持着相对较远的距离。

从以上比较结果可以看出，姜家梁新石器时代居民在非连续性形态特征上有着明显的特点：既与其他某些人群（特别是与贝加尔人群、华北组）有着某种联系，如前所述，人种学研究结果表明姜家梁两个组均与近代华北组保持较密切的联系，但现在还没有证据说明这种联系的密切程度以及是何种方式的联系；同时，姜家梁组可能是因为还存在着某些独立的特征（比如其较高的或者较低的非连续性形态特征），使之不能完全地归入到某种人群中去。

姜家梁遗址的古代居民是一个“同种系多类型的复合体”，也许这种情况是造成姜家梁组具有其独特性的原因之一。如果将姜家梁的两个分组的性状分开来加以研究，可能会得出现在还不为所知的结论来，我们也期待从这一地区及其周边地区发现更多的古人骨材料，以期从研究中得出更细致的结论。

第二节　关于头骨非连续性形态特征的几个问题

这一节是对第一节中的非连续性特征表述的补充说明。如前所述，从20世纪80年代末开始，国内非连续性形态特征研究工作已经逐渐展开，许多学者通过对国外同行研究成果的分析和借鉴，总结出了各自的非连续性形态特征观察项并对这些非连续性形态特征进行了细致的研究和讨论。此外，牙齿非连续性形态特征研究也逐渐开始展开（朱泓　1990；刘武　1997；刘武等　1995，1996，1999；李法军等　2003）。

目前，国内牙齿非连续性形态特征研究主要是依据美国亚立桑那州立大学牙齿人类学体系（The Arizona State University Dental Anthropology System）（Turner et al.　1991）来进行的，所采用的观察项比较清晰和统一。

而头骨非连续性形态特征研究虽然进行的较早，但从目前国内已发表的研究成果来看，还存在如下几个相关问题：

（1）非连续性形态特征在内容和名称上存在差别；

（2）某些非连续性形态特征虽然在定义上已很明确，但已有研究均未明确其出现区域或标示的位置不清晰；

（3）内容有多有少，如果从积累资料的角度看，还是应尽量多观察，因为某些非连续性形态特征的研究意义还未得到真正确认。

有些非连续性形态特征的名称尚未统一，如乳突孔上位/乳突孔异位；胡施克孔/裂孔；翼上骨/翼区缝间骨；二分舌下神经管/二分髁前管/成对舌下管；卵圆孔不全/不完全卵圆孔；眶上神经沟/外额沟；眶上孔完整/眶上孔；下颌舌骨沟骨桥/舌骨线桥。虽然名称的差异不会造成观察和研究结果的差异，但从今后的发展来看，统一的内容和名称对研究是有利的。

一、几个非连续性形态特征的定义和位置示意

笔者希望通过对有限的几个头骨非连续性形态特征的描述和示意，为国内的相关研究提供一点有益的参考。

1. 岩孔

颞骨弓状隆起与岩鳞裂之间的薄骨板称为鼓室盖（tegmen tympani），构成了鼓室的上壁。鼓室盖的前侧有两个小孔，其中内侧的较大，称为面神经管裂孔，有岩大神经穿出；外侧的较小，称为岩小神经管内口，即岩孔（foramen petrosum），又称为阿尔诺无名小管（canaliculus innominatus of arnold），有岩小神经通过。自上述内外二孔，向前方个发出一条浅沟，称为岩大神经沟和岩小神经沟（中国解剖学会　1982）。图 3-6 表示了其位置。

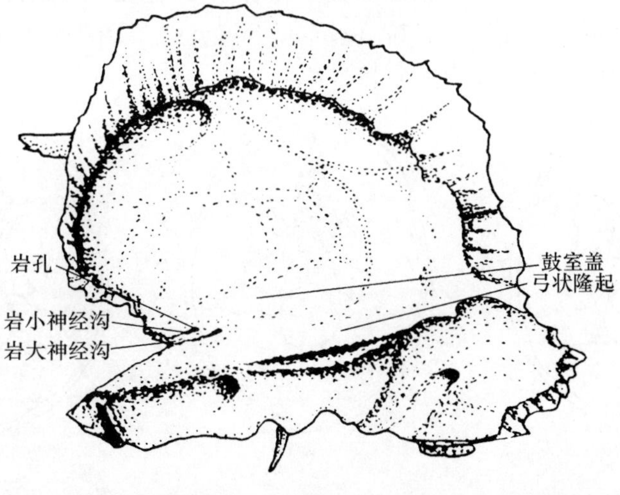

图 3-6　岩孔位置示意图

2. 胡施克孔/裂孔

胡施克孔（foramen of Huschke）又称胡施克氏孔或颞骨鼓部孔（刘执玉 1998）。出现区域在颅底面颞骨鼓板至岩部之间，多在鼓板近中三分之一处出现，形状有圆形、椭圆形和不规则形，同侧可能出现单个或多个，出现多个时存在主孔和变异孔。王令红和张银运在其研究中也有描述（王令红　1988；张银运 1993）。图 3-7 表示了其出现的区域。

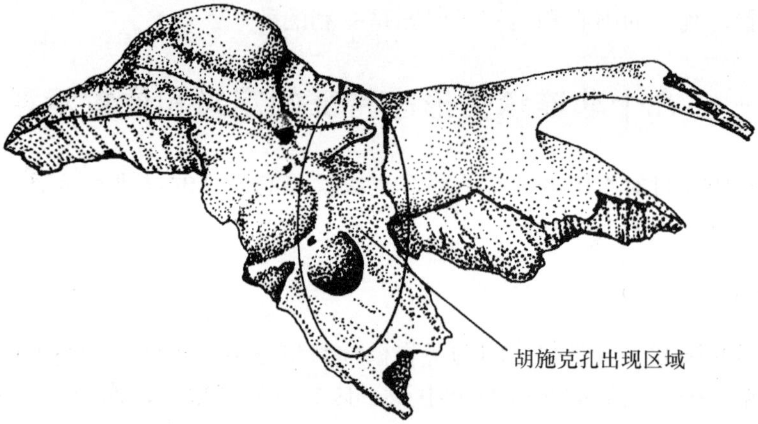

图 3-7　胡施克孔出现区域

3. 床突间骨桥

在颅底内面，蝶骨小翼上的前床突与蝶骨体鞍背上的中床突或位于岩部的后床突形成骨性连接——床突间骨桥（clinoid bridging）。图 3-8 表示了颅底内面的正常形态、骨桥的不完全形态和骨桥形成。

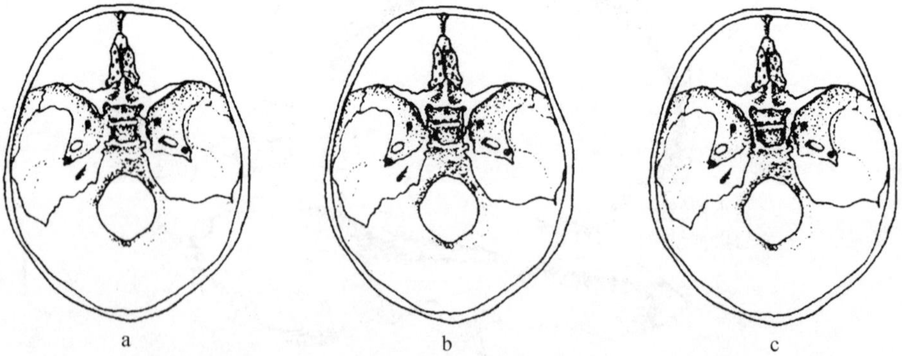

图 3-8　床突间骨桥形态示意图

a. 颅底内正常形态；b. 不完全形态；c. 形成床突间骨桥

4. 维萨里孔

维萨里孔（foramen of Vesalius）即静脉孔，是蝶骨卵圆孔内侧的小孔，通行导静脉（中国解剖学会　1982）。图 3-9 表示了其出现区域。

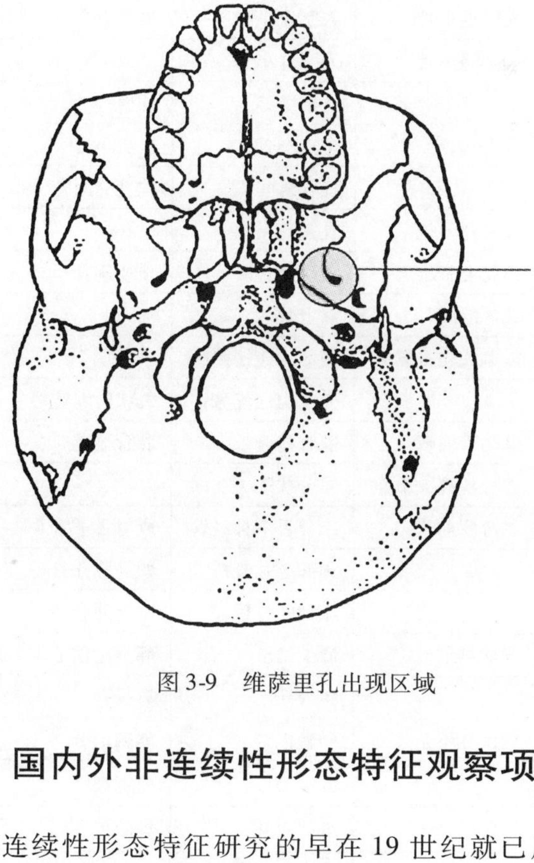

图 3-9　维萨里孔出现区域

二、国内外非连续性形态特征观察项的比较

国外进行非连续性形态特征研究的早在 19 世纪就已展开，从 20 世纪 50 年代后期开始，欧美和日本学者逐渐在非测量形状研究方面投入了大量精力，目前仍处于发展之中。前面提到，近年来日本学者做了大量的基础性工作，研究成果非常突出。因此，与国外特别是与日本学者进行交流并相互借鉴是很有必要的。为了更直观地比较不同学者之间在非连续性形态特征选择和命名上的差异，笔者列举几位中外学者在其研究成果中所使用的非连续性形态特征，见表 3-4。

王令红在其原文中共涉及 63 项非连续性形态特征标准（王令红　1988），笔者就其他学者所采用的观察项而将其缩减，这也是笔者所采用的观察项总数。张银运采用 30 项非连续性形态特征（张银运　1993），所用观察项采用 A. C. Berry 和 K. J. Berry 所使用的标准（Berry et al.　1967）。虽然张银运先生在其文章中已

表 3-4　不同学者所使用的非测量性状

ID	王令红（1988）	张银运（1993）	分部哲秋（1999）	百百幸雄（Dodo et al. 1998）	张君（2001）
1	顶孔	顶孔	顶孔		
2	人字点小骨	人字点小骨	人字点小骨	人字点骨	人字点小骨
3	人字缝小骨	人字缝小骨	人字缝小骨		
4	枕横缝		枕横缝	枕横缝	
5	星点小骨	星点小骨	星点小骨	星点小骨	星点小骨
6	枕乳缝间骨		枕乳缝间骨	枕乳缝间骨	
7	乳突孔上位	乳突孔异位	乳突孔上位		
8	顶切迹骨	顶切迹骨	顶切迹骨	顶切迹骨	顶切迹骨
9	翼上骨	翼区缝间骨	翼上骨		翼上骨
10	额颞式连接翼区	额颞式连接翼区	额颞式连接翼区		
11	左横窦优势		矢状沟左优势	矢状沟左优势	
12	髁后管通畅	髁后管通畅	髁管显著	髁管显著	
13	二分枕髁关节面	二分枕髁关节面	二分枕髁关节面		
14	二分舌下神经管	二分髁前管	二分舌下神经管	成对舌下管	成对舌下管
15	颈静脉孔骨桥		颈静脉孔骨桥	颈静脉孔骨桥	
16	床突间骨桥		床突间骨桥	床突间骨桥	
17	髁前结节	髁前结节	髁前结节	髁突前结节	髁突前结节
18	翼棘孔		翼棘孔	翼棘孔	翼棘孔
19	卵圆孔不全	卵圆孔不全	卵棘汇合	卵棘汇合	不完全卵圆孔
20			鼓室裂	鼓室裂	
21	维萨里孔		维萨里孔	维萨里孔	
22	额中缝	额中缝	额中缝	额中缝	额中缝
23	眶上神经沟		眶上神经沟	眶上神经沟	外额沟
24	眶上神经孔	眶上孔完整	眶上神经孔	眶上孔	眶上孔
25	副眶下孔	副眶下孔	副眶下孔		
26	颧横缝		颧横缝	颧横缝	
27	颧面孔缺如	颧面孔缺如	颧面孔		
28	内侧腭管		内侧腭管	内侧腭管	
29			副神经孔		
30	下颌舌骨间骨桥		下颌舌骨沟间骨桥	下颌舌骨沟间骨桥	舌骨线桥

续表

ID	王令红（1988）	张银运（1993）	分部哲秋（1999）	百百幸雄（Dodo et al. 1998）	张君（2001）
31	前囟骨	前囟骨			
32	冠状缝小骨	冠状缝小骨			
33	外耳道骨肿	外耳道骨肿			耳圆枕
34	胡施克孔	胡施克孔			裂孔
35	乳突孔缺如	乳突孔缺如			
36	棘孔开放	棘孔开放			
37	副腭小孔	副腭小孔			
38	腭圆枕	腭圆枕			腭圆枕
39	额切迹或额孔	额切迹或额孔			
40	筛前孔上位	筛前孔上位			
41	筛后孔缺如	筛后孔缺如			
42	最上项线	最上项线			
43	上颌圆枕	上颌圆枕			
44	下颌圆枕				下颌圆枕
45	髁旁突			髁旁突	
46	印加骨		印加骨		
47	脑膜眼眶孔		脑膜眼眶孔		

强调统一标准的意义，并进一步提出要进行有效的非连续性形态特征的筛选和利用国外学者以开发的有效的数据处理方法，但到目前为止，国内在非连续性形态特征方面的研究还处于积累资料的阶段，所以尽可能多的进行观察和记录，并通过已有的人种学结论进行检验，势必促进我们在非连续性形态特征研究的水平。张君采用16项非连续性形态特征标准，与其他国内学者所采用的标准差别较大，可能与观察材料的保存情况有关或者是认为这些项目具有观察意义（张君　2001）。

日本学者百百幸雄采用22项非连续性形态特征标准（Dodo　1998），分部哲秋采用32项非连续性形态特征标准（分部哲秋　1999）。可以看出，两位日本学者在非连续性形态特征名称上比较统一。但从日本学者的研究成果中可以看出，百百幸雄所采用的标准是比较常用的。

此外，观察项样本量究竟在多大程度上具有统计学意义，就目前情况看，还未列出一个最小样本量界值。如果样本量过少，则性状的出现可能会被认为是一种偶然性，只能代表个体特征而非一个群体的特征。这个问题还有待于资料的进一步积累。用非连续性形态特征研究来建立中国古代人群的相互关系，用已有的人种学基础来进行检验，从而使国内人类学研究手段真正多元化。

三、小　结

笔者总结了国内以往有关头骨非连续性形态特征的研究成果，经过分析比较，对胡施克孔/裂孔（foramen of Huschke）、床突间骨桥（clinoid bridging）、翼棘孔（pterygo-spinous foramen）和维萨里孔（foramen of Vesalius）四项非连续性形态特征进行了解释并对其出现位置和区域做了详细示意，这几项在以往的文章中或是未给出明确定义或是示意不清晰，这就会使一些刚刚从事非连续性形态特征研究的体质人类学工作者无所适从。因此，笔者希望在明确这几项非连续性形态特征方面为初学者提供有益的帮助。

笔者还将近年来国内学者与日本学者在进行非连续性形态特征研究时所采用的观察项进行了比较。结果表明，中国学者之间在非连续性形态特征数量和名称上均存在差异；日本学者之间除在个别非连续性形态特征上存在使用与否的差异外，观测项的名称较为统一；国内外学者之间存在交互现象。建议在与日本相关材料对比时，采用日本学者百百幸雄所采用的标准。为了积累材料并利于今后的综合研究，应尽可能采用较多的非连续性形态特征观察项。

第三节　头骨面部三项非连续性形态特征的观察

近年来，周文莲等在非连续性形态特征研究时进行了新的尝试，对中西方现代人和化石人头骨面部的犬齿窝、颧骨缘突和梨状孔上外侧部膨隆等三项性状进行了群体间出现率的差异性研究，以筛选其中在人种和群体鉴别上有意义的性状（周文莲等　2001，2002）。笔者研究了姜家梁新石器时代人骨的这三项性状。此外，为了增加对比材料，还观察了其他 10 组不同时期、不同区域的人骨材料，弥补了这三项特征研究在中国古代人骨材料上的缺环。

一、材料和方法

1. 研究材料

笔者所用头骨材料均取自吉林大学边疆考古研究中心人类学研究室，代表着分布于中国北方 8 个省份不同时代的 11 组古代人群。详见表 3-5。

喇嘛洞墓地位于辽宁省北票市南八家乡四家板村村西一东西向的坡地上。墓地分为两区，自1993年至1998年，历经5次发掘，共发掘墓葬435座，其中三燕文化墓葬419座。其体质特征基本上属于亚洲蒙古人种的东亚类型，同时亦与亚洲蒙古人种的北亚类型有着较为密切的关系，与东北亚蒙古人种和南亚蒙古人种有着较大的区别（陈山　2002）。

表3-5　11个古代人群的时空分布表

时代 地区	新石器时代	青铜时代	铁器时代			
			战国	汉—晋	三燕	元代
辽　宁					喇嘛洞	
河　北	姜家梁					
内蒙古			水泉			砧子山
新　疆			洋海、穷科克	营盘		
青　海		核桃庄				
陕　西	寨峁					
山　西		游邀				
河　南	西山					

砧子山位于内蒙古自治区锡林郭勒盟正蓝旗境内元山都城址东南，1998年8月和1999年7月至8月，内蒙古考古研究所联合吉林大学考古学系对砧子山西区进行了发掘。砧子山墓地是内蒙古境内迄今发现的规模最大的一处元代丛葬区（内蒙古文物考古研究所等　2001）。

水泉遗址位于内蒙古自治区赤峰市敖汉旗四家子镇水泉村西大约500m的高地上。墓葬形制多为长方形土坑竖穴墓，只有少数墓葬在土坑中砌出简单的石框。墓向多南北向，墓主人头向多半朝南，仰身直肢。水泉墓地出土的这批古代人骨样品为我们研究西拉木仑河和大、小凌河流域战国时期居民的种系构成和演变等问题提供了难得的珍贵资料。水泉遗址青铜时代居民在大人种的归属上应为蒙古人种。他们在颅面部基本体质特征上与现代亚洲蒙古人种中的东亚类型相对比较接近（朱泓等　2002）。

洋海墓地范围广大，所包含的墓葬数量也很多，正式的发掘材料还未发表，从已知的材料看，大多数墓葬地表无标志，竖穴土圹陶器中彩陶比例明显大于苏贝希墓地。铁器较少见，蒜头形陶壶颇具特色。洋海墓地主体遗存的年代应为公元前6—前4世纪（吕恩国　1999）。其人类学研究文章还未见发表，但从其形态特征看，应属白色人种无疑。

穷科克墓地位于新疆伊犁哈萨克自治州喀什河南岸，属于尼勒克县科蒙乡，西距尼勒克县城约20km。2001年八、九月份新疆考古研究所对一号墓地进行考古发掘。其年代据两个碳-14数据可知其绝对年代为公元前984—前830年和公元前1040—前906年，属于早期铁器时代（据刘学堂等未刊资料）。其人类学研究文章还未见发表，但从其形态特征看，亦属白色人种无疑。

营盘遗址位于新疆尉犁县境内罗布泊西侧，库鲁克塔格山南麓，是塔里木河下游三角洲西北缘、孔雀河中游一处地理位置十分重要的古遗址群，东距著名的楼兰故城约200km。营盘墓地经过1995年和1999年两次较大规模的发掘。营盘墓地的年代主体可推定在东汉—魏晋时期，个别墓葬可能早到西汉，晚的可能到北朝初期（新疆文物考古研究所　2001）。他们的体质特征既接近于欧洲人种，同时又有一些蒙古人种的混入（陈靓　2002）。

核桃庄辛店文化墓地位于青海省民和县核桃庄乡，包括小旱地遗址和马排遗址。辛店文化延续时间较长，大致经历了公元前15世纪到公元前6世纪的近千年时间，相当于夏代晚期到西周晚期。辛店文化居民的基本体质类型接近现代东亚蒙古人种，同时在个别体质特征上也与现代北亚蒙古人种存在着某些相似性（王明辉　1999）。

寨峁遗址位于陕西省神木县店塔乡寨峁村，南距神木县约16km，距店塔乡约1km。其绝对年代在距今4800—4100年。神木寨峁组属于蒙古大人种，与现代蒙古人种的南亚和东亚类型最为接近，与东北亚和北亚类型较为疏远（方启　2004）。

游邀遗址位于山西省忻州市东南约10km处的游邀村，其主要遗存年代为龙山时期至夏代。游邀组古代居民的基本体质特征应属于亚洲蒙古人种范畴，与各区域性人种类型比较的结果表明，其在若干项主要颅面部形态特征上更接近于现代东亚蒙古人种（朱泓　2004）。

西山新石器时代遗址位于河南省郑州市北郊23km处的邙岭余脉上。绝对年代距今5300—4800年。西山组具有蒙古大人种的特征，与现代亚洲蒙古人种的东亚类型、北亚类型关系比较接近（魏东　2001）。

另外，在进行犬齿窝出现率的程度分布的分析时，为了充分利用已发表的相关资料，加强对比分析的说服力，笔者又增加了如下对比组：

（1）新石器时代：陕西西安半坡（颜訚等　1960）、陕西宝鸡北首岭（颜訚　1983）、陕西华县元君庙（颜訚　1962）、陕西临潼姜寨一期（夏元敏等　1988）、陕西临潼姜寨二期（巩启明等　1988）、河南陕县庙底沟（韩康信等　1979）、山东曲阜西夏侯（颜訚　1973）、山东泰安大汶口（颜訚　1972）、山东邹县野店（张振标　1985）、山东广饶（尚虹等　2003）、江苏高邮龙虬庄（韩康信　1999）、安徽蒙城尉迟寺（张君等　1998）、内蒙古察右前旗庙子沟（朱泓　1994）、青海乐都柳湾（潘其风等　1984）、青海民和阳山（韩康信　1990）。

（2）青铜时代：内蒙古赤峰敖汉大甸子（潘其风　1996）、山西上马（潘其风　1994)、甘肃酒泉干骨崖（郑晓瑛　1991），河南安阳殷墟中小墓（韩康信等　1985）。

(3) 铁器时代：新疆鄯善苏贝希（陈靓　1998)、新疆石河子南山（陈靓　2001)。

2. 研究性状与观察标准

笔者所研究的性状为犬齿窝（canine fossa)、颧骨缘突（marginal process of zygomatic bone）和梨状孔上外侧部膨隆（bulging between orbit and pyriforme orifice)。观察标准参照周文莲等地文章中所描述的具体方法（周文莲等　2001)：

(1) 犬齿窝（canine fossa)：口腔医学界又称尖牙窝，位于上颌骨的前外侧面。它介于眶下孔的下方、上颌骨颧突的前方和恒前臼齿根尖上方之间，一般在犬齿根尖后外侧 1.5cm 处。以目测法分度，标准如下：

- 　上颌骨的前外侧面较平坦，无局部凹陷。

+　浅，略出现凹陷。

+ +　中等，出现清晰的凹陷。

+ + +　深，凹陷明显可见。

+ + + +　极深，凹陷很深。

(2) 颧骨缘突（marginal process)：为颧骨后上缘的圆形或三角形突起。分度标准如下：

- 　颧骨的后上缘光滑无突起，与其上方额蝶突的后缘相移行。

+　颧骨的后上缘出现突起，其最突出点至颧骨前上缘（眶外侧缘）的水平距离小于颧额缝宽度的 1.5 倍。

+ +　颧骨缘突明显，其最突出点至颧骨前上缘（眶外侧缘）的水平距在 1.5—2 倍的倍颧额缝宽度之内。

+ + +　颧骨缘突很明显，其最突出点至颧骨前上缘（眶外侧缘）的水平距大于或等于 2 倍的倍颧额缝宽度。

用小分规做粗略的测量，以协助颧骨缘突的分度。

(3) 梨状孔上外侧部膨隆：以目测法判断颅骨梨状孔上外侧部是否膨隆。

- 　梨状孔上外侧部不膨隆。

+　梨状孔上外侧部局部膨隆。

3. 统计学处理

采用两样本频率的 u 检验，分别比较这 3 项非连续性形态特征在性别、人群和人种方面的差异。

二、结果与分析

（一）各对比组 3 项非连续性形态特征的出现率比较

（1）犬齿窝的出现率（表 3-6）。

表 3-6 犬齿窝的出现率

观察项	对比组	男性/%				左右侧差异		女性/%				左右侧差异	
		N	L	R	LR	|u|/|t|	P	N	L	R	LR	|u|/|t|	P
犬齿窝	姜家梁	50	80.0	72.0	64.0	0.937	>0.01	20	70.0	70.0	55.0	0.345	>0.05
	喇嘛洞	85	68.2	70.6	61.2	0.790	>0.01	586	9.0	77.6	60.3	1.047	>0.01
	寨 峁	7	42.9	85.7	42.9	0.013	>0.05	10	90.0	90.0	90.0	0.745	>0.05
	砧子山	16	81.3	75.0	68.8	1.113	>0.05	14	78.6	78.6	71.4	0.461	>0.05
	核桃庄	13	84.6	84.6	76.9	0.340	>0.05	12	66.7	83.3	58.3	0.468	>0.05
	穷科克	23	100	100	100	0.003	>0.05	20	95.0	90.0	85.0	0.000	>0.05
	营 盘	26	92.3	80.8	80.8	0.000	>0.05	20	95.0	80.0	80.0	0.956	>0.05
	洋 海	26	100	92.3	92.3	0.809	>0.05	22	90.9	100	90.9	0.725	>0.05
	水 泉	16	62.5	81.3	62.5	0.466	>0.05	16	75.0	62.5	56.3	0.381	>0.05
	西 山	26	76.9	73.1	65.4	0.937	>0.05	17	76.5	82.4	70.6	0.001	>0.05
	游 邀	13	84.6	69.2	69.2	0.722	>0.05	10	90.0	70.0	70.0	0.559	>0.05

注：检验左右侧差异（side difference）时由于考虑到样本量的问题，所以当样本量大于30时比较适合用两样本频率的 u 检验，而当样本量大于5且小于30时比较适合用 t 检验代替 u 检验。加方框者为 u 检验值（显著性水平为0.01，$P<0.01$ 时差异性显著），加下划线者为 t 检验值（显著性水平为0.05，$P<0.05$ 时差异性显著）。

结果表明，各组犬齿窝的左右侧出现率并不完全一致，但无统计学差异。值得提及的是穷科克组男性犬齿窝的左右侧出现率均为百分之百。洋海组男性犬齿窝的左侧出现率、女性犬齿窝的右侧出现率也为百分之百。

（2）颧骨缘突的出现率（表 3-7）。

表 3-7 颧骨缘突的出现率

观察项	对比组	男性/%				左右侧差异		女性/%				左右侧差异	
		N	L	R	LR	|u|/|t|	P	N	L	R	LR	|u|/|t|	P
颧骨缘突	姜家梁	35	88.6	88.6	82.4	0.000	>0.01	18	77.8	88.9	66.7	0.446	>0.05
	喇嘛洞	85	75.3	82.4	74.1	1.133	>0.01	58	63.8	77.6	60.3	1.633	>0.01

续表

观察项	对比组	男性/%				左右侧差异		女性/%				左右侧差异	
		N	L	R	LR	|u|/|t|	P	N	L	R	LR	|u|/|t|	P
颧骨缘突	寨峁	7	100	100	100	0.000	>0.05	10	100	100	100	0.000	>0.05
	砧子山	15	73.3	86.7	66.7	0.461	>0.05	13	76.9	92.3	69.2	0.544	>0.05
	核桃庄	12	75.0	100	66.7	1.234	>0.05	12	50.0	58.3	16.7	0.002	>0.05
	穷科克	25	76.0	84.0	76.0	0.354	>0.05	17	82.4	100	82.4	1.206	>0.05
	营盘	26	96.2	96.2	96.2	0.725	>0.05	20	65.0	90.0	65.0	1.515	>0.05
	洋海	25	92.0	100	92.0	0.722	>0.05	21	52.4	61.9	52.4	0.310	>0.05
	水泉	16	81.3	81.3	62.5	0.453	>0.05	15	73.3	80.0	66.7	0.002	>0.05
	西山	22	81.8	86.4	81.8	0.005	>0.05	16	81.3	93.8	81.3	0.535	>0.05
	游邀	12	91.7	75.0	75.0	0.550	>0.05	8	75.0	75.0	75.0	0.577	>0.05

结果表明，各组颧骨缘突的左右侧出现率也非完全一致，但无统计学差异。寨峁组男女两性颧骨缘突的左右侧出现率均为百分之百。穷科克组女性右侧和洋海组男性右侧该项性状的出现率也为百分之百。

（3）梨状孔上外侧部膨隆的出现率（表3-8）。

表3-8　梨状孔上外侧部膨隆的出现率

观察项	对比组	男性/%				左右侧差异		女性/%				左右侧差异	
		N	L	R	LR	|u|/|t|	P	N	L	R	LR	|u|/|t|	P
梨状孔上外侧部膨隆	姜家梁	47	89.4	89.4	87.2	0.000	>0.01	16	75.0	75.0	75.0	0.408	>0.05
	喇嘛洞	83	91.6	91.6	91.6	0.000	>0.01	57	94.7	96.5	94.7	0.469	>0.01
	寨峁	7	57.1	71.4	57.1	0.001	>0.05	10	70.0	70.0	70.0	0.488	>0.05
	砧子山	15	80.0	86.7	80.0	0.002	>0.05	16	81.3	75.0	75.0	0.003	>0.05
	核桃庄	13	92.3	100	92.3	0.001	>0.05	11	63.6	72.7	63.6	0.000	>0.05
	穷科克	24	95.8	95.8	95.8	0.720	>0.05	19	94.7	89.5	89.5	0.007	>0.05
	营盘	26	88.5	92.4	88.5	0.007	>0.05	20	80.0	85.0	80.0	0.000	>0.05
	洋海	26	69.2	96.2	69.2	2.207	<0.05	21	81.0	81.0	81.0	0.393	>0.05
	水泉	16	75.0	75.0	68.8	0.408	>0.05	16	93.8	93.8	93.8	0.733	>0.05
	西山	20	80.0	80.0	80.0	0.395	>0.05	18	94.4	94.4	94.4	0.725	>0.05
	游邀	14	85.7	85.7	78.6	0.540	>0.05	7	85.7	85.7	85.7	0.763	>0.05

结果表明，洋海组男性该项性状的左右侧差异非常明显，右侧明显高于左侧。在观察洋海组该性状的过程中发现其男性头骨的鼻骨存在偏侧生长的现象，这可能是影响该项性状左右侧出现率存在显著性差异的原因之一。其他组该项性状的左右侧出现率虽然不完全一致，但无统计学差异。

由于犬齿窝、颧骨缘突在各组中的左右侧出现率虽然不完全一致，但并无统计学差异，所以在下文的分析过程当中，均以左侧出现该性状时的出现率来做比较。

梨状孔上外侧部膨隆在某些组中男女两性各自的双侧出现率并不完全对称和一致，这与周文莲等对现代人的同一性状研究的结论不相一致，其原因可能是由于选用的组别有异和观察样本量不同造成的。除了洋海组男性外，其他对比组该项性状左右侧出现率均无统计学差异。为了便于分析，将洋海男性梨状孔上外侧部膨隆出现率用其总出现率代替，而不像其他组以左侧出现率计；其他在梨状孔上外侧部膨隆性状上无统计学差异的对比组仍以左侧出现该性状时的出现率来做比较。

（4）犬齿窝出现率的性别差异比较（表 3-9）。

表 3-9　犬齿窝出现率的性别差异比较

观察项	对比组	男性/%		女性/%		性别差异	
		N	L	N	L	|u|/|t|	*P*
犬齿窝	姜家梁	50	80.0	20	70.0	0.585	>0.01
	喇嘛洞	85	68.2	58	69.0	0.101	>0.01
	寨峁	7	42.9	10	90.0	<u>1.557</u>	>0.05
	砧子山	16	81.3	14	78.6	<u>0.273</u>	>0.05
	核桃庄	13	84.6	12	66.7	<u>0.578</u>	>0.05
	穷科克	23	100.0	20	95.0	<u>0.071</u>	>0.05
	营盘	26	92.3	20	95.0	<u>0.235</u>	>0.05
	洋海	26	100.0	22	90.9	<u>0.847</u>	>0.05
	水泉	16	62.5	16	75.0	<u>0.381</u>	>0.05
	西山	26	76.9	17	76.5	<u>0.339</u>	>0.05
	游邀	13	84.6	10	90.0	<u>0.243</u>	>0.05

结果表明，11 个古代对比组男女两性在该项性状的出现率上无统计学差异。但是，单从出现率上看，寨峁组的男女两性的差异很明显是存在差异的，可能是由于样本量太小（男性 7 例，女性 10 例）的原因导致其两性间出现率的无差异。穷科克组、营盘组和洋海组男女两性的该性状出现率在 11 个对比组中是最高的。

（5）颧骨缘突出现率的性别差异比较（表3-10）。

表3-10　颧骨缘突出现率的性别差异比较

观察项	对比组	男性/%		女性/%		性别差异	
		N	L	N	L	|u|/|t|	*P*
颧骨缘突	姜家梁	35	88.6	18	77.8	0.635	>0.05
	喇嘛洞	85	75.3	58	63.8	1.483	>0.01
	寨峁	7	100.0	10	100.0	0.000	>0.05
	砧子山	15	73.3	13	76.9	0.218	>0.05
	核桃庄	12	75.0	12	50.0	0.843	>0.05
	穷科克	25	76.0	17	82.4	0.113	>0.05
	营盘	26	96.2	20	65.0	2.377	>0.05
	洋海	25	92.0	21	52.4	2.710	>0.05
	水泉	16	81.3	15	73.3	0.103	>0.05
	西山	22	81.8	16	81.3	0.385	>0.05
	游邀	12	91.7	8	75.0	0.386	>0.05

结果表明，11个组男女两性在该项性状的出现率上无统计学差异。寨峁组男女两性的该性状出现率均为百分之百。

（6）梨状孔上外侧部膨隆出现率的性别差异比较（表3-11）。

结果表明，11个古代对比组男女两性该项性状的出现率无统计学差异。

表3-11　梨状孔上外侧部膨隆出现率的性别差异比较

观察项	对比组	男性/%		女性/%		性别差异	
		N	L	N	L	|u|/|t|	*P*
梨状孔上外侧部膨隆	姜家梁	47	89.4	16	75.0	1.009	>0.05
	喇嘛洞	83	91.6	57	94.7	0.700	>0.01
	寨峁	7	57.1	10	70.0	0.032	>0.05
	砧子山	15	80.0	16	81.3	0.363	>0.05
	核桃庄	14	85.7	7	85.7	0.661	>0.05
	穷科克	13	92.3	11	63.6	1.220	>0.05
	营盘	24	95.8	19	94.7	0.557	>0.05
	洋海	26	96.2	20	80.0	1.273	>0.05
	水泉	16	75.0	16	93.8	0.978	>0.05
	西山	20	80.0	18	94.4	0.830	>0.05
	游邀	26	85.7	21	81.0	0.586	>0.05

（二）同一人种间各古代对比组3项非连续性形态特征的出现率比较

1. 黄种人3项非连续性形态特征的出现率比较

（1）犬齿窝的出现率差异比较（表3-12、图3-10）。

表3-12　黄种人犬齿窝出现率差异比较　（单位:%）

			|u|/|t| 男性				
	姜家梁	喇嘛洞	寨峁	砧子山	核桃庄	水泉	西山
喇嘛洞	1.148						
寨峁	1.667	0.945					
砧子山	0.247	0.754	1.350				
核桃庄	0.020	0.880	1.430	0.260			
水泉	1.087	0.155	0.415	0.790	0.905		
西山	0.314	0.604	1.190	0.050	0.141	0.651	
游邀	0.020	0.880	1.430	0.260	0.543	0.905	0.141
			|u|/|t| 女性				
	姜家梁	喇嘛洞	寨峁	砧子山	核桃庄	水泉	西山
喇嘛洞	0.084						
寨峁	0.763	0.986					
砧子山	0.164	0.328	0.183				
核桃庄	0.199	0.789	0.788	0.239			
水泉	0.042	0.156	0.433	0.200	0.058		
西山	0.072	0.294	0.765	0.293	0.160	0.306	
游邀	0.763	0.986	0.754	0.183	0.788	0.433	0.359

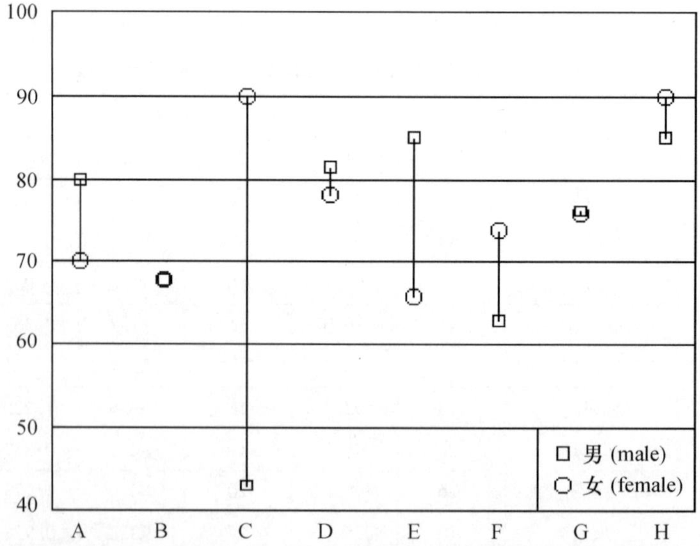

图3-10　黄种人犬齿窝出现率的两性分布

A. 姜家梁组；B. 喇嘛洞组；C. 寨峁组；D. 砧子山组；E. 核桃庄组；F. 水泉组；G. 西山组；H. 游邀组

表3-12结果表明，犬齿窝在黄种人各古代组男女两性中的出现率无统计学差异。据图3-10，同组异性间比较，各组两性间差异最显著者为寨峁组，但无统计学差异，这可能与样本量过小有关，其次核桃庄组两性间也稍有距离，其他组两性间距离较小；异组同性间比较，该性状在核桃庄组和游邀组男性及寨峁组和游邀组女性中出现率较高。而在寨峁组男性和核桃庄组女性中出现率最低。

（2）颧骨缘突的出现率差异比较（表3-13、图3-11）。

表3-13　黄种人颧骨缘突出现率差异比较　（单位:%）

| u | / | t | 男性

	姜家梁	喇嘛洞	寨峁	砧子山	核桃庄	水泉	西山
喇嘛洞	1.631						
寨峁	0.233	1.497					
砧子山	0.932	0.158	1.512				
核桃庄	0.673	0.335	1.442	0.342			
水泉	0.265	0.197	1.227	0.103	0.063		
西山	0.328	0.360	1.216	0.210	0.025	0.385	
游邀	0.242	0.902	0.783	0.724	0.550	0.233	0.272

| u | / | t | 女性

	姜家梁	喇嘛洞	寨峁	砧子山	核桃庄	水泉	西山
喇嘛洞	0.817						
寨峁	1.609	2.288 *					
砧子山	0.376	0.578	1.006				
核桃庄	1.187	0.568	2.141 *	0.983			
水泉	0.108	0.386	1.227	0.218	0.845		
西山	0.173	1.022	0.822	0.170	1.346	0.103	
游邀	0.348	0.227	0.922	0.428	0.652	0.410	0.175

注：星号表示有统计学差异。

表3-13结果表明，各组男性间该性状出现率无统计学差异；女性间寨峁组与喇嘛洞组、寨峁组与核桃庄组之间存在明显的统计学差异。据图3-11，同组异性间比较，核桃庄组男女两性间出现率距离最大，但无统计学差异；异组同性间比较，该性状在寨峁组男性及姜家梁组、寨峁组和游邀组女性中出现率较高。

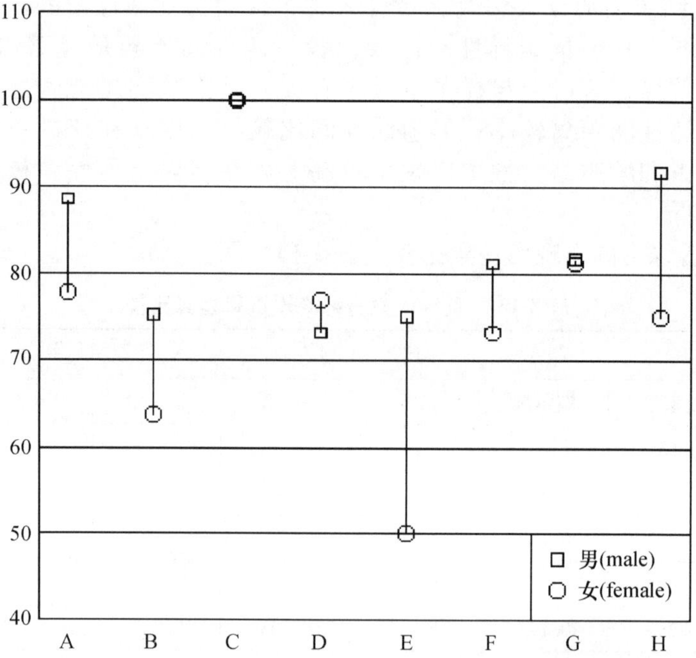

图 3-11　黄种人颧骨缘突出现率的两性分布

A. 姜家梁组；B. 喇嘛洞组；C. 寨峁组；D. 砧子山组；E. 核桃庄组；F. 水泉组；G. 西山组；H. 游邀组

（3）梨状孔上外侧部膨隆的出现率差异比较（表 3-14、图 3-12）。

表 3-14　黄种人梨状孔上外侧部膨隆出现率差异比较　　（单位:%）

	| *u* | / | *t* | 男性						
	姜家梁	喇嘛洞	寨峁	砧子山	核桃庄	水泉	西山
喇嘛洞	1.009						
寨峁	1.675	2.165*					
砧子山	0.504	0.904	0.609				
核桃庄	0.096	0.206	0.907	0.086			
水泉	1.009	1.502	0.366	0.097	0.273		
西山	0.642	1.106	0.689	0.427	0.028	0.045	
游邀	1.841	0.206	0.151	0.386	0.766	0.052	0.488
喇嘛洞	1.882						
寨峁	0.175	1.920					

续表

|u|/|t| 女性							
	姜家梁	喇嘛洞	寨峁	砧子山	核桃庄	水泉	西山
砧子山	0.003	1.208	0.187				
核桃庄	0.023	0.101	0.170	0.342			
水泉	0.938	0.481	1.079	0.535	0.170		
西山	1.108	0.550	1.203	0.650	0.101	0.656	
游邀	0.036	1.430	0.225	0.401	0.289	0.644	0.768

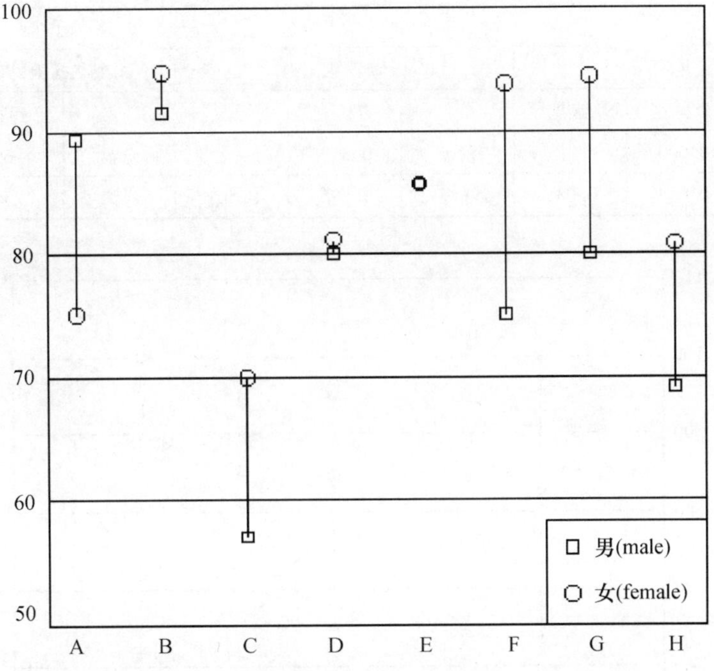

图 3-12　黄种人梨状孔上外侧部膨隆出现率的两性分布

A. 姜家梁组；B. 喇嘛洞组；C. 寨峁组；D. 砧子山组；E. 核桃庄组；F. 水泉组；G. 西山组；H. 游邀组

表 3-14 结果表明，男性间喇嘛洞组与寨峁组、喇嘛洞组与游邀组之间存在明显的统计学差异；女性间该性状出现率无统计学差异。据图 3-12，同组异性间比较，姜家梁组、寨峁组、水泉组、西山组及游邀组两性间出现率距离差异明显，但无统计学差异；异组同性间比较，该性状在喇嘛洞组、水泉组和西山组男性及姜家梁组和喇嘛洞组女性中有较高的出现率。

2. 白种人各古代对比组 3 项非连续性形态特征的出现率比较

表 3-15 的结果表明，3 项非连续性形态特征的出现率在三组白色人种的两性组内均无统计学差异。

表 3-15　白种人 3 项非连续性形态特征出现率差异比较　（单位:%）

|u| / |t| 男性								
犬齿窝			颧骨缘突			梨状孔上外侧部膨隆		
	穷科克	营盘		穷科克	营盘		穷科克	营盘
营盘	0.636		营盘	1.690		营盘	0.311	
洋海	0.000	0.722	洋海	1.157	0.042	洋海	0.250	0.651
|u| / |t| 女性								
犬齿窝			颧骨缘突			梨状孔上外侧部膨隆		
	穷科克	营盘		穷科克	营盘		穷科克	营盘
营盘	0.000		营盘	0.817		营盘	1.693	
洋海	0.085	0.085	洋海	1.595	0.501	洋海	0.569	0.893

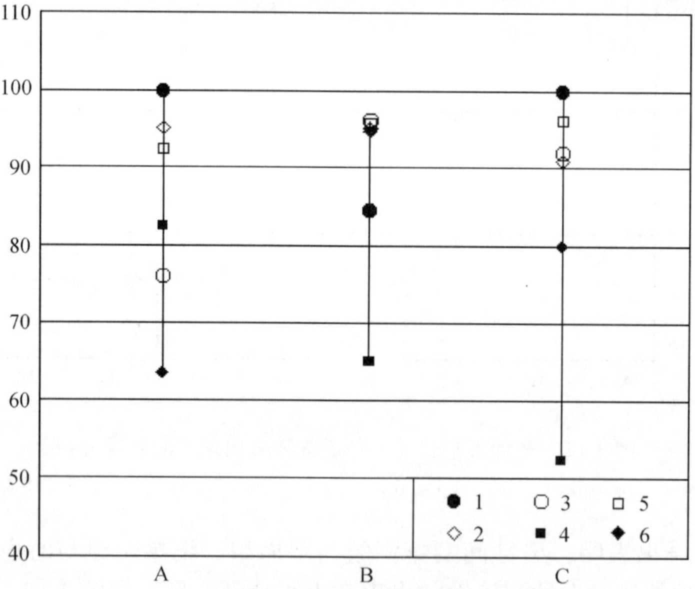

图 3-13　白种人 3 项非连续性形态特征出现率的两性分布

1. 犬齿窝（男性）；2. 犬齿窝（女性）；3. 颧骨缘突（男性）；4. 颧骨缘突（女性）；5. 梨状孔上外侧部膨隆（男性）；6. 梨状孔上外侧部膨隆（女性）

据图3-13，在穷科克组，梨状孔上外侧部膨隆出现率在男女两性间存在明显的距离，男性高于女性，但无统计学差异；在营盘组，梨状孔上外侧部膨隆出现率在男女两性间也存在明显的距离，女性高于男性，亦无统计学差异；在洋海组，颧骨缘突出现率在男女两性间存在明显的距离，男性高于女性，亦无统计学差异。犬齿窝的出现率在三组男女两性中均较高。穷科克组女性颧骨缘突出现率较高，营盘组女性梨状孔上外侧部膨隆出现率也明显高于其他两组。

（三）不同人种3项非连续性形态特征的出现率比较

依据表3-16、图3-14的结果，3项非连续性形态特征的出现在不同人种的某些人群间存在着差异。在犬齿窝，穷科克组、营盘组和洋海组的男性均与喇嘛洞组和寨峁组的男性存在极显著的差异；穷科克组和洋海组的男性与喇嘛洞组、寨峁组、水泉组及西山组的男性均存在显著性差异。穷科克组和营盘组女性与喇嘛洞组女性存在显著性差异；在颧骨缘突，营盘组男性与喇嘛洞组男性、洋海组女性与寨峁女性存在显著性差异；在梨状孔上外侧部膨隆，营盘组和洋海组男性均与游邀组及洋海组与寨峁组男性存在显著性差异；穷科克组女性与喇嘛洞组女性存在显著性差异。

表3-16 不同人种间3项非连续性形态特征出现率差异比较（单位:%）

$\|u\|/\|t\|$ 男性									
	犬齿窝			颧骨缘突			梨状孔上外侧部膨隆		
	穷科克	营盘	洋海	穷科克	营盘	洋海	穷科克	营盘	洋海
喇嘛洞	1.942	1.063	2.089	0.940	0.599	0.004	0.214	0.466	0.569
寨峁	2.852	2.192	3.045	0.193	2.059	1.525	0.455	0.249	0.355
砧子山	3.257	2.456	3.457	1.438	0.524	0.773	1.291	2.044	2.163
核桃庄	1.547	0.579	1.670	0.186	1.664	1.146	0.386	1.039	1.139
水泉	1.180	0.187	1.285	0.343	1.413	0.920	0.068	0.489	0.574
西山	2.742	1.984	2.919	0.013	1.059	0.533	0.732	1.460	1.571
游邀	2.024	1.154	2.172	0.128	1.154	0.607	0.466	1.167	1.273
喇嘛洞	1.180	0.187	1.285	0.693	0.205	0.612	1.211	2.076	2.207

$\|u\|/\|t\|$ 女性									
	犬齿窝			颧骨缘突			梨状孔上外侧部膨隆		
	穷科克	营盘	洋海	穷科克	营盘	洋海	穷科克	营盘	洋海
喇嘛洞	1.665	1.665	1.329	0.083	0.511	1.314	0.209	1.174	0.045
寨峁	2.157	2.157	1.865	1.150	0.656	0.656	2.562	0.591	1.513

续表

|u|/|t| 女性									
	犬齿窝			颧骨缘突			梨状孔上外侧部膨隆		
	穷科克	营盘	洋海	穷科克	营盘	洋海	穷科克	营盘	洋海
砧子山	0.259	0.259	[0.573]	1.407	2.137	[2.651]	0.153	1.266	0.153
核桃庄	0.920	0.920	0.546	0.087	0.339	1.065	0.584	0.708	0.326
水泉	1.632	1.632	1.298	1.450	0.465	0.229	0.698	0.066	0.231
西山	1.239	1.239	0.876	0.193	0.156	0.921	1.481	0.617	0.705
游邀	1.158	1.158	0.789	0.370	0.711	1.477	1.622	0.685	0.830
喇嘛洞	0.259	0.259	0.573	0.105	0.064	0.683	0.650	0.830	0.314

注：加方框者为统计学差异显著项。

据图3-14，在犬齿窝，不难看出，三组白种人群无论男女性别均是11组中最高的，男性尤为明显。黄种人群内和白种人群内均无统计学差异；在颧骨缘突，寨峁组男女两性的出现率均为11组中最高者，但由于该组男性仅有7例头骨，女性仅10例头骨可供统计，所以其较高的出现率似与较小的样本量有关。在女性中，核桃庄组与洋海组的该性状出现率明显低于其他组；在梨状孔上外侧部膨隆，男性组中三个白种人群该性状的出现率属于较高者，女性组中穷科克组该性状的出现率最低，喇嘛洞组和营盘组为最高，喇嘛洞组与穷科克组之间有较显著的统计学差异。

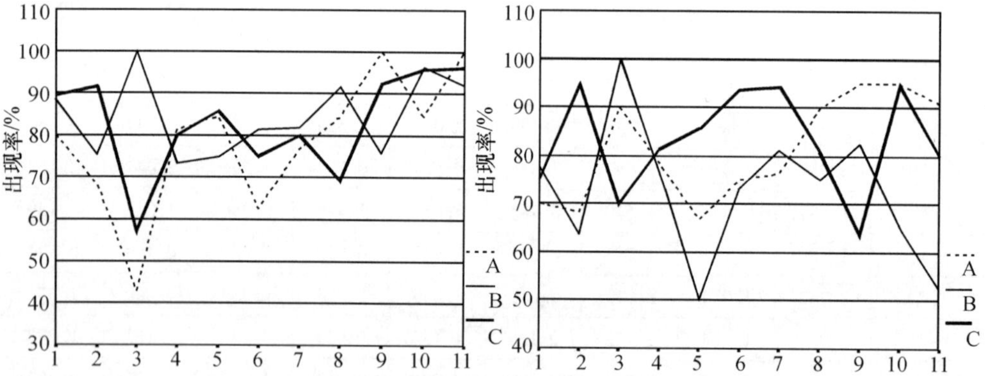

图3-14　3项非连续性形态特征出现率的折线图（左：男性；右侧：女性）

A. 犬齿窝；B. 颧骨缘突；C. 梨状孔上外侧部膨隆

1. 姜家梁（Jiangjialiang）；2. 喇嘛洞（Lamadong）；3. 寨峁（Zhaimao）；4. 砧子山（Zhenzishan）；5. 核桃庄（Hetaozhuang）；6. 水泉（Shuiquan）；7. 西山（Xishan）；8. 游邀（Youyao）；9. 穷科克（Qiongkeke）；10. 营盘（Yingpan）；11. 洋海（Yanghai）

（四）犬齿窝、颧骨缘突的出现率按程度的分布状况（表3-17、表3-18）

表3-17　男性犬齿窝和颧骨缘突的出现率按程度的分布状况（单位:%）

对比组	男性									
	犬齿窝					颧骨缘突				
	例数		+	++	+++	例数		+	++	+++
姜家梁	50	左侧	46.0	34.0	6.0	35	左侧	37.1	40.0	31.4
		右侧	36.0	28.0	8.0		右侧	42.9	25.7	37.1
喇嘛洞	85	左侧	40.0	23.5	1.2	85	左侧	35.3	28.2	3.5
		右侧	45.9	21.2	1.2		右侧	28.2	36.5	2.4
寨岇	7	左侧	28.6	14.3	0.0	7	左侧	71.4	0.01	0.0
		右侧	57.1	14.3	0.0		右侧	85.7	4.3	0.0
砧子山	16	左侧	37.5	43.8	0.0	15	左侧	33.3	26.7	20.0
		右侧	18.8	37.5	0.0		右侧	20.0	46.7	26.7
核桃庄	13	左侧	61.5	15.4	0.0	12	左侧	33.3	25.0	8.3
		右侧	69.2	0.0	7.7		右侧	33.3	41.7	16.7
水泉	16	左侧	43.8	18.8	0.0	16	左侧	50.0	37.5	0.0
		右侧	62.5	12.5	6.3		右侧	25.0	50.0	0.0
西山	26	左侧	46.2	15.4	0.0	22	左侧	36.4	27.3	0.0
		右侧	42.3	3.8	0.0		右侧	41.2	27.3	0.0
游邀	13	左侧	92.3	0.0	0.0	12	左侧	75.0	16.7	0.0
		右侧	69.2	0.0	0.0		右侧	58.3	16.7	0.0
穷科克	23	左侧	43.5	39.1	21.7	25	左侧	28.0	28.0	12.0
		右侧	26.1	47.8	30.4		右侧	32.0	36.0	16.0
营盘	26	左侧	38.5	50.0	3.81	26	左侧	42.3	50.0	11.5
		右侧	42.3	34.6	1.5		右侧	50.0	38.5	23.1
洋海	26	左侧	30.8	42.3	23.1	26	左侧	42.3	42.3	3.8
		右侧	23.1	46.2	23.1		右侧	46.2	30.8	19.2

表3-18　女性犬齿窝和颧骨缘突的出现率按程度的分布状况（单位:%）

对比组	女性									
	犬齿窝					颧骨缘突				
	例数		+	++	+++	例数		+	++	+++
姜家梁	20	左侧	30.0	30.0	15.0	18	左侧	38.9	27.8	16.7
		右侧	35.0	25.0	6.0		右侧	33.3	44.4	11.1
喇嘛洞	58	左侧	50.0	17.2	1.7	58	左侧	48.3	17.2	0.0
		右侧	53.4	15.5	3.4		右侧	44.8	25.9	3.4

续表

对比组	女性									
	犬齿窝					颧骨缘突				
	例数		+	+ +	+ + +	例数		+	+ +	+ + +
寨峁	10	左侧	40.0	50.0	0.0	10	左侧	60.0	30.0	0.0
		右侧	70.0	20.0	0.0		右侧	70.0	30.0	0.0
砧子山	14	左侧	64.3	21.4	0.0	13	左侧	30.8	30.8	30.8
		右侧	64.3	14.3	0.0		右侧	23.1	38.5	23.8
核桃庄	12	左侧	50.0	8.3	0.0	12	左侧	16.7	8.3	16.7
		右侧	83.3	0.0	0.0		右侧	41.7	25.0	8.3
水泉	16	左侧	37.5	18.8	0.0	15	左侧	46.7	26.7	0.0
		右侧	56.3	6.3	0.0		右侧	40.0	40.0	0.0
西山	17	左侧	35.3	35.3	11.8	16	左侧	56.3	25.0	6.3
		右侧	58.8	29.4	0.0		右侧	62.5	37.5	0.0
游邀	10	左侧	70.0	20.0	0.0	8	左侧	50.0	0.0	0.0
		右侧	60.0	10.0	0.0		右侧	62.5	0.0	0.0
穷科克	20	左侧	30.0	60.0	5.0	17	左侧	70.6	5.9	17.6
		右侧	45.0	30.0	10.0		右侧	88.2	11.7	5.9
营盘	20	左侧	40.0	45.0	10.0	20	左侧	50.0	5.0	10.0
		右侧	25.0	40.0	15.0		右侧	50.0	15.0	15.0
洋海	22	左侧	50.0	40.9	0.0	21	左侧	33.3	19.0	0.0
		右侧	59.1	31.8	4.5		右侧	42.9	23.8	0.0

1. 犬齿窝的出现率按程度统计，结果表现出一定的规律性

在黄色人种男性对比组中，犬齿窝的程度分布均以“+”和“++”为主，且均表现为“+”出现率高于“++”出现率（表3-19）。

在新石器时代组中，多数组别符合总体规律，陕西华县元君庙和河南陕县庙底沟的女性组，陕西临潼姜寨和山东曲阜西夏侯的男性组“+”的出现率甚至达到100%。但也存在这样的情况，即虽然符合总体规律，但“+++”的出现率较一般对比组高，如河北阳原姜家梁和青海乐都柳湾，这两组的两性“+++”的出现率明显高于同时代的其他组，就这二者而言，乐都柳湾“+++”的出现率更高。内蒙古察右前旗庙子沟男性则以“++”为主，且在“+++”上有一定的出现率。

在青铜时代组中，总体上仍符合一般规律，但也出现新的情况，即“+++”的出现率虽不及“++”高，但也较为普遍，有的对比组中“+++”的出现率甚至高于“++”的出现率，如甘肃酒泉干骨崖。只有陕西神木寨峁和山西忻州游邀与新石器时代多数组情况相似。

在铁器时代组中，内蒙古赤峰敖汉旗水泉居民、辽宁北票喇嘛洞居民和内蒙古锡林郭勒正蓝旗元上都砧子山居民与新石器时代黄河中下游居民在犬齿窝出现程度上比较相似，但并不完全相同，即喇嘛洞组两性“+++”有很小的出现率，水泉组男性“+++”也有很小的出现率。砧子山组男性表现为以“++”为主，而不是以“+”为主。

表 3-19　犬齿窝的出现率按程度的分布状况　（单位:%）

对比组	时代	性别	分布程度		
			+	++	+++
陕西西安半坡	新石器时代	♂	69.20	23.10	00.00
		♀	80.00	20.00	00.00
陕西宝鸡北首领	新石器时代	♂	47.37	31.58	00.00
		♀	75.00	00.00	00.00
陕西华县元君庙	新石器时代	♂	57.14	21.43	00.00
		♀	100.00	00.00	00.00
陕西临潼姜寨一期	新石器时代	♂	100.00	00.00	00.00
		♀	75.00	25.00	00.00
陕西姜临潼寨二期	新石器时代	♂	45.40	27.30	00.00
		♀	83.40	8.10	00.00
河南陕县庙底沟	新石器时代	♂	85.70	14.30	00.00
		♀	100.00	00.00	00.00
山东曲阜西夏侯	新石器时代	♂	100.00	00.00	00.00
		♀	60.00	40.00	00.00
山东泰安大汶口	新石器时代	♂	78.57	7.14	00.00
		♀	77.78	22.22	00.00
山东邹县野店	新石器时代	♂ ♀	均以弱和中等居多		
山东广饶	新石器时代	♂	以浅最为常见		
		♀	以无最为常见		
内蒙古察右前旗庙子沟	新石器时代	♂	37.50	50.00	12.50
		♀	66.67	11.11	00.00
江苏高邮龙虬庄	新石器时代	♂ ♀	以浅或无居多		
安徽蒙城尉迟寺	新石器时代	♂ ♀	绝大多数浅		
青海乐都柳湾	新石器时代	♂	54.17	16.67	8.33
		♀	56.25	00.00	18.75

续表

对比组	时代	性别	分布程度		
			+	+ +	+ + +
广西桂林甑皮岩	新石器时代	♂ ♀	40.00 75.00	00.00 25.00	60.00 00.00
青海民和阳山	新石器时代	♂ ♀	以浅中居多		
内蒙古赤峰敖汗大甸子	青铜时代	♂ ♀	45.78 45.46	16.87 16.88	12.05 11.39
山西侯马上马	青铜时代	♂ ♀	23.64 –	23.03 –	18.79 –
甘肃酒泉干骨崖	青铜时代	♂ ♀	44.40 70.00	16.70 00.00	22.20 10.00
甘肃民乐东灰山	青铜时代	♂ ♀	犬齿窝以弱居多		
河南安阳殷墟中小墓	青铜时代	♂ ♀	44.20 48.10	30.20 11.10	14.00 7.40
新疆鄯善苏贝希	铁器时代	♂ ♀	以中深居多		

在3组白色人种男性对比组中，犬齿窝的程度分布除穷科克组左侧“+ + +”出现率较低外，该性状在3组中的“+”、“+ +”和“+ + +”出现率均较高。虽然如此，“+”和“+ +”出现率在这3组中仍占主要位置。犬齿窝的程度分布在11组女性对比组中的分布规律与其在11组男性对比组中的分布规律大体相同。

2. 颧骨缘突的出现率按程度分布在各个时期的表现

新石器时代的两组即河北阳原姜家梁和河南郑州西山男性组情况不同，姜家梁组男性以“+”为主，次为“+ + +”，“+ +”居后；西山组男性以“+”为主，次为“+ +”，无“+ + +”的出现率。两组女性情况相同，即以“+”为主，次为“+ +”，“+ + +”居后。

在青铜时代组中，寨峁组两性均表现为以“+”为主，“+ +”次之，“+ + +”居后。核桃庄组男性以“+ +”为主，“+”次之，“+ + +”居后；女性以“+”为主，“+ +”次之，“+ + +”居后。游邀组男性以“+”为主，“+ +”次之，无“+ + +”出现率；女性仅出现“+”。

在铁器时代组中，水泉组男性以“+ +”为主，“+”次之，无“+ + +”出现率；女性以“+”为主，“+ +”次之，也无“+ + +”的出现率。喇嘛洞组男性以“+”最多，“++”次之，但二者出现率相当，“+++”居后；女性以“+”为主，“++”次之，“+++”居后。砧子山组男性以“++”为主，“+”次之，但“+++”的出现率很高；女性以“++”最多，但“+”、“++”、“+++”出现率很接近。

颧骨缘突的出现率分布规律并没有犬齿窝的出现率那么明显，总体来看各对比组两性中还是“+”和“++”出现率所占比例较高。但是不可忽视的是，某些对比组在该性状上的表现较为特殊，例如该性状在姜家梁组两性间三个等级分布中的出现率均很高，男性组所表现的更为强烈。砧子山组两性也是如此，并且分布的更为均等。

三个白色人种在该性状上的分布特点总体上也表现出与姜家梁组和砧子山组相似的现象，但不同的是，这三个对比组该性状虽仍以“+”和“++”占主要位置，但在女性组中“+”出现率所占比重明显高于“++”和“+++”。除姜家梁组和砧子山组外，其他女性组也表现出了这样的特点。

三、讨　　论

如前所述，20世纪60年代欧美人类学者才真正开始群体间的差异性研究，我国学者在头骨非连续性形态特征方面的专门性研究始于20世纪80年代末期。

“1967年，A. C. Berry和K. J. Berry选择了头骨上的30个非连续性形态特征并逐项做了扼要的说明。这项工作客观上是起了对各非连续性形态特征加以严格定义和标准统一的作用，从而把非连续性形态特征的研究和应用推向一个高潮。许多人认为非连续性形态特征是正常发育的结果，是由遗传控制的，但目前人类学界对此已有较为公正的评估：这类性状是多基因性状，是兼受遗传因素影响和环境因素影响；不能把所有的非连续性形态特征都看成是遗传标志，也不能将其看成纯是遗传标志。显然，如果把非连续性形态特征成功地应用于人群间的生物学距离研究，则先要对这些非连续性形态特征加以深入研究、加以甄别，以确定其遗传因素和环境因素的分量，从而筛选出一批有效的性状来。（张银运　1993）”

国外学者已经重视对某个非连续性形态特征的研究（Ossenberg　1986；Dodo　1987）。我国学者自20世纪80年代末期开始该方面的研究（王令红　1988；王令红等　1988），张银运在其文章中大力提倡非连续性形态特征研究，特别是某项非连续性形态特征的筛选工作（张银运　1993）。周文莲、吴新智对中西方现代人和化石人头骨进行了三项面部非连续性形态特征的研究（周文莲等　2001，2002），这是国内学者首次在非连续性形态特征筛选方面所做的工作。

由于目前国内环境考古工作还刚刚兴起，对古代各个时期的古环境综合研究还很少，所以目前的非连续性形态特征的筛选工作还不能充分的利用古环境方面的信息，即不能利用某种群的生存环境与其他种群的生存环境进行对比研究，因而也很难完全了解环境因素所起到的作用到底有多大；另外我国在非连续性形态特征方面的研究资料积累的还很不够，不能对各个时期和各个地区的古代人骨的非连续性形态特征进行较大规模的综合研究，这也影响了筛选工作的进行。但是，通过对已知人种类型的区域性研究或许是弥补目前国内在这些方面不足的一种方法，我们也正是从这种观点出发，探讨地域差异对某些非连续性形态特征的影响。

周文莲等在其文章中提到 Wolpoff 的观点，认为欧洲中更新世尼人化石头骨没有犬齿窝；Skhul 4 号有浅的犬齿窝，Jebel Irhoud、柳江头骨有清楚的犬齿窝（周文莲等　2002）。他们还认为在其研究中所涉及的西方早期智人头骨上，均未见犬齿窝，印证了 Wolpoff 的观点；到晚期智人阶段，中国的柳江上颌骨前面的双侧及山顶洞 103 号的左侧出现浅犬齿窝；中国柳江以及欧洲的晚期智人中的 Cro Magnon、Obercassel（AN243）、Brünn 头骨出现程度不等的犬齿窝，似乎提示在欧洲犬齿窝是随着人类的进化逐渐出现的。

郑靖中等研究西安地区现代人头骨时发现其犬齿窝的出现率高达 97%，无性别差异，其程度的分布以“+”居多（郑靖中等　1988）。周文莲等研究了中国和欧洲现代人头骨，证实现代人面骨犬齿窝的出现率存在人种差异，在欧洲头骨的出现率明显大于中国头骨（周文莲等　2001）。笔者通过比较分析证实犬齿窝的出现率在同一人种内虽有差异，但无统计学差异，在某些异种群间差异明显，存在人种差异，男性组中表现尤为明显。犬齿窝出现率按程度的分布状况在不同时代的不同地区虽然总的规律是以浅“+”、中“++”为主，但细微差别还是很明显。新石器时代居民大多继承了山顶洞人和柳江人的特点，以浅、中为主，但西北甘青地区的青海乐都柳湾、内蒙古察右前旗庙子沟和冀北泥河湾盆地的姜家梁在“+++”的出现率较其他同时代组高。黄河中下游地区各新石器时代组犬齿窝出现率的程度分布非常的一致。青铜时代多数对比组有较高的“+++”出现率，仅陕北神木寨峁和晋中忻州游邀与新石器时代组出现率分布程度一致，因此似乎说明，在青铜时代犬齿窝出现率的分布程度在地域上出现了一种交错现象。到了铁器时代，虽然各组犬齿窝出现率的分布程度仍保持着与新石器时代黄河中下游地区居民相似的特点，但水泉组和喇嘛洞组均有较小的“+++”出现率。白种人的材料均属于铁器时代，大部分的犬齿窝出现率的分布程度与多数各个时代的黄种人群存在明显的差异，即“+++”的出现率非常高。

目前，学术界对犬齿窝的发生和进化机制还没有明确的定论。从笔者所涉及的全部材料来看，犬齿窝的出现似乎与环境因素的关系较小，而更多的可能是与地区性的遗传有关，并且存在着基因交流的可能性，犬齿窝出现率的分布程度或许和环境影响（特别是和农业生产力的发展程度）以及人种的分布存在某种联系，但笔者只是提出一种假说，还没有足够的证据来证实这些观点。

郑靖中等曾经对现代西安人的颧骨缘突进行过观察，周文莲等对中西方现代和化石人头骨上的颧骨缘突进行了比较研究，提到 Weidenreich 认为颧骨缘突在不同人种间具有差异性，在澳大利亚、美拉尼西亚头骨是十分普遍的特征，在蒙古人种中的出现率比其他人种又高。经过研究，周文莲等认为颧骨缘突在中国现代人头骨与现代欧洲人头骨上无统计学差异，似乎不支持 Weidenreich 的观点。在化石人头骨上也似乎看不出明显的地域差异。

笔者的研究结果表明，各组的颧骨缘突在左右侧和性别间均无统计学差异，同人种间其出现率无统计学差异，异种间只有营盘组与寨峁组男性以及洋海组与砧子山组女性间存在显著性差异，表明颧骨缘突的出现率在不同人种间确无统计学差异，支持周文莲等之观点。周文莲等所观察的现代华北人的颧骨缘突出现率按程度分布来看，“+ + +”最高，其次为“+ +”，“+”的出现率最少，并认为尽管其出现率在人种间无统计学差异，但其表现程度的分布状况不尽一致（周文莲等 2001，2002）。笔者研究结果表明，颧骨缘突出现率在古代各人群中的程度分布不尽一致，姜家梁组、砧子山组在“+ + +”上又较高的出现率，与现代华北人接近，核桃庄组、穷科克组、营盘组和洋海组也又高出现率，但不及姜家梁组和砧子山组，其中三组欧洲组与现代欧洲人接近。

关于颧骨缘突的发生和演化机制，“Weidenreich 认为它不是一个意外的变异特征，随着颅骨的进化，眶上圆枕的收缩与它下方的面骨的退化并非总是步调一致，常常是额骨保持其厚重的特点而上面部的骨骼趋于纤细。这种不协调造成眉间区和眶上区继续突出，而鼻梁和眶侧面骨架收缩，保留了颧骨缘突。颧骨缘突的显著性恰是这种不协调退化的结果。（周文莲等 2001）”虽然颧骨缘突不存在种间差异，但确实存在着分布程度不尽一致这一事实，说明颧骨缘突作为一种进化机制的产物，的确还存在着不同人群间的差异，虽然这种差异并不具有统计学上的意义。

周文莲等观察到中国山顶洞人无梨状孔上外侧部膨隆，大荔人存在膨隆，但与其他中国人化石头骨不同，而与欧洲尼人接近（周文莲等 2002）。现代中国人和欧洲人头骨该性状的出现率，欧洲人头骨明显高于中国人头骨，而且左右侧的出现率很对称、一致。笔者通过比较得出如下结论：该性状在黄种人各组中左右侧出现率无统计学差异，并且左右侧出现率相同或极为相近，这与周文莲等对现代人观察所得出的结论是基本相同的。通过统计学分析发现，黄种人组内的喇嘛洞组与寨峁组之间存在明显的统计学差异，而白种人组内没有这种情况，由于寨峁组样本量过小，可能是产生喇嘛洞组与之显著性差异的原因。总体来看，梨状孔上外侧部膨隆的出现率在同一人种内无显著性差异。通过不同人种间的比较研究发现：男性组中，喇嘛洞组与营盘组，喇嘛洞组与洋海组，洋海组与砧子山组之间存在显著性差异，女性组中无种间显著性差异者。说明至少在汉代以来，该性状在中国北方新疆地区的白色人种居民与华北北部地区及东北地区的人群间存在着存在着显著性差异。

四、小　　结

（1）各组男女两性间在三项性状的出现率上均无统计学差异。

（2）犬齿窝在黄种人各古代组男女两性中的出现率均无统计学差异；颧骨缘突在各组男性间出现率无统计学差异，女性间寨峁组与喇嘛洞组、寨峁组与核桃庄组之间存在明显的统计学差异；梨状孔上外侧部膨隆在男性间的出现率中，喇嘛洞组与寨峁组之间存在明显的统计学差异；女性间该性状出现率无统计学差异。

（3）3 项非连续性形态特征的出现率在三组白色人种对比组内均无统计学差异。

（4）3 项非连续性形态特征的出现率在不同人种的某些人群间存在着差异。男性犬齿窝在某些异种群间差异明显；男性颧骨缘突和梨状孔上外侧部膨隆及女性三项性状的种间差异只反映在个别对比组之间，因而似可说明男性犬齿窝的出现率反映的人种差异比较明显，颧骨缘突和梨状孔上外侧部膨隆的出现率在一定程度上反映了人种间的差异。

参　考　文　献

陈靓．1998．鄯善苏贝希墓葬人骨研究．新疆文物，(4)：65—78

陈靓．2001．新疆石河子南山石堆墓人骨的种系研究．考古与文物，(1)：69—80

陈靓．2002．新疆尉犁县营盘墓地古人骨的研究//边疆考古研究．第 1 辑．科学出版社．323—341

陈山．2002．喇嘛洞墓地颅骨种族类型初探//边疆考古研究．第 1 辑．科学出版社．314—322

方启．2004．陕西神木寨峁遗址古人骨研究//边疆考古研究．第 2 辑．科学出版社．316—336

分部哲秋．1999．江南地方古人骨の頭蓋小变异//中桥孝博等编．渡来系弥生人の中国江南起源に关する人类学的研究——平成 8 年度—平成 10 年度科学研究费补助金（国际学术研究）研究成果报告书，平成 11 年 3 月，31—33

巩启明，高强，周春茂，王志俊．1988．姜寨二期文化墓葬人骨研究//姜寨——新石器时代遗址发掘报告（下）．文物出版社．485—503

韩康信. 1990. 青海民和阳山墓地人骨∥民和阳山. 文物出版社. 160—168
韩康信. 1999. 龙虬庄新石器时代人骨的研究∥龙虬庄——江淮东部新石器时代遗址发掘报告. 科学出版社. 419—438
韩康信, 潘其风. 1985. 安阳殷墟中小墓人骨的研究∥安阳殷墟头骨研究. 文物出版社. 50—81
韩康信, 潘其风. 1979. 陕县庙底沟二期文化墓葬人骨的研究. 考古学报, (2), 255—270
河北省文物研究所. 2001. 河北阳原县姜家梁新石器时代遗址的发掘. 考古, (2): 13—25
李法军, 朱泓. 2003. 河北阳原姜家梁新石器时代遗址头骨非测量性状的观察与研究. 人类学学报, (3): 206—217
刘武. 1997. 蒙古人种及现代中国人的起源与演化. 人类学学报, (1): 56—73
刘武, 朱泓. 1995. 庙子沟新石器时代人类牙齿非测量特征. 人类学学报, (2): 8—20
刘武, 曾祥龙. 1996. 第三臼齿退化及其在人类演化上的意义. 人类学学报, (3): 185—196
刘武, 曾祥龙. 1996. 陕西陇县战国时代人类牙齿形态特征. 人类学学报, (4): 302—313
刘武, 杨茂有. 1999. 中国古人类牙齿尺寸演化特点及东亚直立人的系统地位. 人类学学报, (3): 176—191
刘学堂, 阮秋荣. 尼勒克县穷科克一号墓地考古发掘报告. (未刊)
刘学堂, 阮秋荣. 新疆史前考古的重要进展——尼勒克县穷科克台地遗存第二次考古发掘收获丰硕. (未刊)
刘执玉. 1998. 英汉解剖学词汇. 中国医药科技出版社. 303
吕恩国. 1999. 苏贝希发掘的主要收获∥交河故城保护与研究. 新疆人民出版社. 384
内蒙古文物考古研究所, 吉林大学考古学系. 2001. 元上都城址东南砧子山西区墓葬发掘简报. 文物, (9): 37—51
潘其风. 1994. 上马墓地出土人骨的初步研究∥上马墓地. 文物出版社. 398—483
潘其风. 1996. 大甸子墓葬出土人骨的研究∥大甸子——夏家店下层文化遗址与墓地发掘报告. 科学出版社. 224—322
潘其风, 韩康信. 1984. 柳湾墓地人骨研究∥青海省文物管理处考古队. 青海柳湾——乐都柳湾原始社会墓地. 文物出版社. 261—278
商志香覃, 陈晶. 1986. 常州市圩墩新石器时代遗址∥中国考古学年鉴. 文物出版社. 119
尚虹. 2002. 山东广饶新石器时代人骨及其与中国早全新世人类之间的关系的研究. 中国科学院古脊椎与古人类研究所博士学位论文, 1—104
尚虹, 韩康信, 李振光. 2003. 广饶新石器时代人类头骨的小变异. 人类学学报, (3): 218—224
松村博文. 1999. 齿の形态かぅみ渡来系弥生人の江南起源の可能性∥中桥孝博等编. 渡来系弥生人の中国江南起源に关する人类学的研究——平成8年度—平成10年度科学研究费补助金 (国际学术研究) 研究成果报告书, 平成11年3月, 34—46
谭婧泽. 2002. 中国古代人骨眶上孔和舌下神经管二分发生率的调查与日本人起源问题的讨论. 人类学学报, (1): 14—22
汪洋. 1998. 日本绳纹人人种研究∥吉林大学考古系编. 青果集——吉林大学考古系建系十周年纪念文集. 知识出版社. 443—463

王令红，孙凤喈．1988．太原地区现代人头骨的研究．人类学学报，(3)：206—213
王令红．1988．华北人头骨非连续性形态特征的观察．人类学学报，(1)：17—25
王明辉．1999．青海民和核桃庄辛店文化墓地人骨研究．吉林大学硕士研究生学位论文，1—13
魏东．2000．圩墩遗址新石器时代居民的人种学研究．文物春秋，(5)：11—17
魏东．2001．郑州西山遗址新石器时代人骨研究．吉林大学硕士研究生学位论文．1—14
夏元敏，巩启明，高强等．1988．姜寨一期文化墓葬人骨研究//临潼姜寨遗址考古队．姜寨——新石器时代遗址发掘报告（下）．文物出版社．465—484
新疆文物考古研究所．2001．新疆尉犁营盘墓地1995年发掘报告．新疆文物，(1，2)：3—46
新疆文物考古研究所．2001．新疆尉犁营盘墓地1999年的发掘．新疆文物，(3，4)：23—46
颜訚．1962．华县新石器时代人骨的研究．考古学报，(2)：85—104
颜訚．1972．大汶口新石器时代人骨的研究报告．考古学报，(1)：91—122
颜訚．1973．西夏侯新石器时代人骨的研究报告．考古学报，(2)：91—113
颜訚．1983．宝鸡新石器时代人骨的研究报告//宝鸡北首岭．文物出版社．144—232
颜訚，吴新智，刘昌芝等．1960．西安半坡人骨的研究报告．考古，(9)：36—47
张君．1993．青海李家山卡约文化墓地人骨种系研究．考古学报，(3)：381—413
张君．2001．从头骨非连续性形态特征看青海李家山卡约文化居民的种族类型．考古，(5)：80—84
张君，韩康信．1998．尉迟寺新石器时代墓地人骨的观察与鉴定．人类学学报，17 (1)：22—31
张银运．1993．人类头骨非测量性状特征述评．人类学学报，(4)：394—397
张振标．1985．山东野店新石器时代人骨的研究报告//邹县野店．文物出版社．180—187
张振标．1996．福建历史时期人骨的种族特征．人类学学报，(4)：324—333
张振标，王善才．1992．湖北长阳青铜时代人骨的研究．人类学学报，(3)：230—240
郑靖中，张怀瑶，杨玉田等．1988．西安地区现代人颅骨非测量性研究．人类学学报，(3)：219—224
郑晓瑛．1991．甘肃酒泉干骨崖四坝文化人骨研究．北京大学博士研究生学位论文．1—80
中国解剖学会．1982．中国人体解剖学名词．上海科技出版社．610
中桥孝博，山口敏．1999．头盖计测（予报）//中桥孝博等编．渡来系弥生人の中国江南起源に关する人类学的研究——平成8年度—平成10年度科学研究费补助金（国际学术研究）研究成果报告书，平成11年3月，23—30
周文莲，吴新智．2001．现代人头骨面部几项非连续性形态特征的观察．人类学学报，(4)：288—294
周文莲，吴新智．2002．中国和西方化石人头骨面部三项非连续性形态特征的比较．人类学学报，(2)：111—115
朱泓．1990．山西省忻州市游邀遗址夏代居民牙齿的测量与研究．人类学学报，(2)：180—187
朱泓．1994．内蒙古察右前旗庙子沟新石器时代颅骨的人类学特征．人类学学报，13 (2)：126—133
朱泓．2004．游邀遗址夏代居民的人类学特征//忻州游邀考古．科学出版社．188—214

朱泓，魏东．2002．内蒙古敖汉旗水泉以及出土的青铜器时代人骨//东北アヅアにおける先史文化の比较考古学的研究．シモダ印刷株式会社．69—43

Alekseev V P. 1979. Anthropology of the Siberian peoples. In: Laughlin W, Harper A, eds. *The First Americans: Origins, Affinities and Adaptations*, New York: Gustar Fischer. 57—40

Alekseev V P, Turbnikova O B. 1984. *Some Problems of Taxonomy and Genealogy of the Asiatic Mongoloids* (Craniometry). Nauka, Novosibirsk

Berry A C, Berry R J. 1967. Epigenetic variation in the human cranium. *Journal of Anatomy*, 101: 361—379

Debets G F. 1975. Paleoanthropological materials from ancient Bering Sea graves in Uelen and Ekven. In: Arutyunov S A, Sergeev A G, eds. *Problems of Ethnological History in Bering Sea* Nauka, Moscow (In Russian). 198—240

Debets G F. 1951. Anthropological studies in the Kamchatka region. *Trudy. Inst. Ethnogr* (In Russian). Ns. 17, 1—263

Dodo Y. 1974. Non-metrical cranial traits in the Hokkaido Ainu and the Northern Japanese of recent time. *Anthropological Society of Nippon*, (1): 31—51

Dodo Y. 1986. A population study of the jugjuar foramen bridging of the human cranium. American. *Journal of physical Anthropology*, (69): 15—19

Dodo Y. 1987. Supraorbital foramen and hypoglossal canal bridging: The two most suggestive nonmetric cranial traits in discriminating major racial groupings of man. *Anthropological Society of Nippon*, (95): 19—35

Dodo Y. 1990. Ishida. Population history of Japan as viewed from cranial nonmetric variation. *Anthropological Society of Nippon*, 98 (3): 269—287

Dodo Y, Doi N, Kondo O. 1998. Ainu and Ryukyuan cranial nonmetric variation: evidence which disputes the Ainu-Ryukyuan common origin theory. Anthropological Society of Nippon, 106 (2): 99—120

Ishida H, Dodo Y. 1995. Cranial morphology of the Siberians and East Asians. In: Akazawa T, Szathmary E J E, eds. *Prehistoric Mongoloid Dispersals.* Oxford: Oxford Univ. Press. 113—124

Ishida H. 1993. Populational affinities of the Peruvian with Siberians and North Americans: A nonmetric cranial approach. *Anthropological Science*, 101, 47—63

Ishida H. 1995. Nonmetric cranial variation of northeast Asians and their population affinities. *Anthropological Science*, 103 (4): 385—401

Ishida H, Kida M. 1991. An anthropological investigation of the Sakhalin Ainu with special reference to nonmetric cranial traits. *Anthrop. Soc Nippon*, 99 (1): 23—32

Ishida H, Dodo Y. 1992. Differentiation of the northern mongoloid: The evidence of cranial nonmetric traits. In: Hanihara K ed. *Japan in the World IV: Japanese as a Member of the Asian and Pacific Populations.* Kyoto: International Research Center for Japanese Studies Press. 79—94

Kozintsev A G. 1988. *Ethnic Cranioscopy.* Nauka, Leningrad

Kozintsev A G. 1992. Prehistoric and recent populations of Japan: Multivariate analysis of cranioscopic date. *Arctic Anthropl.* (29): 104—111

Ossenberg N S. 1986. Isolate conservatism and hybridzation in the population history of Japan: The evidence of nonmetric cranial traits. In: Akazawa T, Aikens C M, eds. *Prehistoric Hunter-Gatherers in Japan*. Tokyo: University of Tokyo Press. 199—215

Schwartz J H. 1995. *Skeleton keys-an introduction to human skeletal morphology, development , and analysis*. Oxford, New York: Oxford University Press. 257

Turner C G, Nichol C R, Scott G R. 1991. Scoring procedures for key morphological traits of the permanent dentition: the Arizona State University dental anthropology system. In: Kelley M A, Larsen C S, eds. *Advances in Dental Anthropology*. New York: A R Liss. 13—31

Yamaguchi. 1985. The Incidence of Minor Non-metric Cranial Variants in the Protohistoric Human emains from Eastern Japan. Natn. *Science Museum*, Tokyo, Ser. D. 11, December 22, 13—24

第四章　牙齿形态特征的观察与研究

在人类学研究领域中，牙齿人类学的产生虽然相对较晚，但由于牙齿形态特征主要是受到遗传因素的控制，受自然环境等外部因素的影响很小，并且具有明显的群体分布差异，又因为头骨测量研究容易受到保存情况和变形头骨的影响，因此牙齿形态特征和头骨形态特征一样，在人类学研究中发挥着越来越重要的作用。

经过许多学者的努力，目前已经建立起了许多不同的牙齿人类学研究方法（Hrdlička　1920；Dahlberg　1956；Berry et al. 1967；Turner et al. 1991）。牙齿人类学研究也随着理论与方法的不断完善而日益深入。研究内容也从最初的个别形态、单群体研究转向对种族、群体以及地区间差异的研究（Turner　1976，1986，1987，1990；Hanihara　1991，1992，1996）。

值得提及的是，美国学者 Turner 通过研究新石器时代以来的环太平洋地区各人类群体的牙齿形态特征，认为该地区的人类牙齿形态可分为两类，即“中国型牙（Sinodonty）”和“巽他型牙（Sundadonty）”。中国型牙主要分布在以中国安阳殷墟为代表的亚洲东北部地区，其中包括中国人群、朝鲜人群、日本人群、蒙古人群、西伯利亚地区人群以及美洲印第安人群。巽他型牙主要以东南亚地区各人群以及太平洋地区的波利尼西亚和密克罗尼西亚人群为代表（Turner　1990）。这一理论的提出有助于我们从牙齿人类学角度探讨环太平洋地区人群间的遗传关系和群体微观演化模式。

中国学者在这方面的研究起步较晚，但某些学者已经做了有益的研究（朱泓　1990，1993；张振标　1993；刘武　1995；刘武等　1995；刘武等　1996a，1996b；刘武等　1999；李法军等　2006），并有学者在其文中指出了 Turner 等提出的关于环太平洋地区的人类牙齿形态分类中存在的理论缺陷（刘武　1995）。

中国学者通过对早期人类牙齿化石的形态特征研究，认为包括铲形门齿在内的在亚洲蒙古人种中出现率较高的牙齿形态特征从直立人阶段一直延续到此后的人类发展的各个阶段，为中国学者提出的“中国古人类连续进化学说”提供了某种程度上的支持（刘武等　1996a）。虽然国内部分学者已经开始从牙齿人类学的角度探索中国人的演化模式，然而这种探索的规模和重视程度还略显薄弱，国内有关运用牙齿人类学方法研究中国古代人群之间关系的成果还很少，对国内不同时期和不同地区人群的牙齿形态特征的出现率和表现特点还缺乏整体的了解。

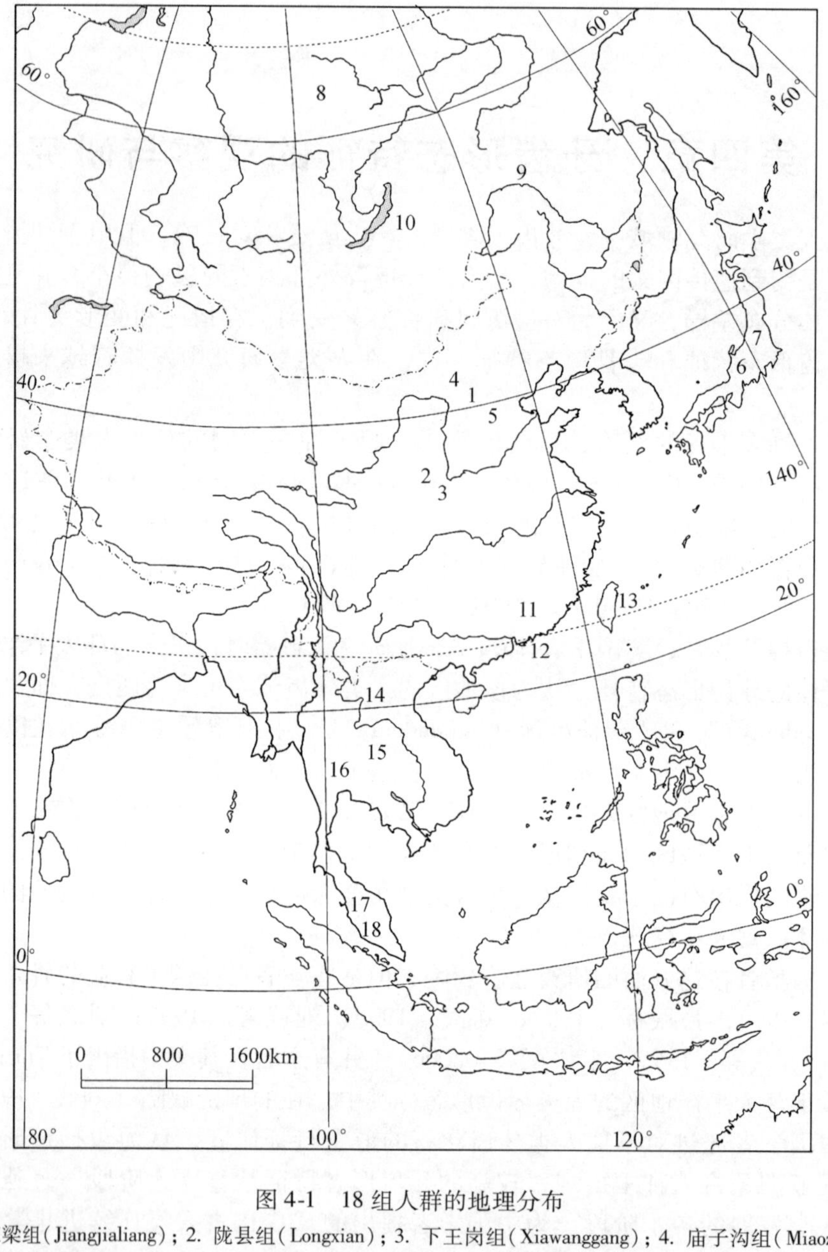

图 4-1　18 组人群的地理分布

1. 姜家梁组(Jiangjialiang); 2. 陇县组(Longxian); 3. 下王岗组(Xiawanggang); 4. 庙子沟组(Miaozigou); 5. 华北—蒙古组(Northern Chinese-Mongolian); 6. 日本组(Japanese); 7. 绳纹组(Jomon); 8. 西伯利亚组(Siberian); 9. 黑龙江组(Amur); 10. 贝加尔湖组(Lake Baikalian); 11. 华南组(Southern Chinese); 12. 香港组(Hong Kong); 13. 史前台湾组(Prehistorical Taiwan); 14. 早期东南亚组(Early southeastern asian); 15. 现代东南亚组(Modern southeastern asian); 16. 泰国组(Thai); 17. 早期马来组(Early Malayan); 18. 东马来组(Eastern Malayan)

姜家梁新石器时代遗址墓葬群位于著名的泥河湾盆地，是仰韶时代向龙山时代过渡遗存的代表，也是迄今为止在河北省发现并发掘的规模最大的新石器时代遗址（段宏振　2001），它的发现对研究冀北地区新石器时代考古文化面貌和特征以及与东北、西北地区的文化交流具有重要意义，同时也为中国北方古代人类的微观演化研究提供了宝贵的资料。笔者已从头骨非测量性状方面和头骨测量学方面对姜家梁古人类的系统地位进行了研究（李法军等　2003；李法军　2004）。运用牙齿人类学方法探讨姜家梁新石器时代人群与中国其他古代人群的亲缘关系以及其整个环太平洋地区的位置可以说是一种新的尝试（李法军等　2006）。

第一节　材料与方法

一、材　料

本次研究所用人骨及牙齿材料均出自姜家梁遗址三个区（Ⅰ、Ⅱ、Ⅲ）的墓葬中，共代表62个个体，现保存于吉林大学边疆考古研究中心人类学研究室。所用对比人群代表亚洲地区17个人类群体，包括陇县（Longxian）、下王岗（Xiawanggang）、庙子沟（Miaozigou）、华北—蒙古（northern Chinese-Mongolian）、日本（Japanese）、绳纹（Jomon）、西伯利亚（Siberian）、黑龙江（Amur）、贝加尔湖（Lake Baikalian）、华南（southern Chinese）、香港（Hong Kong）、史前台湾（prehistorical Taiwan）、早期东南亚（early southeastern Asian）、现代东南亚（modern southeastern Asian）、泰国（Thai）、早期马来（early Malayan）和东马来（eastern Malayan）（图4-1）。这些人群的数据全部引自刘武相关文章（刘武等　1996b）。

二、牙齿形态特征的观察方法与标准

牙齿形态特征项目及对比分析标准依据美国亚利桑那州立大学人类学系Turner等建立的“亚利桑那州立大学牙齿人类学系统”（Arizona State University Dental Anthropology System）（Turner et al.　1991）。有学者经过比较分析认为，对于牙齿形态特征出现率的统计方法来说，“个体计算法”较之“单侧记录法”和“双侧混合记录法”更具有科学性（刘武等　1995）。形态观察所使用的标准牙齿比对模型由中国科学院古脊椎动物与古人类研究所提供模板，吉林大学边疆考古研究中心人类学研究室翻制。

笔者采用“个体计算法”。这种方法的记录原则是：

（1）对每一特征观察并记录双侧牙齿。

（2）当双侧表现不对称，一侧为“出现”，而另一侧为“不出现”时，则定为“出现”；如果双侧都出现，但表现程度不同时，则按高级别侧记录。如左侧为二级，右侧为三级，则该个体为三级。

（3）当一个个体仅存在单侧牙齿，而另一侧缺失或破损，不能观察时，则以存在的一侧为准并将该个体按双侧对称看待。

（4）当双侧对称，表现程度相等时，记录一侧。

三、统计分析方法

根据观察记录，计算出27项牙齿形态特征在姜家梁人群中的出现率。采用由形态特征的出现率计算群体间生物距离公式——平均差异度（mean measure of divergence，MMD）计算出姜家梁组与其他各对比组的MMD距离系数以估计群体间的相似程度。根据MMD矩阵对18组人群进行聚类分析和因子分析并绘制出树状聚类图和二维散点图。

平均差异度计算公式：

$$\mathrm{MMD} = \frac{1}{n}\sum^{n}(\theta_1 - \theta_2)^2 - \frac{1}{n}\sum^{n}\left(\frac{1}{N_1} + \frac{1}{N_2}\right)$$

其中，n 为形态特征项数；θ_1 和 θ_2 是两组间每个性状出现频率 p_1 和 p_2 弧度的角度转换，N_1 和 N_2，p 为每个形状的出现频率；N_1 和 N_2 是两组间样本的例数。当 $P=0$ 时，以 $1/4N$ 代替（*Bartlett's adjustment*）。

第二节　观 察 结 果

一、姜家梁古人类牙齿形态特征的特点

（一）形态特点

表4-1列出了27项牙齿形态特征出现率在亚洲地区18组人群中的分布情况。姜家梁组铲形上颌中央门齿出现率为100%，与庙子沟组该特征的出现率相同。姜家梁组上颌第一臼齿第五尖的出现率很低，只有3.84%，与之最为接近的为陇县组、西伯利亚组和下王岗组。姜家梁组上颌第一臼齿卡氏尖的出现率也是很低的，仅为7.15%，与之最为接近的为陇县组和绳纹组。姜家梁组其他牙齿形态特征如双铲形上颌中央门齿、上颌侧门齿中断沟、上颌侧门齿齿结

表 4-1　27 项牙齿形态特征在亚洲地区 18 组人群中的出现率

	铲型		双铲型		中断沟		齿结节		近中嵴		远中副嵴	
	UC		UI1		UI1		UI2		UI2		UC	
	DistalAcces Ridge		Shoveling		Double-Shoveling		Interruption Groove		Tuberculum Dentale		Mesial Ridge	
	N	%	N	%	N	%	N	%	N	%	N	%
姜家梁	34	100.00	36	50.00	49	65.31	49	55.20	58	5.17	58	48.28
陇县	15	86.70	19	47.40	31	54.80	31	22.50	22	4.50	15	80.00
下王岗	71	90.10	74	52.70	78	46.20	78	35.90	101	5.90	53	45.30
庙子沟	17	100.00	19	57.90	20	75.00	20	45.00	24	0.00	13	46.20
华北—蒙古	200	84.00	213	30.00	210	46.70	246	19.10	255	2.40	125	66.40
日本	276	66.00	267	43.80	301	44.50	304	15.50	365	3.00	240	57.90
绳纹	117	25.70	138	1.40	189	64.60	201	23.90	136	2.20	49	69.30
西伯利亚	44	61.40	24	58.30	67	53.70	61	32.80	90	0.00	22	54.50
黑龙江	17	64.70	19	78.90	27	29.60	27	11.10	27	11.10	13	53.90
贝加尔湖	13	92.40	10	70.00	14	35.70	16	25.00	16	6.30	3	33.30
华南	35	74.40	33	24.20	44	27.30	44	11.40	55	3.60	26	80.70
香港	307	63.80	299	28.50	283	42.80	298	19.10	305	3.00	249	54.60
史前台湾	22	59.10	21	38.10	15	53.30	14	14.30	10	0.00	7	42.90
早期东南亚	99	32.30	100	10.00	105	43.80	113	27.40	120	2.50	44	56.80
现代东南亚	13	46.20	14	28.50	16	31.30	17	23.50	39	2.60	17	41.20
泰国	27	37.00	111	9.00	128	30.50	128	19.50	143	7.70	80	47.40
早期马来	71	29.60	67	28.40	84	32.10	84	32.10	103	9.70	63	50.80
东马来	12	8.30	3	0.00	13	30.80	13	23.10	16	6.30	9	88.90

	三根		次尖		第五尖		卡氏尖		前副尖		釉质延伸		单根	
	UM2		UM2		UM1		UM1		UM3		UM1		UP1	
	3-root		Hypocone		Cusp 5		Carabelli's Cusp		Parastyle		Enamel Extensions		1-root	
	N	%	N	%	N	%	N	%	N	%	N	%	N	%
姜家梁	55	100.00	52	3.84	56	7.15	24	8.33	62	37.10	61	93.44	59	64.41
陇县	45	97.80	55	3.60	54	5.60	27	0.00	59	55.90	69	71.00	56	71.40
下王岗	120	98.30	125	4.00	128	0.00	93	3.20	120	51.70	149	68.50	115	77.40
庙子沟	18	88.20	18	16.70	17	11.80	18	5.60	16	81.30	28	60.70	18	88.90
华北—蒙古	406	90.40	295	28.10	374	30.50	131	9.20	514	51.40	419	77.10	390	60.50
日本	482	86.50	390	19.70	458	31.20	234	1.70	522	54.60	506	75.10	495	68.90
绳纹	206	82.00	146	31.50	181	8.30	207	5.30	278	9.70	241	75.50	254	46.90
西伯利亚	138	76.10	63	3.20	109	18.40	104	1.00	239	48.50	264	91.30	170	57.70
黑龙江	52	82.70	42	21.40	60	26.60	27	0.00	89	52.80	111	97.30	85	36.50

续表

	三根		次尖		第五尖		卡氏尖		前副尖		釉质延伸		单根	
	UM2		UM2		UM1		UM1		UM3		UM1		UP1	
	3-root		Hypocone		Cusp 5		Carabelli's Cusp		Parastyle		Enamel Extensions		1-root	
贝加尔湖	24	100.00	3	66.70	10	30.00	15	13.30	32	18.70	30	80.00	28	35.70
华南	93	86.00	62	16.10	99	25.30	68	4.40	107	59.80	113	67.30	109	76.10
香港	299	90.30	276	21.70	301	37.60	145	3.40	97	55.60	113	61.90	92	70.70
史前台湾	27	85.20	9	22.20	15	33.30	18	0.00	28	50.00	22	81.80	15	66.70
早期东南亚	189	93.10	132	37.10	140	37.10	122	4.90	203	25.60	154	54.50	112	81.30
现代东南亚	102	87.30	74	13.50	93	41.90	74	4.10	116	40.50	119	66.40	114	78.10
泰国	196	89.80	143	28.70	179	40.20	128	7.00	166	38.50	168	66.10	144	80.60
早期马来	156	89.10	90	24.40	100	23.00	93	6.50	87	18.40	62	67.70	74	62.20
东马来	29	86.20	22	45.50	28	50.00	23	0.00	31	35.50	30	53.30	29	79.30

	远中三角嵴		退化		舌侧多尖		Y形		六尖		四尖		转向皱纹	
	LM1		UM3		LP2		LM2		LM1		LM2		LM1	
	DistTrigp Crest		P/R/CA		>1 Lingual Cusp		Y-groove Pattern		6-cusp		4-cusp		Deflect Winkle	
	N	%	N	%	N	%	N	%	N	%	N	%	N	%
姜家梁	62	27.42	59	67.80	58	6.87	59	50.08	59	22.54	52	65.38	58	43.10
陇县	56	55.40	48	75.00	53	5.70	65	46.20	54	18.50	13	61.90	20	25.00
下王岗	111	16.20	135	77.80	155	5.80	162	14.80	156	27.60	73	60.30	92	37.00
庙子沟	13	15.40	23	87.00	16	12.50	16	31.30	16	18.80	13	100.00	14	50.00
华北—蒙古	380	52.90	276	81.10	338	6.50	211	37.40	258	17.10	89	29.20	158	5.70
日本	504	42.10	341	66.00	352	13.10	314	42.70	345	13.60	262	14.90	334	18.00
绳纹	338	13.00	294	63.60	290	32.10	214	46.70	244	28.70	162	4.90	292	6.80
西伯利亚	256	21.90	66	40.90	89	20.20	46	50.00	86	3.50	43	74.40	83	7.20
黑龙江	103	41.70	39	71.80	56	16.10	44	50.00	52	11.50	38	71.10	49	20.40
贝加尔湖	32	15.60	11	72.70	21	4.80	9	33.30	18	22.20	2	0.00	5	0.00
华南	124	25.00	72	77.70	80	12.50	60	40.00	77	19.50	39	17.90	63	7.90
香港	238	37.40	319	66.40	228	7.50	267	33.70	296	24.30	215	9.80	227	5.30
史前台湾	28	14.30	24	79.20	19	10.50	15	46.70	21	19.90	9	44.40	16	25.00
早期东南亚	160	14.40	157	76.50	187	17.10	136	36.80	163	38.70	76	31.60	96	6.30
现代东南亚	125	12.80	52	61.50	83	15.70	61	27.90	79	31.60	36	19.40	65	10.80
泰国	206	18.40	147	63.90	176	19.30	120	28.30	163	25.80	80	18.80	128	10.20
早期马来	104	0.00	105	85.70	139	19.40	99	45.50	130	24.60	66	10.60	116	6.00
东马来	32	25.00	21	71.40	25	20.00	18	38.90	24	45.80	17	0.00	20	10.00

续表

	牙瘤		原副尖		七尖		Tome's 根		双根		三根		单根	
	P		LM1		LM1		LP1		LC		LM1		LM2	
	Odontome		Protostylid		Cusp 7		Tome's root		2-root		3-root		1-root	
	N	%	N	%	N	%	N	%	N	%	N	%	N	%
姜家梁	57	63.68	57	15.79	62	80.65	62	0.00	61	11.47	66	21.21	63	3.17
陇县	63	14.30	60	1.70	57	47.40	76	1.30	76	26.30	70	34.30	268	1.10
下王岗	181	23.20	155	2.60	137	70.10	152	0.70	187	36.40	184	31.00	831	0.60
庙子沟	15	53.30	17	11.80	25	76.00	27	3.70	21	47.60	18	27.80	192	1.60
华北—蒙古	332	30.10	341	9.40	94	5.30	219	0.00	406	34.00	358	42.20	231	4.00
日本	353	21.20	382	6.50	200	10.00	335	1.20	429	24.20	407	32.90	462	5.00
绳纹	233	13.30	285	5.30	282	3.20	203	1.00	377	3.40	336	9.80	260	0.40
西伯利亚	87	22.20	96	5.20	62	8.10	130	0.00	164	23.20	143	21.70	54	0.00
黑龙江	53	7.50	55	7.30	37	13.50	76	0.00	74	20.30	77	61.00	40	5.00
贝加尔湖	13	30.80	21	19.00	12	16.70	27	3.70	30	23.30	25	48.00	6	0.00
华南	85	24.70	85	10.60	47	31.90	66	0.00	100	15.00	92	33.70	94	0.00
香港	274	21.90	295	8.80	107	14.00	116	0.00	98	18.40	98	36.70	314	7.60
史前台湾	29	6.90	33	6.10	13	7.70	14	0.00	25	4.00	21	38.10	17	0.00
早期东南亚	171	27.50	217	9.70	84	23.80	112	0.90	237	9.70	165	17.00	83	1.20
现代东南亚	74	18.90	84	7.10	28	25.00	89	0.00	94	17.00	95	29.50	63	3.20
泰国	166	28.30	178	6.20	91	18.70	157	1.30	186	10.80	180	31.10	189	4.20
早期马来	124	12.90	131	4.60	76	18.40	80	0.00	142	6.30	105	33.30	120	4.20
东马来	23	8.70	25	4.00	19	36.90	27	0.00	28	14.30	27	29.60	25	0.00

节、上颌犬齿近中嵴、上颌第二臼齿次尖、上颌第三臼齿前副尖、上颌前臼齿单根、下颌第二臼齿 Y 形沟、下颌第一臼齿六尖、下颌第一臼齿转向皱纹、下颌第一臼齿远中三角嵴、下颌第一臼齿原副尖、下颌第一臼齿下第七尖、下颌第一前臼齿 Tome 氏根和下颌第二臼齿单根出现率均接近 Sinodonty 人群的平均水平；而其上颌犬齿远中副嵴、上颌第一臼齿釉质延伸、上颌第二臼齿三根、上颌第三臼齿退化、下颌第一臼齿三根和下颌前臼齿牙瘤出现率则主要接近 Sundadonty 人群的平均水平；其下颌第二前臼齿舌侧齿尖数、下颌第二臼齿四尖和下颌犬齿双根出现率则处于 Sinodonty 人群的平均水平和 Sundadonty 人群的平均水平之间。

综合来看，姜家梁组在铲形上颌中央门齿、双铲形上颌中央门齿、单根上颌第一前臼齿和第一臼齿转向皱纹这四项性状上具有很高的出现率；上颌第一臼齿釉质延伸、上颌第三臼齿退化、三根下颌第一臼齿和下颌第二臼齿四尖这四项性状出现率处于中等水平。与姜家梁新石器时代人类牙齿形态特征出现率最为接近的对比组有 6 个，依次为陇县组、庙子沟组、下王岗组、西伯利亚组、华北-蒙古组和贝加尔湖组。这些代表了亚洲大陆东亚北方的不同时期的人群，时代包括新石器时代、青铜时代和近现代。

在形态特征上，铲形上颌中央门齿、双铲形上颌中央门齿、上颌侧门齿中断沟、上颌侧门齿齿结节、上颌第一臼齿釉质延伸、上颌第三臼齿退化、下颌第二臼齿 Y 形沟、下颌第一臼齿六尖、下颌第二臼齿四尖、下颌第一臼齿转向皱纹、下颌第一臼齿远中三角嵴、下颌第一臼齿第七尖、下颌第一前臼齿 Tome 氏根和下颌第二臼齿单根出现率在上述 7 组人群中表现得比较接近。在下颌第二臼齿四尖这一性状上，东南亚类群确实较东北亚类群具有更高的出现率，这也进一步说明了 Turner 关于环太平洋地区的人类牙齿形态可分为两个类型的观点具有一定的合理性。

应该注意到，其他形态特征例如上颌侧门齿中断沟、上颌侧门齿齿结节、下颌第二臼齿 Y 形沟、下颌第一臼齿六尖、下颌第一臼齿远中三角嵴、下颌第一臼齿第七尖、下颌第一前臼齿 Tome 氏根和下颌第二臼齿单根的出现率在这 7 组亚洲大陆东亚北方人群当中的趋同现象，但能否说明这些特征可以成为区分 Sinodonty 人群和 Sundadonty 人群的标志性特征还需更多的材料，特别是北方地区先秦时期的材料来加以证实。

有学者认为，第三臼齿退化现象自新石器时代以来在全世界范围内呈增加趋势，尤其以亚洲地区蒙古人种明显（刘武等　1996b）。笔者研究结果表明，姜家梁组此项性状的出现率（27. 42%）较同时代稍早的庙子沟组（15. 40%）和下王岗组（16. 20%）高，低于战国陇县组（55. 40%），再结合现代人特别是北方类群该性状出现率来看，总体上确实存在着出现率上升的现象。

（二）地区差异

如前所述，Turner 通过研究新石器时代以来的环太平洋地区各人类群体的牙齿形态特征，认为环太平洋地区的人类牙齿形态可分为两个类型，即“中国型牙（Sinodonty）”和“巽他型牙（Sundadonty）”。他通过进一步研究发现有八项形态特征在这两种牙型之间具有非常明显的差异。这八项性状是：铲形上颌中央门齿、双铲形上颌中央门齿、单根上颌第一前臼齿、上颌第一臼齿釉质延伸、上颌第三臼齿退化、下颌第一臼齿转向皱纹、三根下颌第一臼齿、下颌第二臼齿四尖。除四尖型下颌第二臼齿外，其余七项特征的出现率的表现规律是东北亚类群高于东南亚类群（Turner　1990）。

为了更加直观地考察姜家梁组牙齿形态特征出现率与东亚地区其他人群的差异，笔者选取这八项性状并制作其出现率的折线图（图 4-2）。

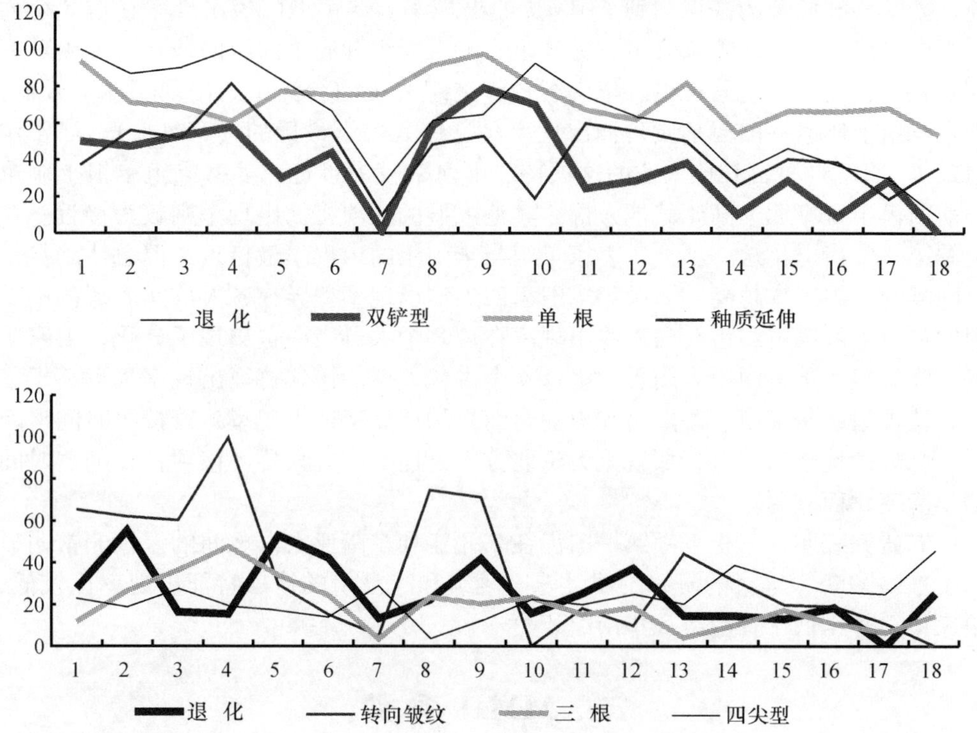

图4-2　18组人群8项形态特征出现率折线图

1. 姜家梁组（Jiangjialiang）；2. 陇县组（Longxian）；3. 下王岗组（Xiawanggang）；4. 庙子沟组（Miaozigou）；5. 华北—蒙古组（Northern Chinese-Mongolian）；6. 日本组（Japanese）；7. 绳纹组（Jomon）；8. 西伯利亚组（Siberian）；9. 黑龙江组（Amur）；10. 贝加尔湖组（Lake Baikalian）；11. 华南组（southern Chinese）；12. 香港组（Hong Kong）；13. 史前台湾组（prehistorical Taiwan）；14. 早期东南亚组（early southeastern Asian）；15. 现代东南亚组（modern southeastern Asian）；16. 泰国组（Thai）；17. 早期马来组（early Malayan）；18. 东马来组（eastern Malayan）

依图4-2可知，按地理分布的东北亚类群（姜家梁组、陇县组、下王岗组、庙子沟组、华北—蒙古组、日本组、绳纹组、西伯利亚组、黑龙江组、贝加尔湖组、华南组和香港组）和东南亚类群（史前台湾组、早期东南亚组、现代东南亚组、泰国组、早期马来组和东马来组）在这八项形态特征上差异性是很明显的。东北亚类群除绳纹组外，在前七项性状出现率上，在很大程度上高于东南亚类群。但也有例外，如在下颌第一臼齿转向皱纹这一性状上，两个类群均有出现率较高和较低的组别，只是在出现率绝对值上，东北亚类群占有优势，说明此项性状在区别不同人群时更有意义。

就我国境内的人群而言，铲型门齿出现率在中国境内的8个人群当中都很高，姜家梁和庙子沟甚至达到了100%的出现率。双铲型门齿出现率在这8个人群当中出现了分化，姜家梁组、陇县组、下王岗组和庙子沟组的该项特征出现率相对较高，而华北—蒙古组、华南组、香港组和史前台湾组的出现率相对较低。姜家梁组上颌第一臼齿釉质延伸出现率是这些人群里最低的（37.1%），庙子沟组最高（81.3%），其他人群的这项特征出现率较为接近。姜家梁组单根上颌第一前臼齿出现率远远高于其他人群，其他人群的这项特征出现率则较为接近。在上颌第三臼齿退化这一项上，姜家梁组与华南组的出现率最接近，但总体趋势是时间越晚，出现率越高。下颌第二臼齿四尖型出现率差异在各人群间表现的不是很明显。下颌第一臼齿转向皱纹出现率在这8个人群当中也出现了分化，姜家梁组、陇县组、下王岗组和庙子沟组这4个古代人群的该项特征出现率远远高于华北—蒙古组、华南组、香港组和史前台湾组的该项特征出现率，若按照时间早晚看，则规律性较为明显，那就是无论北方人群还是南方人群，该项特征随着时间的早晚变化而减弱。

有研究表明，三根下颌第一臼齿在东北亚和东南亚人群之间的差别非常明显（刘武　1995），笔者的研究发现，姜家梁组和陇县组的该项特征出现率比较低，姜家梁组甚至低于香港组和华南组。

二、MMD 系数

计算每项性状的出现频率，求出各对比组间的平均差异度（mean measure of divergence/MMD）值以估计群体间的相似程度。

由表4-2可知，姜家梁组与陇县组、下王岗组、庙子沟组、黑龙江组、华北—蒙古组、华南组、贝加尔湖组和日本组等东北亚类群具有较小的MMD值，与各东南亚人群关系较远。以上结果表明姜家梁组与东北亚类群关系密切，或者应该说姜家梁组属于东北亚类群的一员，也就意味着姜家梁居民在牙齿形态特征上应该属于中国型牙（Sinodonty）。

三、聚类分析

依据MMD值进行聚类分析并绘制树状聚类图，结果见图4-3。18组人群分为两大类群：新石器时代的三组和战国时代的陇县组为第一类，其他组为第二类。而第二组又可分为两个小的类群，即东北亚类群和东南亚类群。笔者还采用因子分析来考察具体是哪些性状使得这些古代人群远离其他人群，并对18组人群之间的相互关系做进一步的分析和探讨。

表 4-2　18 组对比人群间的 MMD 值

MMD	1	2	3	4	5	6	7	8	9	10	11	12	13	14	15	16	17	18
1	0. 0000																	
2	0. 2881	0. 0000																
3	0. 2679	0. 0750	0. 0000															
4	0. 3851	0. 2026	0. 1366	0. 0000														
5	0. 4832	0. 1257	0. 2650	0. 4046	0. 0000													
6	0. 4964	0. 1111	0. 2421	0. 4358	0. 0392	0. 0000												
7	0. 7000	0. 4125	0. 5130	0. 8902	0. 2795	0. 2317	0. 0000											
8	0. 5147	0. 1455	0. 2423	0. 3428	0. 1619	0. 1217	0. 3298	0. 0000										
9	0. 4621	0. 1514	0. 2650	0. 3570	0. 1410	0. 1160	0. 4508	0. 0918	0. 0000									
10	0. 4912	0. 3415	0. 3483	0. 6469	0. 1109	0. 1312	0. 2766	0. 3181	0. 2236	0. 0000								
11	0. 4897	0. 1118	0. 2002	0. 3980	0. 0597	0. 0440	0. 2323	0. 1733	0. 1675	0. 1561	0. 0000							
12	0. 5135	0. 1507	0. 2668	0. 4921	0. 0402	0. 0178	0. 2090	0. 1846	0. 1977	0. 1050	0. 0328	0. 0000						
13	0. 5133	0. 1152	0. 2062	0. 3560	0. 0700	0. 0183	0. 1762	0. 0533	0. 0693	0. 1691	0. 0419	0. 0423	0. 0000					
14	0. 5227	0. 2528	0. 3083	0. 0546	0. 1567	0. 1273	0. 1175	0. 2373	0. 2911	0. 2111	0. 0903	0. 0837	0. 0684	0. 0000				
15	0. 4692	0. 1767	0. 2103	0. 4462	0. 1022	0. 0411	0. 1755	0. 1439	0. 1898	0. 1437	0. 0355	0. 0148	0. 0081	0. 0244	0. 0000			
16	0. 5328	0. 2438	0. 3043	0. 5437	0. 1240	0. 0775	0. 1415	0. 2235	0. 2500	0. 1835	0. 0645	0. 0434	0. 0603	0. 0168	0. 0037	0. 0000		
17	0. 5545	0. 3239	0. 3404	0. 6654	0. 2234	0. 1595	0. 1251	0. 2632	0. 3017	0. 1587	0. 1328	0. 1293	0. 0796	0. 0698	0. 0474	0. 0699	0. 0000	
18	0. 8669	0. 4301	0. 5596	0. 9289	0. 3009	0. 2243	0. 1442	0. 4937	0. 5120	0. 3668	0. 1505	0. 1577	0. 2190	0. 0813	0. 1207	0. 0839	0. 1493	0. 0000

注：1. 姜家梁组；2. 陇县组；3. 下王岗组；4. 庙子沟组；5. 华北—蒙古组；6. 日本组；7. 绳纹组；8. 西伯利亚组；9. 黑龙江组；10. 贝加尔湖组；11. 华南组；12. 香港组；13. 史前台湾组；14. 早期东南亚组；15. 现代东南亚组；16. 泰国组；17. 早期马来组；18. 东马来组。

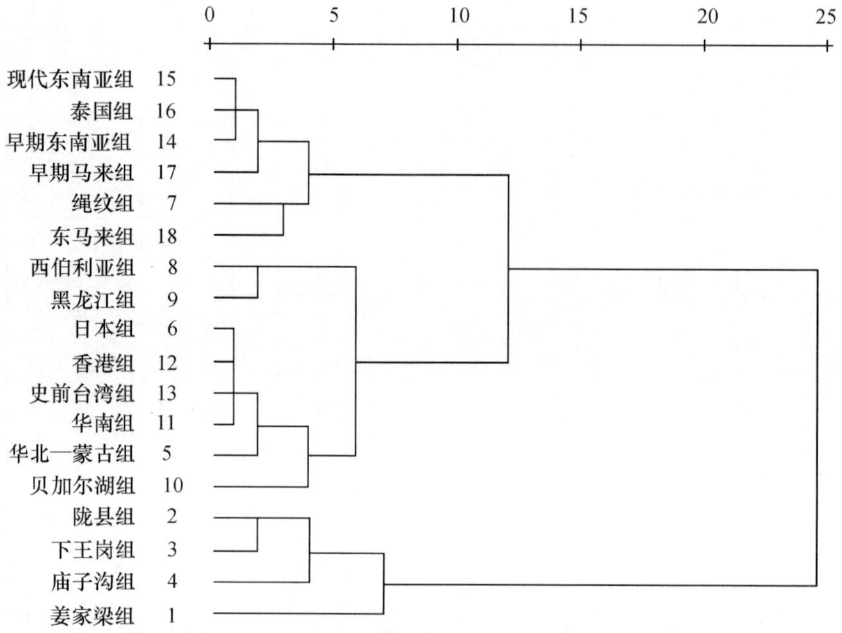

图 4-3　18 组人群间关系的树状聚类图

四、因 子 分 析

（一）因子讨论

提取的前五个因子的累计贡献率达到 75. 91% ，说明这五个因子可以代表 27 个形态特征所具有的大部分信息。“由于第一因子代表了全部因子变量信息的最大部分，所以，通过分析对应于这一因子的变量载荷可以基本反映出各牙齿形态特征在群体差异研究中作用大小的顺序”（刘武等　1996b）。

由表 4-3 可知，第一因子的前 10 个具有较大载荷的变量是铲型上颌中央门齿、下颌第一臼齿远中三角嵴、下颌第一臼齿转向皱纹、下颌第一前臼齿 TOME 根、三根下颌第一臼齿、下颌第一臼齿原副尖、双铲型上颌中央门齿、上颌第一臼齿卡氏尖、Y 形下颌第二臼齿和上颌侧门齿齿结节。

在形态特点分析时总结过铲形上颌中央门齿、双铲形上颌中央门齿、上颌侧门齿中断沟、上颌侧门齿齿结节、上颌第一臼齿釉质延伸、上颌第三臼齿退化、下颌第二臼齿 Y 形沟、下颌第一臼齿六尖、四尖型下颌第二臼齿、下颌第一臼齿转向皱纹、下颌第一臼齿远中三角嵴、下颌第一臼齿第七尖、下颌第一前臼齿

Tome 氏根和下颌第二臼齿单根出现率在姜家梁组、陇县组、下王岗组、庙子沟组、西伯利亚组、华北—蒙古组和贝加尔湖组这 7 组人群中表现得比较接近。

以往研究表明，铲形上颌中央门齿、上颌第一臼齿釉质延伸、上颌第三臼齿退化、四尖型下颌第二臼齿和下颌第一臼齿转向皱纹这 5 项性状在中国型牙（Sinodonty）和巽他型牙（Sundadonty）之间差异非常显著（Turner 1990）；上颌侧门齿中断沟、下颌第一臼齿远中三角嵴、Tome 氏根和下颌第一臼齿原副尖这 4 项性状被证明对于研究人类种族群体之间的差异及亲缘关系具有十分重要的意义（刘武等 1996a），但以往研究未进一步说明这些性状在人类种族群体间到底有何分布规律。

表 4-3　因子分析结果

因子	1	2	3	4	5
特征值	7.2650	4.3200	3.6330	3.4220	1.8590
贡献率	26.907	15.999	13.454	12.675	6.8850
累计贡献率	7.2600	42.900	56.360	69.030	75.910
因子负载荷矩阵					
1. 铲型上颌中央门齿	0.899	-0.167	0.270	0.160	0.023
2. 双铲型上颌中央门齿	0.680	-0.478	0.347	0.045	-0.238
3. 上颌侧门齿中断沟	0.590	0.084	-0.113	-0.577	0.228
4. 上颌侧门齿齿结节	0.614	0.464	-0.042	-0.459	0.054
5. 上颌犬齿近中嵴	0.288	0.206	-0.202	0.213	-0.827
6. 上颌犬齿远中副嵴	0.003	-0.197	-0.411	0.603	0.311
7. 上颌第二臼齿次尖	0.463	0.499	0.283	0.346	-0.158
8. 上颌第一臼齿第五尖	-0.488	0.353	0.620	0.221	0.037
9. 上颌第一臼齿卡氏尖	-0.680	0.039	0.086	0.446	0.353
10. 上颌第三臼齿前副尖	0.152	0.497	0.747	-0.009	0.103
11. 上颌第一臼齿牙釉质延伸	0.589	-0.354	-0.416	0.381	0.275
12. 单根上颌第一前臼齿	0.278	-0.677	0.403	-0.400	-0.168
13. 三根上颌第二臼齿	0.132	0.478	-0.717	0.256	0.317
14. 上颌第三臼齿退化	0.219	-0.579	-0.043	0.417	0.270
15. 下颌第二前臼齿舌侧多尖	0.244	0.336	0.027	0.446	-0.087
16. Y 形下颌第二臼齿	-0.633	0.050	-0.212	-0.587	-0.002
17. 六尖型下颌第一臼齿	-0.163	-0.579	0.107	-0.473	0.305
18. 四尖型下颌第二臼齿	-0.417	0.768	-0.202	0.161	-0.054
19. 下颌第一臼齿转向皱纹	0.778	-0.287	-0.291	-0.230	0.000
20. 下颌第一臼齿远中三角嵴	0.812	0.097	-0.321	-0.144	-0.043
21. 下颌第一臼齿原副尖	0.695	0.386	0.218	-0.163	0.433
22. 下颌第一臼齿七尖	0.312	0.240	0.756	0.010	0.376
23. 下颌第一前臼齿 Tome 氏根	0.756	0.433	-0.301	0.011	-0.033
24. 双根型下颌犬齿	0.395	0.378	0.417	0.029	0.057
25. 三根下颌第一臼齿	0.717	-0.047	-0.069	0.350	0.005
26. 单根型下颌第二臼齿	0.086	-0.507	0.392	0.648	-0.214
27. 下颌前臼齿牙瘤	-0.040	-0.252	0.085	0.303	0.208

笔者发现，东北亚组群的上颌侧门齿中断沟的出现率总体上高于东南亚组群；中国古代四组的下颌第一臼齿远中三角嵴出现率明显高于现代人群，而在现代人群中南北组群差异性不大，只是东北亚组群略高于东南亚组群。

对 Tome 氏根进行的比较分析结果显示，该特征在人群中呈 3 级分布，古代四组明显高于现代各组，处于第一级；东北亚类群中的华南组、香港组和史前台湾组以及东南亚类群又明显高于东北亚其他人群，处于第二级；其余的东北亚人群处于第三级。

下颌第一臼齿原副尖这项特征在中国古代四组中出现率差异很大，姜家梁组和庙子沟组明显高于陇县组和下王岗组，但这四组的平均水平高于现代组群，而现代组群中南北总体差异不大，所具有的差异只出现在个别人群之间。

中国古代四组的上颌侧门齿齿结节出现率明显高于现代人群，现代组群中的分布规律是东南亚类群高于东北亚类群；中国古代四组、东北亚类群中的华南组、香港组和史前台湾组以及东南亚类群的上颌第二臼齿三根出现率明显高于东北亚其他人群。

中国古代四组的上颌第二臼齿次尖稍高于现代组群，西伯利亚组和黑龙江组该性状出现率稍低。

上颌犬齿远中副嵴在人群间的差异性很大，但看不出在更广泛意义上的组群之间有何差异。

（二）因子散点图分析

根据各因子的载荷计算出各人群的因子得分绘制第一、第二因子散点图（图 4-4）和第一、第三因子散点图（图 4-5）。第一、第二因子散点图中各人群之间的相互关系与聚类分析结果颇为一致，而且这种相互关系在第一、第三因子散点图中得到了进一步的加强。

应该看到的是，姜家梁组和庙子沟组始终保持着较紧密的关系。贝加尔湖组在具有东北亚类群的普遍特征同时，也具有其独特性，如较高的中门齿双铲形出现率，较低的上颌第二臼齿三根和上颌犬齿远中副嵴出现率以及下颌第一臼齿转向皱纹和下颌第一臼齿远中三角嵴的零出现率，使得贝加尔湖组与其他组之间始终保持着一种离势状态。黑龙江组、西伯利亚组和日本组在第一、第三因子散点图中表现出来的与东南亚类群聚合的现象，原因可能与这三个人群的某些性状出现率与东南亚类群相近有关，如上颌第一臼齿釉质延伸、下颌第一臼齿远中三角嵴、下颌第一臼齿原副尖、上颌侧门齿齿结节和上颌第二臼齿次尖。

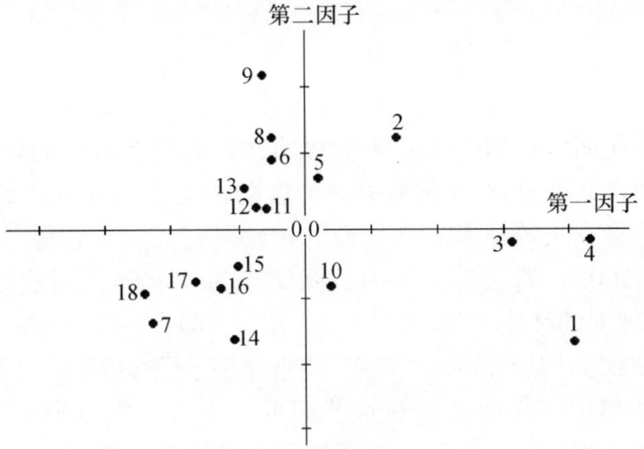

图4-4　第一、二因子散点图（累计贡献率为63.69%）

1. 姜家梁组（Jiangjialiang）；2. 陇县组（Longxian）；3. 下王岗组（Xiawanggang）；4. 庙子沟组（Miaozigou）；5. 华北—蒙古组（northern Chinese-Mongolian）；6. 日本组（Japanese）；7. 绳纹组（Jomon）；8. 西伯利亚组（Siberian）；9. 黑龙江组（Amur）；10. 贝加尔湖组（Lake Baikalian）；11. 华南组（southern Chinese）；12. 香港组（Hong Kong）；13. 史前台湾组（prehistorical Taiwan）；14. 早期东南亚组（early southeastern Asian）；15. 现代东南亚组（modern southeastern Asian）；16. 泰国组（Thai）；17. 早期马来组（early Malayan）；18. 东马来组（eastern Malayan）

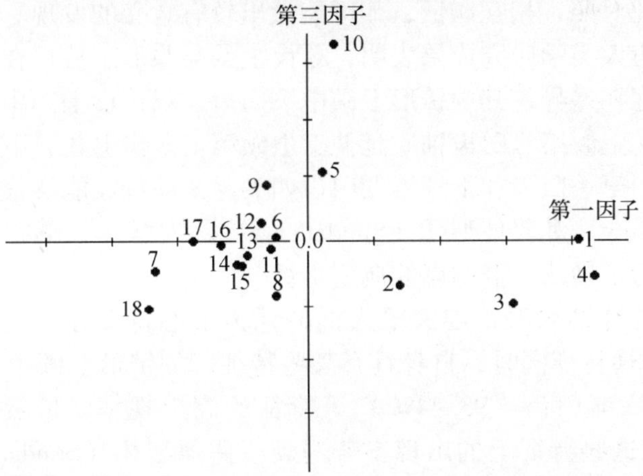

图4-5　第一、三因子散点图（累计贡献率为63.69%）

1. 姜家梁组（Jiangjialiang）；2. 陇县组（Longxian）；3. 下王岗组（Xiawanggang）；4. 庙子沟组（Miaozigou）；5. 华北—蒙古组（northern Chinese-Mongolian）；6. 日本组（Japanese）；7. 绳纹组（Jomon）；8. 西伯利亚组（Siberian）；9. 黑龙江组（Amur）；10. 贝加尔湖组（Lake Baikalian）；11. 华南组（southern Chinese）；12. 香港组（Hong Kong）；13. 史前台湾组（prehistorical Taiwan）；14. 早期东南亚组（early southeastern Asian）；15. 现代东南亚组（modern southeastern Asian）；16. 泰国组（Thai）；17. 早期马来组（early Malayan）；18. 东马来组（eastern Malayan）

第三节 讨 论

人类微观演化研究已成为近年来世界诸多人类学者研究的热点，其中较为突出的成果又集中在东亚地区特别是中国地区的人类微观演化方面。就对象来说，有些研究集中于直立人等早期人类化石的比较研究（吴新智等 1994；张银运 1996；刘武等 2003；刘武等 2004；张银运等 2004；刘武等 2005），有些研究集中于晚期智人的种族人类学研究（朱泓 1994，1997，1998，2002；吴新智 1998；李法军 2001）；就研究模式来说，有些集中于综合性研究（吴汝康 1995；刘武 1997），有些集中于颅骨非测量性状研究（周文莲等 2001，2002；谭婧泽 2002；李法军等 2003），有些集中于牙齿人类学研究（Hanihara 1992；张振标 1993；朱泓 1993；刘武等 1999；Turner et al. 2000；李法军等 2006），当然在晚期智人的种族人类学研究当中也包含了骨骼测量学和形态学的内容。

近年来在对中国古代人群进行研究时，牙齿人类学特征的分析渐渐成为一个比较重要的内容，现在看来，其基本任务至少可以包括以下几个方面：确认与族群关系相关的牙齿形态特征的表现特点；族群间相互关系的研究；探讨各族群在种族类群中的地位；族群的同源性比较。这些研究内容必须与族群研究的其他模式相联系，彼此对照，相互印证，才可能做出较有意义的发现。

以往的牙齿人类学研究成果表明，牙齿上的某些形态特征在不同种族类群甚至不同人群间存在差异，其中铲形上颌中央门齿、双铲形上颌中央门齿、单根上颌第一前臼齿、上颌第一臼齿釉质延伸、上颌第三臼齿退化、下颌第一臼齿转向皱纹、三根下颌第一臼齿和下颌第二臼齿四尖这 8 项特征能够很好的区分属于中国型牙（Sinodonty）和巽他型牙（Sundadonty）的人群（Turner 1990），因而这些特征也就成为了确认人群归属的典型指标。

从笔者的统计结果看，姜家梁人群的牙齿形态特征在具有中国型牙（Sinodonty）的普遍性特征同时，自身具有某些特征，如铲形上颌中央门齿（100%）和单根上颌第一前臼齿（93.44%）等特征的高出现率，虽然中国型牙（Sinodonty）人群在这些特征上的出现率普遍高于巽他型牙（Sundadonty）人群，但这些高出现率特征在中国型牙（Sinodonty）人群内部的分布并不一致，其特征的差异性在中国古代中国型牙（Sinodonty）人群内是显著的，如姜家梁人群和庙子沟人群在牙齿形态上所反映的密切关系，陇县人群和下王岗人群的相近关系，以往的研究成果也证实中国古代居民牙齿形态变异显著（张振标 1993），但是造成这种中国型牙（Sinodonty）人群内部牙齿形态分化的原因尚不清楚。

人种学研究结果表明，姜家梁新石器时代遗址的居民应该是一个“同种系多类型的复合体”。姜家梁组居民的体质特征可概括为以中型颅为主，少量长颅型和圆颅型，伴以高颅型和狭颅型。中等程度的上面高和面宽，中等偏狭的面型，中等偏阔的鼻型，低眶型和偏低的中眶型，相对较大的面部扁平度，属于先秦时期人种类型中的古华北类型。与现代亚洲蒙古大人各类型比较，姜家梁组与东亚类型具有非常相似的特征，但在面部扁平度方面又具有与北亚类型较为相似的形态特征。与亚洲蒙古人种的各近代类型比较，姜家梁组与华北组关系最为密切，其次为华南组和因纽特组，与蒙古组的关系最为疏远。姜家梁组居民与先秦时期各古代人群比较的结果表明，其与庙子沟组、夏家店上层合并组等古华北类型人群有着较为一致的体质形态特征（李法军　2004）。

姜家梁新石器时代居民在非测量性状上有着明显的特点：既与其他某些人群（特别是与贝加尔人群、华北组）有着某种联系，但现在还没有证据说明这种联系的密切程度以及是何种方式的联系；同时，姜家梁组可能是因为还存在着某些独立的特征，使之不能完全地归入到某种人群中去（李法军等　2003）。

庙子沟文化居民的体质特征主要与现代蒙古人种的东亚类型较为接近，但同时可能包含了某些与北亚类型较为接近的体质因素。与同时代的其他人群比较，庙子沟文化居民与仰韶合并组关系最为密切（朱泓　1994）。庙子沟新石器时代文化居民应该属于先秦时期人种类型中的古华北类型（朱泓　2002a）。牙齿人类学的研究结果表明，庙子沟居民与南亚类型居民之间的差异性较大（刘武等　1995）。

河南淅川下王岗新石器时代居民的体质特征与现在亚洲蒙古人种的南亚类型较相似，与新石器时代其他居民相比，其与黄河下游居民的体质特征较相似，均属于古代华北人或者属于先秦时期的人种类型中的古中原类型（张振标等 1984；朱泓　2002b）。

陕西陇县店子战国时代居民的牙齿人类学研究结果表明，其与具有典型蒙古人种特征的现代华北人关系最为密切（刘武等　1996b）。

与同时代的下王岗组和庙子沟组比较而言，姜家梁组与庙子沟组的关系更为密切。有研究表明，姜家梁组居民与庙子沟组居民具有较为相近的头骨形态特征和牙齿形态特征（李法军　2004；李法军等　2006），这说明在体质特征上相近的人群在头骨形态特征和牙齿形态特征方面的表现可能都较为一致，但只通过这两个对比组的比较结果而下此结论还为时过早，尚有待于积累更多的同类型族群的相关牙齿人类学资料验证之。至于更为细致的同时期同种族内部群体间的同源性在中国先秦时期居民牙齿人类学特征上到底有何种程度的表现，还需要更多的资料积累来加以分析。

参考文献

段宏振．2001．河北考古的世纪回顾与思考．考古，(2)：1—12

李法军．2001．陶寺居民人类学类型的研究．文物春秋，(4)：8—16

李法军．2004．河北阳原姜家梁新石器时代人骨研究．吉林大学博士研究生学位论文．94—152

李法军，朱泓．2003．河北阳原姜家梁新石器时代遗址头骨非测量性状的观察与研究．人类学学报，(3)：206—217

李法军，朱泓．2006．河北阳原姜家梁新石器时代人类牙齿形态特征的观察与研究．人类学学报，(2)：87—101

刘武．1995．华北新石器时代人类牙齿形态特征及其在现代中国人起源与演化上的意义．人类学学报，(4)：360—380

刘武．1997．蒙古人种及现代中国人的起源与演化．人类学学报，16 (1)：55—73

刘武，吴秀杰，张银运．2004．中更新世非洲 Bodo 人类头骨化石与周口店直立人的比较———中国与非洲人类头骨特征对比之三．人类学学报，(2)：119—129

刘武，杨茂有．1999．中国古人类牙齿尺寸演化特点及东亚直立人的系统地位．人类学学报，(3)：176—192

刘武，曾祥龙．1996a．第三臼齿退化及其在人类演化上的意义．人类学学报，(3)：185—197

刘武，曾祥龙．1996b．陕西陇县战国时代人类牙齿形态特征．人类学学报，(4)：302—313

刘武，张银运．2005．中国直立人形态特征的变异———颅骨测量数据的统计分析．人类学学报，(2)：121—136

刘武，朱泓．1995．庙子沟新石器时代人类牙齿非测量特征．人类学学报，(1)：8—20

刘武，Mbua E，吴秀杰等．2003．中国与非洲近代—现代人类某些颅骨特征的对比及其意义——中国与非洲人类头骨特征对比之二．人类学学报，(5)：89—104

谭婧泽．2002．中国古代人骨眶上孔和舌下神经管二分发生率的调查与日本人起源问题的讨论．人类学学报，(1)：14—22

吴汝康．1995．对人类进化全过程的思索．人类学学报，(4)：285—296

吴新智．1998．从中国晚期智人颅牙特征看中国现代人起源．人类学学报，(4)，276—282

吴新智，布罗厄尔 G．1994．中国和非洲古老型智人颅骨特征的比较．人类学学报，(2)：93—103

张银运．1996．郧县人类头骨化石与周口店直立人头骨的形态比较．人类学学报，(1)：1—7

张银运，刘武，张罗．2004．南京直立人的鼻骨形态及其与欧洲化石人类基因交流的可能性．人类学学报，(3)：187—195

张振标．1993．长阳青铜时代与大同北魏朝代人类牙齿的形态变异．人类学学报，(2)：103—112

张振标，陈德珍．1984．下王岗新石器时代居民的种族类型．史前研究，(1)：69—76

周文莲，吴新智．2001．现代人头骨面部几项非测量性状的观察．人类学学报，(4)：288—294

周文莲，吴新智．2002．中国和西方化石人头骨面部三项非测量性状的比较．人类学学报，(2)：111—115

朱泓．1990．山西省忻州市游邀遗址夏代居民牙齿的测量与研究．人类学学报，(2)：180—187

朱泓．1993．内蒙古察右前旗庙子沟新石器时代人类牙齿的形态观察．人类学学报，(2)：126—133

朱泓．1994．内蒙古察右前旗庙子沟新石器时代颅骨的人类学特征．人类学学报，(2)：126—133

朱泓．1997．察右后旗三道湾鲜卑墓葬人骨的研究∥内蒙古文物考古研究所编．内蒙古文物考古论集．中国大百科全书出版社．421—430

朱泓．1998．东灰山墓地人骨的研究∥民乐东灰山考古——甘肃省文物考古研究所，吉林大学

北方考古研究室. 四坝文化墓地的揭示与研究. 科学出版社. 172—183

朱泓. 2002a. 内蒙古长城地带的古代种族//朱泓等编. 边疆考古研究——中国北方长城地带青铜文化考古国际研讨会论文集第一辑. 科学出版社. 301—313

朱泓. 2002b. 中国南方地区的古代种族. 吉林大学社会科学学报, (3): 5—12

Berry A C, Berry R J. 1967. Epigenetic variation in the human cranium. *Journal of Anatony*, (101): 361—379

Dahlberg A. 1956. A. Materials for the establishment of standards for classification of tooth characteristics, attributes, and techniques in morphological studies of the dentition. *Zoller Laboratory of Dental Anthropology*. University of Chicago

Hanihara T. 1991. The origin and microevolution of Ainu as viewed from dentition: The basic populations in East Asia. *Anthropology and Society of Nippon*, (99): 345—631

Hanihara T. 1992. Dental and cranial affinities among populations of East Asia and Pacific: The basic populations in East Asia. *American Journal of Physical Anthropology*, (88): 163—182

Hanihara T. 1992. Negritos, Australian aborigines, and the "proto-sundadont" dental pattern: the basic populations in east asia, V. *American Journal of Physical Anthropology*, (88): 183—196

Hanihara T. 1996. Comparison of craniofacial features of major human groups. *American Journal of Physical Anthropology*, (99): 389—412

Hrdlička A. 1920. Shovel-shaped teeth. *American Journal of Physical Anthropology*, (3): 429—465

Turner C G II. 1976. Dental evidence on the origin of the Ainu and Japanese. *Science*, (193): 911—913

Turner C G II. 1986. Dentochronological separation estimates for Pacific Rim populations. *Science*, (232): 1140—1142

Turner C G II. 1987. Late Pleistocene and Holocene population history of East Asia based on dental variation. *American Journal of Physical Anthropology*, (73): 305—321

Turner C G II. 1990. Major features of Sundadonty and Sinodonty, including suggestions about East Asian microevolution, population history, and late Pleistocene relationship with Australian Aboriginals. *American Journal of Physical Anthropology*, (82): 295—317

Turner C G II, Christian R N, Scott G R. 1991. Scoring procedures for key morphological traits of the permanent dentition: The Arizona State University Dental Anthropology System. *Advances in Dental Anthropology*. 13—31

Turner C G, Manabe Y, Hawkey D E. 2000. 周口店山顶洞人齿列. 人类学学报, (4): 253—257

第五章　头骨的测量学研究

经过几年的接触和审视，特别是在进行了系统而详细的连续性形态特征观察和非连续性形态特征研究之后（李法军等　2003），总体上感觉到这批头骨似乎不很单纯。以往的学者在进行其他墓地人骨研究时也遇到过类似的困惑（杨希枚　1985；韩康信等　1985；潘其风　1996）。

经过仔细的测量工作后，对男性全组的线性、指数和角度值进行基本数据统计时发现，这些个体在诸多测量项目上存在着较大的变异性（表5-1）。因此，笔者开始参照其他学者的方法，依据姜家梁墓地头骨的连续性形态特征并结合主要体质特征项目的测量指数的分析，试将该批男性组头骨区分为两个亚组，即姜家梁一组和姜家梁二组，在此前提下进行组间小样本平均数差异性 t 检验并就各分组的种系纯度运用皮尔逊、莫兰特以及豪厄尔斯的种系纯度检验方法进行检验。女性组头骨因样本量过小，所以很难像男性组那样进行分组研究，仅列出其平均值等基本统计数据以供参考（表5-2）。所以这里仅就男性组分类情况加以讨论。

研究所用头骨来自姜家梁墓地Ⅰ、Ⅱ和Ⅲ区，共计87例。其中男性53例，女性34例。保存较好可供测量研究的男性头骨30例，女性头骨13例，男女合计43例。实际纳入测量统计的男性个体27例，除去了3例头骨完整但枕部变形的个体（Ⅰ区M26、M40、M51）。

表5-1　姜家梁男性头骨测量值（全组）

马丁号	测量项	测量项	例数	最大值	最小值	平均值	标准差	变异系数
1	g-op	颅骨最大长	26	191.70	163.20	178.27	7.16	4.01
8	eu-eu	颅骨最大宽	25	145.70	122.00	134.20	5.09	3.79
17	b-ba	颅高	24	144.80	130.35	138.10	3.88	2.81
21	po-po	耳上颅高	25	127.00	112.00	117.54	3.57	3.04
9	ft-ft	额骨最小宽	27	94.22	78.43	88.60	4.05	4.57
7	ba-o	枕骨大孔长	23	39.50	31.00	35.91	2.52	7.02
16	FOR. MA. B	枕骨大孔宽	24	33.52	25.24	29.57	2.25	7.59
25	n-o	颅矢状弧	25	399.50	330.00	363.31	15.67	4.31
26	n-b	额骨矢状弧	27	137.00	113.38	124.62	6.27	5.03
27	b-l	顶骨矢状弧	26	137.00	112.00	127.01	6.64	5.23

续表

马丁号	测量项	测量项	例数	最大值	最小值	平均值	标准差	变异系数
28	l-o	枕骨矢状弧	25	127.00	104.00	113.47	6.73	5.94
29	n-b	额骨矢状弦	27	124.80	99.15	111.45	5.62	5.04
30	b-l	顶骨矢状弦	26	119.92	104.10	112.62	4.28	3.80
31	l-o	枕骨矢状弦	25	113.20	87.92	96.35	6.12	6.35
23	g，op	颅周长	26	538.00	466.00	508.61	18.17	3.57
24	po-b-po	颅横弧	24	334.00	291.00	309.29	10.80	3.49
5	n-enba	颅基底长	24	112.90	94.30	104.03	4.99	4.80
40	pr-enba	面底长	22	107.00	88.40	100.41	4.60	4.58
48	n-pr	上面高	25	82.36	63.12	72.56	4.84	6.67
48	n-sd（av）	上面高	25	85.28	65.14	75.53	4.83	6.40
47	n-gn	全面高	25	131.50	112.18	123.59	5.27	4.26
45	zy-zy	面宽	22	146.80	126.04	135.63	5.85	4.31
46	zm-zm	中面宽	25	117.50	97.40	106.73	6.10	5.72
43（1）	fmt-fmt	上面宽	26	111.60	87.66	103.23	5.18	5.02
50	mf-mf	前眶间宽	25	25.10	14.64	19.05	2.52	13.25
MHL	fmo-zm	颧骨高	24	55.64	40.62	46.91	3.57	7.61
MHR			24	50.74	40.42	45.84	2.98	6.49
MBL	zm-rim	颧骨宽	25	35.80	21.10	27.95	3.15	11.28
MBR			25	33.38	23.54	27.69	2.72	9.84
54	nadalbreadth	鼻宽	25	30.90	22.90	27.04	2.15	7.95
55	n-ns	鼻高	25	62.20	47.98	55.58	3.91	7.03
SC	simotikchord	鼻骨最小宽	21	10.20	3.64	7.61	1.84	24.21
SS	Sim. cho. toSC	鼻最小宽高	19	4.90	1.20	2.93	1.02	34.87
51	mf-ekL	眶宽	23	50.00	40.10	44.02	2.02	4.60
51	d-ekER		24	48.08	41.10	44.41	1.96	4.41
51a	d-ekTL	眶宽	23	44.66	36.10	40.23	1.91	4.75
51a	d-ekER		23	43.70	36.30	40.47	1.68	4.14
52	Orb. Brea. L	眶高	24	39.76	30.30	33.90	2.48	7.32
52	Orb. Brea. R		24	39.80	30.20	33.39	2.14	6.42
60	pr-alv	上颌齿槽弓长	25	64.50	51.50	55.47	2.91	5.24
61	ekm-ekm	上颌齿槽弓宽	24	76.20	60.22	67.65	4.26	6.30
62	ol-sta	腭长	26	55.80	38.20	46.08	3.67	7.96
63	enm-enm	腭宽	25	49.10	33.92	42.54	3.30	7.75
12	ast-ast	枕骨最大宽	24	118.00	98.00	108.02	5.16	4.78

续表

马丁号	测量项	测量项	例数	最大值	最小值	平均值	标准差	变异系数
11	au-au	耳点间宽	24	136.90	114.12	126.36	6.04	4.78
44	ek-ek	两眶宽	23	108.42	93.90	100.70	3.77	3.75
FC	fmo-fmo	两眶内宽	26	106.44	92.50	98.21	3.98	4.05
FS	ntofmo-fmo	鼻眶内宽矢高	26	23.80	10.98	15.49	2.52	16.28
DC	d-d	眶间宽	22	27.80	18.60	22.62	2.15	9.50
32	∠n-mFH	额侧角Ⅰ	26	89.00	72.00	79.71	4.41	5.53
	∠g-mFH	额侧角Ⅱ	26	84.00	66.50	75.27	4.51	6.00
	∠g-bFH	前囟角	26	52.00	31.50	45.75	3.99	8.72
72	∠n-prFH	面角	24	91.50	71.50	82.59	4.73	5.73
73	∠n-nsFH	中面角	24	93.00	77.00	86.45	3.55	4.10
74	∠ns-prFH	齿槽面角	23	83.00	62.00	73.83	5.44	7.36
75	∠n-rhiFH	鼻梁侧角	14	73.00	64.00	68.25	2.47	3.62
77	∠fmo-n-fmo	鼻颧角	26	156.70	136.00	146.76	4.63	3.16
SSA	∠zm-ss-zm	颧上颌角	24	140.50	117.10	126.42	6.35	5.03
	∠n-pr-ba	面三角Ⅰ	21	80.00	66.00	71.30	3.43	4.81
	∠pr-n-ba	面三角Ⅱ	21	75.00	58.50	67.60	4.70	6.95
	∠n-ba-pr	面三角Ⅲ	21	48.00	32.00	40.83	4.24	10.40
	72-75	鼻梁角	14	20.00	5.50	13.86	4.15	29.91
8:1		颅长宽指数	25	83.72	65.30	75.76	4.98	6.57
17:1		颅长高指数	24	86.24	73.00	78.74	3.58	4.55
17:8		颅宽高指数	23	110.93	97.40	102.33	4.01	3.92
9:8		额宽指数	25	74.60	61.30	66.02	3.40	5.16
16:7		枕大孔指数	24	100.97	74.20	82.74	6.78	8.19
40:5		面突指数	21	105.20	90.41	96.77	3.56	3.68
48:17pr		垂直颅面指数	22	60.00	45.09	52.22	3.54	6.77
48:17sd			22	63.20	46.53	54.58	3.85	7.05
48:45pr		上面指数（K）	22	59.00	45.78	53.28	3.49	6.56
48:45sd			21	62.20	47.68	55.71	3.84	6.90
48:46pr		上面指数（V）	23	77.40	60.02	67.72	4.22	6.23
48:46sd			23	80.40	63.58	70.78	4.42	6.24
54:55		鼻指数	24	57.80	40.93	49.00	5.06	10.33
52:51L		眶指数	23	88.00	67.20	75.67	5.58	7.21
52:51R			24	89.20	67.16	77.39	5.74	7.58
52:51aL		眶指数	23	99.20	74.50	84.76	6.75	7.96

续表

马丁号	测量项	测量项	例数	最大值	最小值	平均值	标准差	变异系数
52: 51aR			23	100. 00	72. 54	82. 81	6. 54	7. 89
54: 51L		鼻眶指数	23	72. 01	44. 00	61. 08	7. 02	11. 49
54: 51R			23	71. 24	44. 60	60. 98	6. 46	10. 59
54: 51aL		鼻眶指数	23	80. 06	49. 60	66. 80	7. 70	11. 52
54: 51aR			22	79. 61	50. 00	66. 74	7. 16	10. 72
SS: SC		鼻根指数	19	53. 30	22. 22	38. 06	7. 96	20. 92
63: 62		腭指数	24	107. 20	74. 91	91. 73	7. 92	8. 63
45: (1 +8)/2		横颅面指数	22	98. 00	78. 90	88. 04	4. 56	5. 18
17: (1 +8)/2	高平面指数	22	101. 00	72. 98	86. 09	7. 10	8. 25	
65	cdl-cdl	下颌颏突间宽	26	130. 32	109. 32	122. 27	5. 16	4. 22
66	go-go	下颌角间宽	27	114. 00	92. 40	102. 82	5. 97	5. 81
67	bimentalbrea	颏孔间宽	27	54. 00	43. 50	48. 93	2. 42	4. 94
68	mandi. body. len	下颌体长	27	96. 50	70. 50	79. 95	6. 28	7. 85
68 (1)	下颌体最大投影长	26	121. 10	93. 20	106. 62	5. 79	5. 43	
69		下颌联合高	27	41. 24	30. 10	36. 97	2. 94	7. 96
MBH Ⅰ L		下颌体高 Ⅰ	27	37. 50	27. 70	32. 90	2. 59	7. 86
R			27	37. 50	28. 94	32. 62	2. 20	6. 73
MBH Ⅱ L		下颌体高 Ⅱ	27	35. 24	22. 26	30. 48	2. 54	8. 32
R			27	35. 34	20. 00	30. 82	2. 98	9. 67
MBT Ⅰ L		下颌体厚 Ⅰ	27	16. 40	12. 30	14. 25	1. 14	8. 00
R			26	16. 50	12. 10	14. 60	1. 17	8. 02
MBT Ⅱ L		下颌体厚 Ⅱ	27	19. 52	14. 40	16. 62	1. 36	8. 15
R			26	21. 50	14. 00	17. 12	1. 77	10. 33
70L		下颌枝高	26	71. 00	51. 50	61. 52	5. 51	8. 95
70R			24	70. 00	51. 50	61. 05	5. 17	8. 46
71L		下颌枝宽	25	50. 00	39. 22	44. 37	2. 70	6. 09
71R			24	48. 00	40. 34	44. 28	2. 71	6. 12
71aL		下颌枝最小宽	25	42. 70	30. 66	36. 72	2. 80	7. 62
71aR			24	41. 50	27. 66	36. 20	3. 19	8. 80
79		下颌角	27	136. 00	104. 00	119. 76	8. 95	7. 47
68: 65		下颌骨指数	27	78. 10	57. 20	65. 63	5. 10	7. 77
71: 70L		下颌枝指数	25	81. 60	62. 30	72. 49	5. 59	7. 72
71: 70R			24	82. 50	62. 60	73. 06	5. 46	7. 48
	bimentalbogen	颏孔间弧	27	94. 30	46. 00	59. 68	8. 84	14. 81

表 5-2　颅骨角度和指数的形态分类

马丁号	测量项目	形态分类及出现率													
8:1	颅长宽指数	组别	总例数	特长颅型		长颅型		中颅型		圆颅型		特圆颅		超圆颅	
				A	B	A	B	A	B	A	B				
		♂	25	(3)12%		(6)24%		(8)32%	(4)16%		(4)16%				
		♀	13			(4)31%		(3)23%		(2)15%		(3)23%		(1)8%	
17:1	颅长高指数	组别	总例数	低颅型		正颅型		高颅型							
				A	B	A	B	A	B						
		♂	24			(4)17%		(12)50%	(8)34%						
		♀	8	(1)13%				(7)87%							
21:1	颅长耳高指数	组别	总例数	低颅型		正颅型		高颅型							
				A	B	A	B	A	B						
		♂	25			(2)18%	(7)28%	(15)60%							
		♀	11			(1)9%		(10)91%							
17:8	颅宽高指数	组别	总例数	阔颅型		中颅型		狭颅型							
				A	B	A	B	A	B						
		♂	22	(5)23%		(2)9%		(13)59%	(7)32%						
		♀	9	(3)33%		(3)33%		(3)33%							
9:8	额宽指数	组别	总例数	窄颅型		中额型		阔额型							
				A	B	A	B	A	B						
		♂	25	(7)28%	(5)20%	(5)20%	(5)20%	(3)12%	(5)20%						
		♀	15	(12)80%		(2)13%		(1)7%							

续表

马丁号	测量项目	形态分类及出现率									
40:5	面突指数	组别	总例数	突颌型		中颌型		平颌型			
				A	B	A	B	A	B		
		♂	21	(1)5%		(3)14%	(3)14%	(9)43%	(5)24%		
		♀	9			(2)22%		(7)78%			
48:45	上面指数 sd	组别	总例数	阔上面型		中上面型		狭上面型		特狭上面型	
				A	B	A	B	A	B	A	B
		♂	22		(2)9%	(2)9%	(4)18%	(12)55%	(2)9%		
		♀	11			(3)27%		(6)55%		(2)18%	
54:55	鼻指数	组别	总例数	狭鼻型		中鼻型		阔鼻型		特阔鼻型	
				A	B	A	B	A	B	A	B
		♂	25	(6)24%		(6)24%	(3)12%	(4)16%	(5)20%		
		♀	18	(1)6%		(6)33%		(10)55%		(1)6%	
52:51	眶指数	组别	总例数	低眶型		中眶型		高眶型			
				A	B	A	B	A	B		
		♂	25	(7)28%	(5)20%	(7)28%	(3)12%	(2)8%	(1)4%		
		♀	19	(4)21%		(12)63%		(3)16%			
63:62	腭指数	组别	总例数	狭腭型		中腭型		阔腭型			
				A	B	A	B	A	B		
		♂	24	(1)4%	(1)4%	(2)8%	(1)4%	(12)50%	(7)29%		
		♀	16	(5)31%				(11)69%			

续表

马丁号	测量项目	形态分类及出现率													
72	总面角	组别	总例数	超突颌型		突颌型		中颌型		平颌型		超平颌型			
				A	B	A	B	A	B	A	B	A	B		
		♂	25			(2)8%	(3)12%	(9)36%	(4)16%	(5)20%	(1)4%				
		♀	15	(1)7%		(3)20%		(6)40%		(5)33%					
74	齿槽面角	组别	总例数	超突颌型		特突颌型		突颌型		中颌型		平颌型			
				A	B	A	B	A	B	A	B	A	B		
		♂	24				(3)13%	(10)42%	(5)21%	(5)21%					
		♀	15	(1)7%		(4)27%		(9)60%		(1)7%					

第一节 形态特征分析

一、各亚组形态特征描述

表5-2显示了男性两个亚组的颅骨角度和指数的形态分类。现将两个亚组的形态特征分述如下：

姜家梁一组颅型以卵圆形为主，次为椭圆形颅，有一例楔形颅，不见圆形、五角形和菱形颅。依颅指数分析，以中、长颅型为主，少量特长颅型。颅宽值较小，均不超过140.00毫米，平均值为132.61毫米。颅长高指数显示以高颅型为主，次为正颅型，不见低颅型。宽高指数以狭颅形居多，少量阔颅型和中颅型。上面高大部分属于中等，平均值为77.15毫米。面宽的变异范围是126.04—142.80毫米，平均值为134.74毫米，也属于中等级别。上面指数显示大部分属于狭上面型，仅两例中上面型，无阔上面型出现。眶型以椭圆形和方形为主，次为圆形和斜方形，眶指数显示以低眶型和中眶型为主，而中眶型中大部分趋向低眶型，有两例高眶型。鼻根凹较深，鼻根指数平均值为39.26单位，属于中等类型；在13例可计算鼻根指数的个体中，有8例属于中等类型（36.00—53.00），5例偏低矮型（28.16—33.00）。鼻指数平均值为47.57单位，属于中鼻型，个体间鼻型相对复杂，在16例可计算鼻指数的个体中，中鼻型和狭鼻型各6例，各占37.5%，阔鼻型4例，占25%，无特阔鼻型。反映上面部扁平度的鼻颧角的变异范围是136.00°~152.00°，平均值为145.59°，有超过55.6%的个体之鼻颧角超过平均值，表明面部扁平度属于中等偏大者居多。另外，面突指数显示以平颌型居多，少量中颌型，仅一例突颌型。总面角显示以中颌型和平颌型为主，有少量突颌型。齿槽面角显示以突颌型为主，次为中颌型，无特突颌型和平颌型。

综合姜家梁一组头骨的形态特征，可以概括为具有中长颅型，伴以高颅型和狭颅型，中等上面高和面宽，狭面型，中等鼻型，低眶型和偏低的中眶型。中等偏大的面部扁平度。

姜家梁二组颅形以卵圆形为主，有二例楔形颅，不见椭圆形、圆形、五角形和菱形颅。依颅指数分析，以中颅型和圆颅型为主，各占50%，无其他颅型。颅宽值比第一组大，变异范围是131.40—145.70毫米，平均值为137.59毫米。颅长高指数显示均为高颅型。宽高指数均为狭颅型。上面高大部分属于中等，平均值为72.67毫米。面宽的变异范围是126.80—146.80毫米，平均值为137.18毫米，比第一组稍大，但也属于中等级别。上面指数显示大部分属于中上面型，少量狭上面型和阔上面型。眶型以椭圆形为主，方形、长方形和斜方形各一例，无圆形，眶指数显示以低眶型为主，次为中眶型，而且中眶型中大部分也趋向低眶型，有一例高眶型。鼻根凹中等，鼻根指数平均值为 36. 01 单位，属于中等偏低类型；在 9 例可计算鼻根指数的个体中，有 5 例属于中等类型（37. 88—44. 80），2 例偏低矮型（22. 22 和 29. 17）。鼻指数平均值为 51. 86 单位，属于阔鼻型，个体间鼻型种类较简单，在 8 例可计算鼻指数的个体中，阔鼻型 5 例，占 62. 5%，中鼻型 3 例，占 27. 5%，无狭鼻型和特阔鼻型。反映上面部扁平度的鼻颧角的变异范围是 142. 50°—156. 70°，平均值为 148. 97°，有超过 62. 5% 的个体之鼻颧角超过平均值，表明面部扁平度以扁平者居多。面突指数显示以平颌型居多，次为中颌型，无突颌型。总面角显示以中颌型为主，有少量突颌型和平颌型。齿槽面角显示以突颌型为主，次为特突颌型，无中颌型和平颌型。

综合姜家梁二组头骨的形态特征，可以概括为具有中圆颅型，伴以高颅型和狭颅型，中等上面高和面宽，中等面型，相对较阔的鼻型，低眶型和偏低的中眶型。相对较大的面部扁平度。

姜家梁女性头骨测量值见表 5-3。

表 5-3　姜家梁女性头骨测量值（全组）

马丁号	测量项		例数	最大值	最小值	平均值	标准差	变异系数
1	g-op	颅骨最大长	16	184. 40	161. 10	171. 47	6. 66	3. 89
8	eu-eu	颅骨最大宽	15	160. 00	125. 30	138. 14	9. 17	6. 64
17	b-ba	颅高	8	148. 70	103. 70	130. 39	12. 49	9. 58
21	po-po	耳上颅高	12	122. 60	108. 50	114. 34	4. 43	3. 88
9	ft-ft	额骨最小宽	23	100. 70	79. 42	87. 80	5. 83	6. 64
7	ba-o	枕骨大孔长	7	37. 40	30. 80	33. 99	2. 54	7. 48
16	FOR. MA. B	枕骨大孔宽	9	33. 60	20. 80	28. 14	3. 88	13. 78
25	n-o	颅矢状弧	7	371. 00	325. 00	352. 50	15. 97	4. 53
26	n-b	额骨矢状弧	22	141. 00	102. 00	123. 24	9. 54	7. 74
27	b-l	顶骨矢状弧	15	136. 00	101. 70	119. 15	8. 45	7. 09
28	l-o	枕骨矢状弧	7	117. 00	99. 00	109. 64	5. 65	5. 15
29	n-b	额骨矢状弦	23	123. 00	100. 90	110. 46	6. 04	5. 46
30	b-l	顶骨矢状弦	15	119. 80	97. 92	108. 06	5. 60	5. 18
31	l-o	枕骨矢状弦	7	101. 96	90. 40	94. 94	3. 85	4. 06
23	g，op	颅周长	16	550. 00	366. 00	492. 34	39. 19	7. 96
24	po-b-po	颅横弧	13	360. 00	218. 60	299. 84	38. 65	12. 89
5	n-enba	颅基底长	8	116. 60	90. 40	98. 93	8. 29	8. 38
40	pr-enba	面底长	9	108. 30	88. 00	95. 67	7. 55	7. 89
48	n-pr	上面高	19	79. 26	58. 50	66. 70	4. 90	7. 34
48	n-sd（av）	上面高	19	85. 50	55. 10	71. 73	7. 42	10. 34

续表

马丁号	测量项		例数	最大值	最小值	平均值	标准差	变异系数
47	n-gn	全面高	19	135.10	93.90	114.98	8.18	7.11
45	zy-zy	面宽	11	137.44	120.24	127.67	5.44	4.26
46	zm-zm	中面宽	17	107.80	95.50	101.75	3.89	3.83
43（1）	fmt-fmt	上面宽	24	110.90	93.10	101.99	4.69	4.60
50	mf-mf	前眶间宽	20	23.00	12.80	18.27	2.70	14.79
MHL	fmo-zm	颧骨高	19	51.44	39.81	44.71	3.11	6.95
MHR			16	49.20	40.00	44.09	2.80	6.34
MBL	zm-rim	颧骨宽	20	38.50	21.10	26.44	4.33	16.39
MBR			16	28.40	22.70	25.43	1.82	7.17
54	Nadal. breadth	鼻宽	19	31.50	24.50	27.11	2.06	7.60
55	n-ns	鼻高	20	56.68	44.90	52.11	3.07	5.90
SC	simotikchord	鼻骨最小宽	15	16.90	6.00	8.92	2.78	31.20
SS	Sim. cho. toSC	鼻最小宽高	14	5.00	1.00	3.17	1.00	31.71
51	mf-ekL	眶宽	20	45.90	39.20	42.15	1.85	4.38
51	d-ekER		16	44.20	40.00	41.75	1.26	3.01
51a	d-ekTL	眶宽	16	40.90	35.90	38.67	1.47	3.81
51a	d-ekER		14	42.00	35.00	38.26	2.04	5.34
52	Orb. Brea. L	眶高	21	42.50	29.89	33.95	2.65	7.81
52	Orb. Brea. R		17	36.80	30.10	33.26	1.74	5.23
60	pr-alv.	上颌齿槽弓长	23	58.70	42.30	51.16	3.37	6.59
61	ekm-ekm.	上颌齿槽弓宽	23	71.54	57.20	64.27	3.90	6.06
62	ol-sta	腭长	18	51.54	41.08	44.85	3.06	6.81
63	enm-enm	腭宽	21	44.20	33.20	39.58	2.97	7.50
12	ast-ast	枕骨最大宽	9	112.50	98.52	105.44	4.27	4.05
11	au-au	耳点间宽	13	128.60	109.00	121.12	6.15	5.08
44	ek-ek	两眶宽	16	104.00	89.50	96.88	3.45	3.56
FC	fmo-fmo	两眶内宽	22	103.50	85.50	94.26	4.28	4.54
FS	ntofmo-fmo	鼻眶内宽矢高	23	20.10	9.00	14.37	2.63	18.33
DC	d-d	眶间宽	14	27.10	18.26	22.62	2.49	11.01
32	∠n-mFH	额侧角Ⅰ	15	88.80	72.00	83.19	4.01	4.82
	∠g-mFH	额侧角Ⅱ	15	86.00	71.50	79.20	4.29	5.41
	∠g-bFH	前囟角	15	53.00	31.00	46.13	5.38	11.66
72	∠n-prFH	面角	15	89.00	69.00	81.80	5.78	7.06
73	∠n-nsFH	中面角	15	93.00	72.00	86.23	5.78	6.71

续表

马丁号	测量项		例数	最大值	最小值	平均值	标准差	变异系数
74	∠ns-prFH	齿槽面角	15	80.00	52.00	69.30	8.52	12.29
75	∠n-rhiFH	鼻梁侧角	5	77.00	67.00	73.00	4.00	5.48
77	< fmo-n-fmo	鼻颧角	22	159.00	145.00	149.58	4.10	2.74
	< zm-ss-zm	颧上颌角	18	149.00	118.50	131.25	7.09	5.40
	< n-pr-ba	面三角Ⅰ	8	74.20	66.50	70.44	2.98	4.23
	< pr-n-ba	面三角Ⅱ	8	73.00	65.00	68.63	2.83	4.12
	< n-ba-pr	面三角Ⅲ	8	44.00	39.20	41.19	1.82	4.42
	72-75	鼻梁角	4	18.00	6.00	10.50	5.45	51.87
8:1		颅长宽指数	13	94.70	72.20	80.45	7.05	8.76
17:1		颅长高指数	8	85.00	57.00	77.01	8.49	11.02
17:8		颅宽高指数	9	113.50	70.10	92.84	13.29	14.31
9:8		额宽指数	15	75.40	55.60	63.00	5.07	8.04
16:7		枕大孔指数	7	86.50	55.00	75.07	11.82	15.75
40:5		面突指数	9	98.80	91.00	94.82	2.95	3.11
48:17pr	垂直颅面指数	9	87.00	47.50	55.34	13.23	23.91	
48:17sd			9	98.70	33.40	58.47	17.77	30.39
48:45pr	上面指数（K）	12	98.70	48.70	56.84	13.44	23.65	
48:45sd			11	74.00	53.80	58.89	7.05	11.97
48:46pr	上面指数（V）	14	76.30	55.60	66.31	5.48	8.26	
48:46sd			13	80.10	58.70	70.41	5.93	8.42
54:55		鼻指数	18	83.90	45.70	54.13	8.26	15.26
52:51L		眶指数	19	85.50	68.90	79.65	4.83	6.06
52:51R			15	85.90	71.90	79.04	4.01	5.08
52:51aL		眶指数	16	92.70	47.30	83.63	10.93	13.07
52:51aR			13	96.20	75.70	85.63	5.56	6.50
54:51L		鼻眶指数	18	94.20	54.90	65.70	8.42	12.82
54:51R			15	69.80	58.00	63.05	3.36	5.34
54:51aL		鼻眶指数	14	79.10	60.90	69.59	5.02	7.21
54:51aR			13	77.20	63.40	69.22	3.70	5.35
SS:SC		鼻根指数	12	75.00	14.90	40.39	14.65	36.28
63:62		腭指数	16	103.80	71.10	87.71	9.56	10.90
45:(1+8)/2		横颅面指数	12	118.50	63.80	84.46	12.41	14.69
17:(1+8)/2		高平面指数	8	97.20	65.10	85.24	9.05	10.62
65	cdl-cdl.	下颌颏突间宽	20	140.30	104.08	122.11	10.08	8.25

续表

马丁号	测量项		例数	最大值	最小值	平均值	标准差	变异系数
66	go-go	下颌角间宽	20	116.20	46.30	96.79	13.97	14.43
67	Bimen. brea.	颏孔间宽	31	73.60	42.00	49.12	5.36	10.92
68	mandi. body. len.	下颌体长	22	85.50	64.00	75.46	5.70	7.55
68（1）		下颌体最大投影长	24	131.00	49.20	95.39	22.04	23.10
69		下颌联合高	29	42.18	26.30	33.86	3.76	11.11
MBHⅠL		下颌体高Ⅰ	31	52.50	22.10	31.29	5.26	16.81
R			34	39.50	17.00	30.97	4.19	13.53
MBHⅡL		下颌体高Ⅱ	31	35.40	16.60	28.08	4.15	14.78
R			30	36.20	16.20	28.52	4.40	15.44
MBTⅠL		下颌体厚Ⅰ	35	17.00	9.90	13.33	1.58	11.83
R			36	18.60	9.10	13.71	1.81	13.22
MBTⅡL		下颌体厚Ⅱ	32	18.20	13.00	15.74	1.44	9.15
R			32	20.50	13.30	16.11	1.83	11.39
70L		下颌枝高	24	72.90	46.90	59.98	6.36	10.61
70R			21	71.90	48.30	58.65	5.96	10.15
71L		下颌枝宽	23	48.10	33.40	42.86	3.17	7.40
71R			22	48.34	37.60	42.69	2.47	5.78
71aL		下颌枝最小宽	27	39.90	29.76	34.72	3.01	8.66
71aR			21	42.20	29.80	35.14	2.95	8.40
79		下颌角	25	134.00	102.00	119.26	9.14	7.66
68:65		下颌骨指数	19	74.80	55.50	62.94	5.39	8.56
71:70L		下颌枝指数	23	88.70	57.30	72.53	8.48	11.70
71:70R			21	83.10	58.60	73.50	6.54	8.90
	Bimen. bogen	颏孔间弧	32	71.20	41.00	58.04	5.44	9.38

二、组间差异性 *t* 检验

为了验证上述分组结果的合理性，首先分别计算了各亚组 112 项线性、角度和指数的平均值、标准差和变异系数，结果见表 5-4 和表 5-5。选择了 32 项线性、角度和指数，进行小样本平均数差异性 *t* 检验，结果见表 5-6。

检验结果显示，姜家梁一组和二组 *t* 值大于 3 倍的有 5 项，包括颅长、颅矢状弧、颧上颌角、颅长宽指数和上面指数；大于 2 倍的有 11 项，包括颅宽、枕骨大孔长、颅周长、上面高（n-pr）、上面高（n-sd）、鼻高、眶宽、齿槽面角、颅长高指数、垂直颅面指数和鼻指数；小于 2 倍的有 16 项。32 项的平均值为 1. 9622，表明两者之间确实存在着某些差异性。

表 5-4　姜家梁男性头骨测量值（一组）

马丁号	测量项		例数	最大值	最小值	平均值	标准差	变异系数
1	g-op	颅骨最大长	18	191. 70	175. 00	181. 35	4. 95	2. 73
8	eu-eu	颅骨最大宽	17	137. 20	122. 00	132. 61	4. 48	3. 38
17	b-ba	颅高	16	144. 80	131. 30	137. 89	3. 90	2. 83
21	po-po	耳上颅高	17	127. 00	112. 00	117. 62	3. 88	3. 30
9	ft-ft	额骨最小宽	18	94. 22	78. 43	88. 45	4. 63	5. 23
7	ba-o	枕骨大孔长	15	39. 50	32. 12	36. 75	2. 20	5. 98
16	FOR. MA. B	枕骨大孔宽	16	33. 52	25. 24	29. 62	2. 18	7. 35
25	n-o	颅矢状弧	18	399. 50	350. 00	369. 24	11. 41	3. 09
26	n-b	额骨矢状弧	18	137. 00	113. 38	124. 52	6. 03	4. 84
27	b-l	顶骨矢状弧	18	137. 00	118. 00	128. 24	6. 08	4. 74
28	l-o	枕骨矢状弧	18	127. 00	107. 00	115. 82	6. 05	5. 22
29	n-b	额骨矢状弦	18	124. 80	99. 15	112. 15	5. 33	4. 75
30	b-l	顶骨矢状弦	18	119. 92	107. 20	113. 47	3. 95	3. 48
31	l-o	枕骨矢状弦	18	112. 04	87. 92	96. 94	5. 26	5. 43
23	g，op	颅周长	18	538. 00	495. 00	514. 37	12. 31	2. 39
24	po-b-po	颅横弧	16	325. 00	295. 00	307. 91	8. 25	2. 68
5	n-enba	颅基底长	16	112. 90	98. 16	104. 99	4. 84	4. 61
40	pr-enba	面底长	14	107. 00	93. 20	101. 34	4. 30	4. 24
48	n-pr	上面高	16	82. 36	67. 48	74. 16	4. 77	6. 43
48	n-sd（av）	上面高	16	85. 28	70. 36	77. 15	4. 62	5. 99
47	n-gn	全面高	16	131. 50	119. 90	125. 50	3. 77	3. 00
45	zy-zy	面宽	14	142. 80	126. 04	134. 74	5. 34	3. 96
46	zm-zm	中面宽	17	115. 00	97. 40	105. 27	5. 60	5. 32
43（1）	fmt-fmt	上面宽	17	111. 60	87. 66	102. 68	5. 70	5. 55
50	mf-mf	前眶间宽	17	25. 10	14. 64	18. 73	2. 64	14. 12
MHL	fmo-zm	颧骨高	16	55. 64	42. 83	47. 29	3. 37	7. 12
MHR			15	50. 00	42. 50	46. 25	2. 55	5. 50
MBL	zm-rim	颧骨宽	17	33. 90	24. 62	27. 94	2. 50	8. 95
MBR			16	31. 40	24. 20	27. 44	2. 35	8. 55
54	nadalbreadth	鼻宽	17	30. 90	22. 90	26. 78	2. 17	8. 09
55	n-ns	鼻高	16	62. 20	51. 50	56. 92	3. 53	6. 20
SC	simotikchord	鼻骨最小宽	14	10. 20	3. 64	7. 41	1. 92	25. 98
SS	Simcho. toSC	鼻最小宽高	12	4. 90	1. 68	2. 90	1. 01	34. 75
51	mf-ekL	眶宽	16	50. 00	40. 10	44. 64	2. 07	4. 65

续表

马丁号	测量项		例数	最大值	最小值	平均值	标准差	变异系数
51	d-ekER		15	48.08	42.76	45.22	1.59	3.51
51a	d-ekTL	眶宽	16	44.66	37.00	40.85	1.76	4.32
51a	d-ekER		14	42.60	37.80	40.80	1.36	3.33
52	Orb. Brea. L	眶高	16	39.76	30.30	34.05	2.67	7.86
52	Orb. Brea. R		15	39.80	30.78	33.64	2.33	6.93
60	pr-alv	上颌齿槽弓长	17	64.50	51.50	55.65	3.38	6.07
61	ekm-ekm	上颌齿槽弓宽	16	75.90	60.22	67.10	4.45	6.63
62	ol-sta	腭长	17	55.80	38.20	45.46	4.34	9.54
63	enm-enm	腭宽	16	45.62	38.28	42.43	2.77	6.53
12	ast-ast	枕骨最大宽	16	116.20	98.00	107.07	5.25	4.90
11	au-au	耳点间宽	16	136.90	118.42	125.48	5.29	4.21
44	ek-ek	两眶宽	15	108.42	93.90	101.37	4.26	4.20
FC	fmo-fmo	两眶内宽	17	106.44	92.50	98.99	4.42	4.46
FS	ntofmo-fmo	鼻眶内宽矢高	17	23.80	13.40	16.23	2.59	15.98
DC	d-d	眶间宽	15	25.18	18.60	22.66	1.93	8.50
32	∠n-mFH	额侧角Ⅰ	18	84.00	72.00	78.33	3.85	4.92
	∠g-mFH	额侧角Ⅱ	18	81.00	67.00	74.64	4.21	5.65
	∠g-bFH	前囟角	18	52.00	31.50	45.78	4.61	10.07
72	∠n-prFH	面角	16	91.50	74.00	83.85	4.16	4.97
73	∠n-nsFH	中面角	16	93.00	81.00	86.92	3.27	3.76
74	∠ns-prFH	齿槽面角	15	83.00	70.00	75.80	4.81	6.34
75	∠n-rhiFH	鼻梁侧角	8	73.00	65.00	68.63	2.39	3.48
77	∠fmo-n-fmo	鼻颧角	17	152.00	136.00	145.59	4.39	3.02
SSA	∠zm-ss-zm	颧上颌角	16	130.50	117.10	123.68	4.68	3.79
	∠n-pr-ba	面三角Ⅰ	13	80.00	66.00	71.42	4.10	5.74
	∠pr-n-ba	面三角Ⅱ	13	75.00	58.50	67.46	4.95	7.34
	∠n-ba-pr	面三角Ⅲ	13	48.00	32.00	40.70	4.51	11.08
	72-75	鼻梁角	8	20.00	7.00	14.70	3.93	26.74
8:1		颅长宽指数	17	79.40	65.30	73.60	4.40	5.98
17:1		颅长高指数	16	86.24	73.00	77.65	3.30	4.26
17:8		颅宽高指数	15	110.93	97.40	103.19	4.45	4.31
9:8		额宽指数	17	74.60	61.30	67.14	3.60	5.36
16:7		枕大孔指数	16	88.80	74.20	81.03	4.62	5.70
40:5		面突指数	13	105.20	93.10	96.75	3.88	4.01

续表

马丁号	测量项		例数	最大值	最小值	平均值	标准差	变异系数
48:17pr		垂直颅面指数	14	60.00	48.90	53.31	3.52	6.60
48:17sd			14	63.20	50.70	55.87	3.72	6.65
48:45pr		上面指数（K）	14	59.00	49.50	54.66	2.74	5.02
48:45sd			14	62.20	51.40	57.31	2.71	4.74
48:46pr		上面指数（V）	15	77.40	64.80	69.87	3.29	4.71
48:46sd			15	80.40	68.00	73.13	3.28	4.48
54:55		鼻指数	16	57.80	40.93	47.57	5.22	10.98
52:51L		眶指数	16	88.00	67.20	76.37	6.08	7.96
52:51R			15	89.20	68.00	74.97	5.25	7.01
52:51aL		眶指数	16	99.20	74.50	83.51	7.44	8.91
52:51aR			14	100.00	74.90	82.84	6.42	7.75
54:51L		鼻眶指数	16	71.47	44.00	59.85	7.48	12.50
54:51R			15	71.24	44.60	59.43	6.98	11.74
54:51aL		鼻眶指数	16	76.80	49.60	65.27	7.72	11.83
54:51aR			14	76.25	50.00	65.33	7.19	11.01
SS:SC		鼻根指数	12	53.30	28.16	39.26	8.22	20.94
63:62		腭指数	15	107.20	77.91	92.57	8.00	8.64
45:（1+8）/2		横颅面指数	14	98.00	78.90	87.60	5.23	5.97
17:（1+8）/2		高平面指数	15	101.00	84.30	89.75	4.99	5.56
65	cdl-cdl	下颌颏突间宽	17	130.32	109.32	121.82	5.23	4.30
66	go-go	下颌角间宽	18	114.00	92.40	102.58	6.87	6.70
67	bimentalbrea.	颏孔间宽	18	54.00	45.34	49.09	2.45	4.99
68	mandi. body. len.	下颌体长	18	93.10	71.80	79.31	5.86	7.39
68（1）		下颌体最大投影长	17	115.30	98.50	106.65	4.46	4.18
69		下颌联合高	18	41.24	30.90	37.69	2.74	7.27
MBHⅠL		下颌体高Ⅰ	18	37.50	27.70	32.84	2.80	8.54
R			18	37.50	28.94	32.64	2.45	7.51
MBHⅡL		下颌体高Ⅱ	18	33.60	22.26	30.11	2.72	9.03
R			18	35.34	20.00	30.52	3.37	11.04
MBTⅠL		下颌体厚Ⅰ	18	16.40	12.30	14.07	1.24	8.82
R			18	16.16	12.10	14.52	1.14	7.87
MBTⅡL		下颌体厚Ⅱ	18	18.84	14.40	16.55	1.25	7.54
R			18	20.60	14.00	16.66	1.57	9.43
70L		下颌枝高	17	68.90	51.50	60.19	4.40	7.31

续表

马丁号	测量项		例数	最大值	最小值	平均值	标准差	变异系数
70R			16	67.74	53.30	60.62	4.85	8.00
71L		下颌枝宽	16	50.00	39.22	44.08	3.01	6.83
71R			16	48.00	40.68	43.89	2.78	6.34
71aL	下颌枝最小宽	16	42.70	30.66	36.56	3.22	8.81	
71aR			16	40.20	27.66	35.74	3.31	9.26
79		下颌角	18	136.00	104.00	122.19	8.75	7.16
68:65		下颌骨指数	18	78.10	57.20	65.47	5.48	8.37
71:70L		下颌枝指数	16	81.60	62.30	73.58	5.39	7.33
71:70R			16	82.50	62.60	73.05	5.97	8.17
	bimentalbogen	颏孔间弧	18	94.30	46.00	60.32	10.32	17.11

表 5-5　姜家梁男性头骨测量值（二组）

马丁号	测量项		例数	最大值	最小值	平均值	标准差	变异系数
1	g-op	颅骨最大长	8	180.00	163.20	171.35	6.66	3.88
8	eu-eu	颅骨最大宽	8	145.70	131.40	137.59	4.86	3.53
17	b-ba	颅高	8	142.80	130.35	138.52	4.07	2.94
21	po-po	耳上颅高	8	122.50	113.30	117.36	3.06	2.61
9	ft-ft	额骨最小宽	9	92.36	84.24	88.88	2.75	3.09
7	ba-o	枕骨大孔长	8	36.80	31.00	34.33	2.44	7.10
16	FOR. MA. B	枕骨大孔宽	8	32.76	25.44	29.46	2.53	8.57
25	n-o	颅矢状弧	7	368.60	330.00	348.07	15.39	4.42
26	n-b	额骨矢状弧	9	134.00	114.00	124.80	7.10	5.69
27	b-l	顶骨矢状弧	8	133.50	112.00	124.25	7.44	5.98
28	l-o	枕骨矢状弧	7	115.50	104.00	107.41	4.29	3.99
29	n-b	额骨矢状弦	9	118.90	101.48	110.05	6.25	5.68
30	b-l	顶骨矢状弦	8	117.60	104.10	110.69	4.62	4.17
31	l-o	枕骨矢状弦	7	113.20	89.80	94.81	8.21	8.66
23	g，op	颅周长	8	525.00	466.00	495.66	23.12	4.67
24	po-b-po	颅横弧	8	334.00	291.00	312.06	14.98	4.80
5	n-enba	颅基底长	8	109.50	94.30	102.11	5.04	4.93
40	pr-enba	面底长	8	104.00	88.40	98.79	4.95	5.01
48	n-pr	上面高	9	74.90	63.12	69.70	3.65	5.23
48	n-sd（av）	上面高	9	78.30	65.14	72.67	3.95	5.44
47	n-gn	全面高	9	128.46	112.18	120.21	6.03	5.02

续表

马丁号	测量项		例数	最大值	最小值	平均值	标准差	变异系数
45	zy-zy	面宽	8	146.80	126.80	137.18	6.73	4.91
46	zm-zm	中面宽	8	117.50	101.00	109.84	6.32	5.75
43（1）	fmt-fmt	上面宽	9	109.60	98.72	104.26	4.13	3.96
50	mf-mf	前眶间宽	8	23.56	17.00	19.73	2.25	11.43
MHL	fmo-zm	颧骨高	8	52.88	40.62	46.15	4.08	8.84
MHR			9	50.74	40.42	45.15	3.64	8.06
MBL	zm-rim	颧骨宽	8	35.80	21.10	27.98	4.45	15.91
MBR			9	33.38	23.54	28.12	3.41	12.12
54	nadalbreadth	鼻宽	8	30.30	23.80	27.60	2.15	7.78
55	n-ns	鼻高	9	57.80	47.98	53.20	3.55	6.67
SC	simotikchord	鼻骨最小宽	7	10.00	5.40	8.02	1.73	21.60
SS	Sim. cho. toSC	鼻最小宽高	7	4.48	1.20	2.98	1.12	37.70
51	mf-ekL	眶宽	7	44.54	41.80	42.62	0.98	2.30
51	d-ekER		9	47.20	41.10	43.04	1.81	4.21
51a	d-ekTL	眶宽	7	41.18	36.10	38.80	1.49	3.84
51a	d-ekER		9	43.70	36.30	39.96	2.06	5.17
52	Orb. Brea. L	眶高	8	36.72	30.90	33.61	2.18	6.48
52	Orb. Brea. R		9	35.90	30.20	32.98	1.84	5.58
60	pr-alv.	上颌齿槽弓长	8	58.00	53.00	55.09	1.64	2.97
61	ekm-ekm.	上颌齿槽弓宽	8	76.20	63.80	68.74	3.90	5.67
62	ol-sta	腭长	9	48.94	45.28	47.26	1.40	2.97
63	enm-enm	腭宽	9	49.10	33.92	42.73	4.26	9.98
12	ast-ast	枕骨最大宽	8	118.00	103.00	109.93	4.71	4.29
11	au-au	耳点间宽	8	136.00	114.12	128.12	7.39	5.77
44	ek-ek	两眶宽	8	103.20	95.80	99.46	2.41	2.42
FC	fmo-fmo	两眶内宽	9	100.92	92.78	96.74	2.58	2.67
FS	ntofmo-fmo	鼻眶内宽矢高	9	16.10	10.98	14.09	1.75	12.41
DC	d-d	眶间宽	7	27.80	19.60	22.54	2.74	12.17
32	∠n-mFH	额侧角Ⅰ	8	89.00	75.00	82.81	4.18	5.05
	∠g-mFH	额侧角Ⅱ	8	84.00	66.50	76.69	5.13	6.68
	∠g-bFH	前囟角	8	48.50	42.00	45.69	2.28	5.00
72	∠n-prFH	面角	8	85.00	71.50	80.06	5.05	6.31
73	∠n-nsFH	中面角	8	90.00	77.00	85.50	4.11	4.80
74	∠ns-prFH	齿槽面角	8	75.00	62.00	70.13	4.76	6.79

续表

马丁号	测量项		例数	最大值	最小值	平均值	标准差	变异系数
75	∠n-rhiFH	鼻梁侧角	6	71.50	64.00	67.75	2.72	4.01
77	∠fmo-n-fmo	鼻颧角	9	156.70	142.50	148.97	4.48	3.01
SSA	∠zm-ss-zm	颧上颌角	8	140.50	123.50	131.90	5.84	4.43
	∠n-pr-ba	面三角Ⅰ	8	75.50	68.50	71.13	2.18	3.07
	∠pr-n-ba	面三角Ⅱ	8	72.50	59.50	67.84	4.58	6.75
	∠n-ba-pr	面三角Ⅲ	8	46.00	35.00	41.04	4.06	9.90
	72-75	鼻梁角	6	18.00	5.50	12.75	4.52	35.49
8:1		颅长宽指数	8	83.72	77.44	80.34	2.33	2.90
17:1		颅长高指数	8	85.68	75.94	80.92	3.25	4.02
17:8		颅宽高指数	8	104.50	98.01	100.72	2.51	2.49
9:8		额宽指数	8	67.51	61.58	64.61	2.27	3.51
16:7		枕大孔指数	8	100.97	74.39	86.16	9.24	10.72
40:5		面突指数	8	100.72	90.41	96.79	3.21	3.32
48:17pr		垂直颅面指数	8	52.93	45.09	50.31	2.82	5.61
48:17sd			8	55.34	46.53	52.31	3.09	5.90
48:45pr		上面指数（*K*）	8	56.47	45.78	50.87	3.49	6.86
48:45sd			8	58.91	47.68	52.90	3.79	7.16
48:46pr		上面指数（*V*）	8	66.85	60.02	63.70	2.42	3.80
48:46sd			8	69.75	63.58	66.35	2.35	3.55
54:55		鼻指数	8	56.11	47.01	51.86	3.42	6.60
52:51L		眶指数	7	84.87	74.40	79.72	3.54	4.44
52:51R			9	86.71	67.16	76.83	6.62	8.62
52:51aL		眶指数	7	91.58	80.57	87.62	3.83	4.37
52:51aR			9	95.87	72.54	82.78	7.11	8.59
54:51L		鼻眶指数	7	72.01	56.26	63.88	5.23	8.19
54:51R			8	70.32	57.49	63.89	4.35	6.81
54:51aL		鼻眶指数	7	80.06	60.71	70.30	6.90	9.81
54:51aR			8	79.61	58.91	69.21	6.82	9.86
SS:SC		鼻根指数	7	44.80	22.22	36.01	7.65	21.24
63:62		腭指数	9	100.61	74.91	90.35	8.06	8.92
45:(1+8)/2		横颅面指数	8	94.35	83.78	88.81	3.24	3.64
17:(1+8)/2		高平面指数	7	83.10	72.98	78.25	3.62	4.63
65	cdl-cdl	下颌髁突间宽	9	129.10	114.00	123.13	5.19	4.22
66	go-go	下颌角间宽	9	110.30	98.00	103.30	3.88	3.76

续表

马丁号	测量项		例数	最大值	最小值	平均值	标准差	变异系数
67	bimentalbrea.	颏孔间宽	9	52.90	43.50	48.61	2.46	5.07
68	mandi. body. len.	下颌体长	9	96.50	70.50	81.23	7.24	8.92
68（1）		下颌体最大投影长	9	121.10	93.20	106.57	8.06	7.57
69		下颌联合高	9	39.50	30.10	35.55	2.96	8.34
MBH Ⅰ L		下颌体高Ⅰ	9	36.30	30.56	33.02	2.24	6.78
R			9	35.80	31.20	32.59	1.71	5.23
MBH Ⅱ L		下颌体高Ⅱ	9	35.24	28.90	31.23	2.06	6.59
R			9	34.56	28.40	31.42	2.03	6.47
MBT Ⅰ L		下颌体厚Ⅰ	9	16.00	13.30	14.61	0.85	5.85
R			8	16.50	13.00	14.80	1.29	8.73
MBT Ⅱ L		下颌体厚Ⅱ	9	19.52	15.20	16.76	1.62	9.68
R			8	21.50	15.74	18.14	1.85	10.22
70L		下颌枝高	9	71.00	53.00	64.04	6.72	10.49
70R			8	70.00	51.50	61.92	6.00	9.69
71L		下颌枝宽	9	47.00	40.34	44.87	2.11	4.71
71R			8	47.40	40.34	45.07	2.54	5.64
71aL		下颌枝最小宽	9	39.60	32.86	37.00	1.99	5.37
71aR			8	41.50	31.92	37.12	2.90	7.82
79		下颌角	9	125.00	104.50	114.91	7.61	6.62
68:65		下颌骨指数	9	74.70	59.60	65.94	4.52	6.85
71:70L		下颌枝指数	9	80.80	63.00	70.54	5.72	8.11
71:70R			8	82.10	66.90	73.08	4.66	6.38
	bimentalbogen	颏孔间弧	9	70.00	54.00	58.39	4.95	8.47

表 5-6　姜家梁一、二分组之 *t* 检验

马丁号	测量项	*t*	马丁号	测量项	*t*
1	颅最大长	4.276	51	眶宽	2.436
8	颅最大宽	2.525	52	眶高	0.402
17	颅高	0.368	62	腭长	1.202
21	耳上颅高	0.166	63	腭宽	0.214
7	枕大孔长	2.424	72	总面角	1.960
16	枕大孔宽	0.161	74	齿槽面角	2.703
25	颅矢状弧	3.782		颧上颌角	3.736
23	颅周长	2.713	8:1	颅长宽指数	4.040

续表

马丁号	测量项	t	马丁号	测量项	t
24	颅横弧	0.883	17:1	颅长高指数	2.297
5	颅基底长	1.356	17:8	颅宽高指数	1.442
48	上面高（n-pr）	2.428	16:7	枕大孔指数	1.835
48	上面高（n-sd）	2.443	48:17	垂直颅面指数	2.289
45	面宽	0.939	48:45	上面指数	4.653
46	中面宽	1.829	54:55	鼻指数	2.097
54	鼻宽	0.885	52:51	眶指数	1.371
55	鼻高	2.525	63:62	腭指数	0.656
32 项总和		63.0360	平均值		1.9699

第二节　种系关系讨论和种系纯度检验

为了进一步了解姜家梁一组和姜家梁二组之间的差异属于何种性质，或者达到了何种程度，笔者对这两个亚组进行种系纯度的检验。

在头骨的研究中，除颅指数的变率（the variability of cranial index）以外，还可以使用颅骨的长度和宽度（cranial length and breadth）的变率来衡量任何一组头骨种系的纯正性（the degree of homogeneity）（杨希枚　1985）。

皮尔逊（Karl Pearson）的研究结果认为，颅骨长和宽的标准差若大于6.5个单位时，该组头骨可能是异种系的族群（a heterogeneous ethnic group or population）；若颅骨长度的标准差小于5.5，宽度的标准差小于3.3，则该组头骨可能是同种系的族群（a homogeneous ethnic group or population）（杨希枚　1985）。

有学者在研究殷墟中小墓人骨的种系纯度时，除采用了上述方法外，还使用了莫兰特（Morant）和豪厄尔斯（Howells）等计算的同种系比较值（韩康信，潘其风　1985），笔者除引用上述各组同种系标准差外，还使用了潘其风先生所研究的大甸子各组的标准差值作为比较组（潘其风　1996），结果见表5-7。

表5-7　姜家梁组颅长、颅宽及颅指数标准差与其他组之比较

	项目	颅长标准差	颅宽标准差	颅指数标准差
	姜家梁一组	4.95（18）	4.48（17）	4.40（17）
	姜家梁二组	6.66（08）	4.86（08）	2.33（08）
	姜家梁全组	7.16（26）	5.09（25）	4.98（25）
	大甸子一组	5.19（30）	4.19（29）	3.06（29）
	大甸子二组	4.86（21）	4.16（20）	2.12（21）

续表

	项目	颅长标准差	颅宽标准差	颅指数标准差
	大甸子三组	6.13（15）	4.56（15）	3.29（15）
	大甸子全组	8.09（66）	7.92（65）	6.86（64）
	一二合并组	6.53（51）	5.73（50）	4.72（49）
	一三合并组	6.33（36）	5.64（36）	4.67（35）
	殷代中小墓组	5.79（42）	4.44（39）	2.85
	殷代祭祀坑组	6.20（139）	5.90（139）	3.98
皮尔逊	阿伊努组	5.94（76）	3.90（76）	
		巴伐利亚组	6.09（100）	5.85（100）
		帕里西安组	5.94（77）	5.21（77）
		纳夸达组	5.72（139）	4.62（139）
		英国组	6.09（136）	4.80（136）
莫兰特	埃及 E 组	5.73（800）	4.76（800）	2.67
	2.88	纳夸达组	6.03	4.60
	2.97	维特卡普组	6.17	5.28
	3.27	莫菲尔德组刚果	5.90	5.31
	2.88	尼格鲁组	6.55	5.00
		欧洲组	6.09	5.03

与皮尔逊、莫兰特和豪厄尔斯等人计算的各组比较，结果表明，姜家梁一组的颅长标准差（4.95）除稍大于大甸子二组（4.86）外，小于其他组；姜家梁二组的颅长标准差（6.66）除小于姜家梁全组（8.44）和大甸子全组（8.09）外，大于其他组，较少的样本量（8 例）或许是产生较大数值的重要因素，因为样本量减少所造成的样本间离势就越大，但是标准差值还是非常接近于 6.5 单位的。姜家梁一组的颅宽标准差（4.48）除大于大甸子一组（4.19）、大甸子二组（4.16）、殷墟中小墓组（4.44）和阿伊努组（3.90）外，小于其他各组；姜家梁二组的颅宽标准差（4.86）除大于大甸子一组（4.19）、大甸子二组（4.16）、大甸子三组（4.53）、殷墟中小墓组（4.44）、阿伊努组（3.90）、皮尔逊纳夸达组（4.62）、英国组（4.80）、埃及 E 组（4.76）和莫兰特纳夸达组（4.60）外，小于其他各组。由于参考文献中未说明颅指数的同种系界值，因此难以说明姜家梁一组的颅指数（4.40）是否属于界值之内，与其他组比较，其值似乎稍大些，原因可能是由于某些个体（ⅢM3）过大的颅长值和过小的颅宽值（ⅠM43 中）造成的，若除去此 2 例，则其平均值标准差则属正常范围内；姜家梁二组的颅指数标准差（2.33）小于其他大多数组。可以看出，姜家梁全组除颅长标准差

小于大甸子全组和颅指数标准差小于大甸子全组外，剩余各值均大于其他组，颅宽标准差处于中等水平，因而表明姜家梁全组在种系构成方面确实存在着较为复杂的情况。

为了进一步检验姜家梁人骨亚组的种系纯度，笔者还采用了豪厄尔斯所设计的多项同种系标准差值比较标准。这种比较标准的优势在于，该标准是依据十五组到二十组欧洲民族同种系头骨的测量值与指数计算的，减少了因对比组和比较项目少而带来的非精确性。方法是将所要检验的组项与之逐一对比，求出二者的标准差百分比值，百分比越接近100，则表明被检验的组别种系越纯正（杨希枚　1985）。笔者全组和各亚组与之比较的结果见表5-8。

表5-8　姜家梁组颅骨数据标准差与欧洲同种系标准差百分率的比较

测量项	同种系标准差	第一组	第二组	全组	A组标准差/%	B组标准差/%	全组标准差/%
颅长	6.09	4.95	6.66	7.16	81.28	109.36	117.57
颅宽	5.03	4.48	4.86	5.09	89.07	96.62	101.19
颅高	5.12	3.90	4.07	3.88	76.17	79.49	75.78
耳上颅高	4.24	3.88	3.06	3.57	91.51	72.17	84.20
全面高	6.33	3.77	6.03	5.27	59.56	95.26	83.25
最小额宽	4.32	4.63	2.75	4.05	107.18	63.66	93.75
颅基底长	4.22	4.84	5.04	4.99	114.69	119.43	118.25
颅周长	14.14	12.31	23.12	25.19	87.06	163.51	178.15
颅横弧	10.02	8.25	14.98	10.8	82.34	149.50	107.78
颅矢状弧	12.71	11.41	15.39	15.67	89.77	121.09	123.29
额矢状弧	6.01	6.03	7.10	6.27	100.33	118.14	104.33
顶矢状弧	7.65	6.08	7.44	6.64	79.48	97.25	86.80
枕矢状弧	7.46	6.05	4.29	6.73	81.10	57.51	90.21
面宽	5.10	5.34	6.73	5.85	104.71	131.96	114.71
上面高	4.28	5.70	4.13	4.83	133.18	96.50	112.85
眶宽	1.82	1.76	0.98	2.02	96.70	53.85	110.99
眶高	2.01	2.67	2.18	2.48	132.84	108.46	123.38
鼻宽	1.81	2.17	2.15	2.15	119.89	118.78	118.78
鼻高	3.03	3.53	3.55	3.91	116.50	117.16	129.04
腭长	2.93	4.34	1.40	3.67	148.12	47.78	125.26
腭宽	3.19	2.77	4.26	3.30	86.83	133.54	103.45
下颌髁间宽	5.58	5.23	5.19	5.16	93.73	93.01	92.47
下颌角间宽	6.62	6.87	3.88	5.97	103.78	58.61	90.18
下颌联合高	2.84	2.74	2.96	2.94	96.48	104.23	103.52

续表

测量项	同种系标准差	第一组	第二组	全组	A 组标准差/%	B 组标准差/%	全组标准差/%
下颌枝最小宽	2.71	3.22	1.99	2.8	118.82	73.43	103.32
25 项线性测量平均值					99.64	99.21	107.70
颅长宽指数	3.22	4.40	2.33	4.98	136.65	72.36	154.66
颅长高指数	3.05	3.30	3.25	3.58	108.20	106.56	117.38
颅宽高指数	4.61	4.45	2.51	4.01	96.53	54.45	86.98
额宽指数	3.23	3.60	2.27	3.4	111.46	70.28	105.26
上面指数	3.30	2.74	3.49	3.49	83.03	105.76	105.76
眶指数	5.33	6.08	3.54	5.58	114.07	66.42	104.69
鼻指数	4.49	5.22	3.42	5.06	116.26	76.17	112.69
腭指数	6.61	8.00	8.06	7.92	121.03	121.94	119.82
8 项指数平均值					110.90	84.24	113.41
33 项平均值					102.37	95.58	109.08

从 25 项线性测量平均值标准差和 33 项指数平均值标准差来看，姜家梁一组和二组的百分比值除姜家梁一组的 8 项指数平均值标准差稍大（110.9）外，一组线性值和二组的线性和指数值均非常接近 100。从总体来看，这种结果更为清晰：姜家梁一组的 33 项平均值标准差百分比为 102.37，姜家梁二组的 33 项平均值标准差百分比为 95.80。姜家梁全组的 33 项平均值标准差百分比（109.08）确有些偏大，但仍较接近 100。这也再次证实姜家梁全组的种系成分确实存在着相对复杂的情况。

通过以上分析，姜家梁一组和二组的各项参数均非常接近同种系标准，相对而言，姜家梁一组所反映的种系成分较为单纯，但这并不意味着姜家梁二组的种系成分复杂，如前所述，姜家梁二组较少的样本量（8 例）可能是影响其标准差值的重要因素，若除去较易产生影响的两例的颅长值和颅宽值，则所有的标准差值百分比均非常接近 100。经过逐项比较分析，可以看出虽然两者确实存在着某些差异，但两者在颅型、面型、眶型和鼻型以及面部扁平度等主要特征上确是以共性为主的，因此似乎还无充分理由因这些差异而将两者视为不同来源的群体，所以仍将两者合并为一组加以研究。

综合上述两组形态特征的描述，姜家梁组的体质特征可概括为以中型颅为主，少量长颅型和圆颅型，伴以高颅型和狭颅型。中等程度的上面高和面宽，中等偏狭的面型，中等偏阔的鼻型，低眶型和偏低的中眶型，相对较大的面部扁平度。

总体而言，姜家梁全组所表现的个体间的差异虽然超出了较纯的种系程度，但仔细研究其综合特征后发现，这种差异并非是大人种之间的差异表现，而更为确切地说，应该是同一人种（黄色人种）下的类型间的区别。这里可以借用潘其风先生（1996）对大甸子各组之间关系的总结性表述（潘其风　1996），姜家梁遗址的古代居民也应该是一个“同种系多类型的复合体”。

第三节　种族类型的初步分析

在确认了姜家梁古代居民的同种系（蒙古大人种）多类型复合体性质的前提下，本节进一步分析其人种属性。

一、与亚洲蒙古人种及其各区域类型的比较

将姜家梁组的17项线性、指数和角度值与亚洲蒙古人种及其各区域类型进行比较，以考察姜家梁组与他们之间的关系。比较结果见表5-9。

表5-9　姜家梁组与亚洲蒙古人种的比较　　（长度：毫米；角度：度；指数:%）

序号	项目↓组别→	姜家梁	亚洲蒙古人种			
			北亚类型	东北亚类型	东亚类型	南亚类型
1	颅长	178.27	174.90—192.70	180.70—192.40	175.00—182.20	169.90—181.30
8	颅宽	134.20	144.40—151.50	134.30—142.60	137.60—143.90	137.90—143.90
17	颅高	138.10	127.10—132.40	132.90—141.10	135.30—140.20	134.40—137.80
9	最小额宽	88.60	90.60—45.80	94.20—46.60	89.00—43.70	89.70—45.40
32	额角 n-mFH	79.71	77.30—85.10	77.00—79.00	83.30—86.90	84.20—87.00
45	面宽	135.63	138.20—144.00	137.90—144.80	131.30—136.00	131.50—136.30
48	上面高 n-sd	75.53	72.10—77.60	74.00—79.40	70.20—76.60	66.10—71.50
8:1	颅指数	75.76	75.4—85.90	69.80—79.00	76.90—81.50	76.90—83.30
17:1	颅长高指数	78.74	67.40—73.50	72.60—75.20	74.30—80.10	76.50—79.50
17:8	颅宽高指数	102.33	85.20—41.70	93.30—102.80	94.40—100.30	95.00—101.30
48:17	垂直颅面指数	52.22	55.80—59.20	53.00—58.40	52.00—54.90	48.00—52.20
48:45	上面指数	55.71	51.40—55.00	51.30—56.60	51.70—56.80	49.90—53.30
77	鼻颧角	146.76	147.00—151.40	149.00—152.00	145.00—146.60	142.10—146.00
72	面角 n-prFH	82.59	85.30—88.10	80.50—86.30	80.60—86.50	81.10—84.20
52:51	眶指数 R	77.39	79.30—85.70	81.40—84.90	80.70—85.00	78.20—81.00
54:55	鼻指数	49.00	45.00—50.70	42.60—47.60	45.20—50.20	50.30—55.50
SS:SC	鼻根指数	38.06	26.90—38.50	34.70—42.50	31.00—35.00	26.10—36.10

从表5-9的比较中可以看出，在17个比较项中，姜家梁组共有14项落入现代亚洲蒙古人种的变异范围。对姜家梁组未落入项目进行分析时发现，其颅宽值，最小额宽值几乎与现代亚洲蒙古人种变异范围的下限重合，唯一与现代亚洲蒙古人种的变异范围稍有偏离项目仅有眶指数这一项，在综合以往学者的研究成果后不难看出，这种偏低眶型在中国新石器时代的居民中是一种较为普遍的现象，更为可能的是他们从旧石器时代晚期的祖先那里承袭了某些原始形态特征的结果（韩康信等　1985；潘其风　1996）。此次分析可以再次证明“姜家梁古代居民的同种系（蒙古大人种）多类型复合体性质”这一结论的合理性。

进一步将姜家梁组分别与现代亚洲蒙古人种各类型进行比较，以便认清其与各类型之间的关系。

姜家梁组落入北亚类型变异范围的仅有6项，包括颅长、额角、上面高、颅指数、鼻指数和鼻根指数，但颅长也同样落入了东亚类型和南亚类型的变异范围，上面高同时还落入东北亚类型和东亚类型的变异范围内。由此可见，两者真正相近的项目只有额角、颅指数、鼻指数和鼻根指数这4项，说明两者之间存在着较大的差异性，值得注意的是其鼻颧角非常接近北亚类型的下限。

与东北亚类型相比，落入其范围的有7项，包括颅高、上面高、颅指数、颅宽高指数、上面指数、面角和鼻根指数。其上面高同时落入北亚类型和东亚类型的变异范围内，面角同时落入东亚类型和南亚类型的变异范围内。两者在面部扁平度方面的差异尤为明显，而且姜家梁组所表现的中等面宽以及狭面型与东北亚类型极为宽阔的面形有明显差异。

与东亚类型相比，落入其范围的有9项，包括颅长、颅高、面宽、上面高、颅长高指数、垂直颅面指数、上面指数、面角和鼻指数，姜家梁组的颅宽值、最小额宽值和眶指数不仅低于东亚类型的下限，而且还低于其他类型的下限，颅宽高指数接近东亚类型的上限。综合来看，两者在颅骨形态以及面形等主要特征上较为接近，由此反映的高而狭的颅骨形态特征恰好与东亚类型的种族分化趋势的一致性，因而表明两者具有相对较为密切的关联，但是姜家梁组在面部扁平度方面却与东亚类型存在差异。

与南亚类型比较，两者的差异更为明显，落入南亚类型范围的仅4项，包括颅长、面宽、颅长高指数和面角，而且面角也同时落入东北亚类型和东亚类型的变异范围，姜家梁组偏阔的鼻部形态与南亚类型接近，但这种阔鼻倾向并非说明其与南亚类型的阔鼻型有直接的关联，这种偏阔的鼻部形态与中国新石器时代其他诸多文化类型居民所具有的同一特征更为可能的是一种当时地区间人类群体演化的不平衡性的直接反映。总体而言，姜家梁组与东亚类型具有相对密切的联系。

综上所述，姜家梁组属于亚洲蒙古大人种。详细而论，姜家梁组与东亚类型具有非常相似的特征，但在面部扁平度方面又具有与北亚类型较为相似的形态特征。

为更加直观地说明上述结论，笔者依据表5-9绘制出姜家梁组的平均值折线图（图5-1）。图中颜色较深的折线是亚洲蒙古人种及其区域性类型的变异范围，颜色较浅的是姜家梁组的项目平均值曲线。

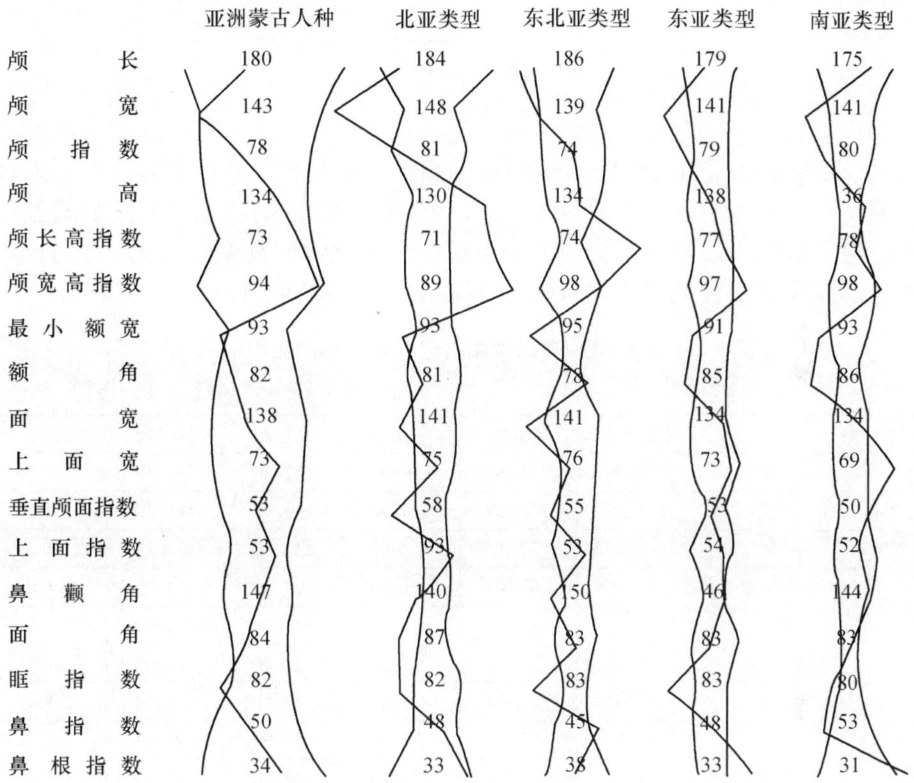

图5-1 姜家梁组项目平均值折线图

折线图更加清晰地展示了姜家梁组与现代亚洲蒙古人种的紧密关系，再次表明姜家梁人群确属亚洲蒙古大人种无疑。姜家梁组与亚洲各区域性类型的关系也一目了然：姜家梁组显示出与东亚类型较多的一致性，表明二者之间存在着较多的共性，反映面部扁平度的鼻颧角与东亚类型的上限接近，说明较之东亚类型，姜家梁组的面部扁平度更大而与北亚类型非常接近。

二、与亚洲蒙古人种之各近代组的比较

将姜家梁组与亚洲蒙古人种的各近代组比较可以进一步了解这些人群在体质特征上的相互关系。依据18项线性、角度和指数平均值（表5-10），计算姜家梁

组与近代华北组、华南组、蒙古组和因纽特组（Inuit）（原文献名为爱斯基摩组）的平均数组间差异均方根函数值（朱泓　1994），结果见表5-11。

平均数组间差异均方根公式：

$$\alpha = \sqrt{\frac{\Sigma \frac{d^2}{\delta^2}}{n}}$$

其中，d 为两个对比组之间每项平均值的组差，δ 为同种系标准差，按照人种学研究的惯例，笔者主要借用莫兰特（G. M. Morant）的埃及（E）组的各项标准差，为了增加比较项，还借用了个别挪威组和欧洲同种系标准差。n 为比较项目数，具体比较项目见表5-10中具有同种系标准差的项目。

表5-10　姜家梁组与近代各人种的比较

（长度：毫米；角度：度；指数:%）

序号	项目	姜家梁组	华北组	华南组	蒙古组	因纽特组	δ
1	颅长	178.27	178.50	179.90	182.20	182.30	5.73
8	颅宽	134.20	138.20	140.90	149.90	141.20	4.76
17	颅高	138.10	137.20	137.80	131.40	135.20	5.69
9	最小额宽	88.60	89.40	91.50	94.30	94.90	4.05
45	面宽	135.63	132.70	136.60	141.80	138.40	4.57
48	上面高 n-sd	75.53	75.30	73.82	78.00	77.60	4.15
54	鼻宽	27.04	25.00	25.25	27.40	24.40	1.77
55	鼻高 n-ns	55.58	55.30	52.60	56.50	54.60	2.92
51	眶宽 mf-ek	44.41	44.00	42.10	43.20	43.40	1.67
52	眶高	33.39	35.50	34.60	35.80	36.70	1.91
72	面角 n-prFH	82.59	83.39	84.70	87.00	83.30	3.24
8:1	颅指数	75.76	77.60	78.75	82.00	77.40	2.67
17:1	颅长高指数	78.74	[76.82]	[76.60]	[72.12]	[74.16]	2.94
17:8	颅宽高指数	102.33	99.55	97.80	88.19	95.75	4.30
9:8	额宽指数	66.02	[64.69]	[64.94]	[63.29]	[67.21]	3.29
48:45	上面指数	55.71	56.80	55.70	55.01	56.07	**3.30**
54:55	鼻指数	49.00	45.23	47.40	48.60	44.70	3.82
52:51	眶指数	77.39	80.66	84.90	82.90	83.00	5.05

注：方括号内的数值是根据平均值计算所得近似值。在 δ 栏中，加下划线者为挪威组同种系标准差，加黑者为欧洲同种系标准差，其余均借用莫兰特埃及（E）组各项的标准差。

从表5-11可以看出，姜家梁组与华北组关系最为密切，其次为华南组和因纽特组，与蒙古组的关系最为疏远。

表 5-11　姜家梁组与亚洲蒙古人种各近代组之均方根值比较

姜家梁组	华北组	华南组	蒙古组	因纽特组
	0.617	0.849	1.569	1.041

第四节　小　　结

姜家梁组居民的体质特征可概括为以中型颅为主，少量长颅型和圆颅型，伴以高颅型和狭颅型。中等程度的上面高和面宽，中等偏狭的面型，中等偏阔的鼻型，低眶型和偏低的中眶型，相对较大的面部扁平度。

总体而言，姜家梁组所表现的个体间的差异虽然略超出了较纯的种系程度，但仔细研究其综合特征后发现，这种差异并非是大人种之间的差异表现，而更为确切地说，应该是同一人种（黄色人种）下的类型间的区别，也就是说姜家梁遗址居民属于一个“同种系多类型的复合体”。这种在新石器时代晚期，同一人群内部出现的相对复杂的人种构成情况还未见报道，姜家梁遗址居民的同种系多类型的种系构成现象可能是目前唯一被我们所略知的。

参 考 文 献

韩康信，潘其风. 1985. 安阳殷墟中小墓人骨的研究//安阳殷墟头骨研究. 文物出版社. 50—81

李法军，朱泓. 2003. 河北阳原姜家梁新石器时代遗址头骨非测量性状的观察与研究. 人类学学报，(3)：206—217

潘其风. 1996. 大甸子墓葬出土人骨的研究//大甸子——夏家店下层文化遗址与墓地发掘. 报告. 科学出版社. 224—322

潘其风，韩康信. 1984. 柳湾墓地的人骨研究//青海柳湾——乐都柳湾原始社会墓地. 文物出版社. 261—303

潘其风，朱泓. 2001. 先秦时期我国居民种族类型的地理分布//苏秉琦与当代中国考古学. 科学出版社. 525—535

杨希枚. 1985. 河南安阳殷墟墓葬中人体骨骼的整理和研究//安阳殷墟头骨研究. 文物出版社. 21—44

朱泓. 1994. 内蒙古察右前旗庙子沟新石器时代颅骨的人类学特征. 人类学学报，(2)：126—133

朱泓，李法军，魏东等. 2004. 体质人类学. 高等教育出版社

第六章　与中国其他先秦时期居民的关系

经过几代学者的严谨工作，中国古代人种学研究已经取得了丰硕的成果。从开创性的资料搜集，到单一族群的体质特征分析，再到族群间关系的研讨，直到为探索民族种系渊源而做的综合性研究（颜訚等　1960；颜訚　1972；贾兰坡　1978；潘其风等　1980，1984；张振标　1981，1997；韩康信等　1984，1985；潘其风　1987，1989；孟庆福等　1992；朱泓　1994，1998，2002；朱泓等　1998）。这种从微观到宏观，从远古到现代的时空研究方法，从华夏主体人群到边疆地区古代民族多角度、多层次以及多学科合作研究的人种学透析模式（朱泓　1989，1990，1991，1993，1997；Wan Cheng et al.　2001a，2001b），正体现着当今中国人种学研究的鲜明特色。

在这种较为清晰的研究背景之下，笔者将探讨姜家梁遗址古代居民在时空范围内与中国其他古代族群之间的种系渊源关系，这在探明河北北部地区新石器时代古代人类体质特征在中国古代人群中的位置，进而为建立“中国人种史”（朱泓　1996）这一重大理论问题方面将具有较多的参考价值。

事实上，在进行古代种族特征研究时所面临的最大问题应当是方法论。许多学者都在自己的著文中通过具体研究来阐述自身对这一问题的理解。笔者在研究这批材料时并非循规蹈矩，方法论问题一直是我最为关切的核心，因此经过深思熟虑之后，笔者将遵循朱泓先生提出的研究思路：“在运用人种学的材料来探讨古代居民的族属问题时，最稳妥的方法应是从已知推未知，即从已确定族属或已基本上确定族属的某一考古学文化的资料出发，通过对该文化居民的人种学研究，建立起一个或若干个古代居民的人种学坐标，然后再结合考古遗存的文化面貌以及古代文献中有关族属源流方面的发展线索，进而对那些未确定族属的考古学文化居民进行人种成分分析，最后从人种学的角度提出对关于该文化居民族属的参考意见。”（朱泓　1989）

第一节　研究方法和对比材料

笔者在探讨姜家梁新石器时代居民与其他古代居民的体质特征关系时，选用了那些在时空关系上与之接近并已经确认了其文化面貌和体质特征的对比组。此外，为了探讨姜家梁新石器时代居民在中国北方地区的人种学坐标，还选用了先秦时期其他地区较有代表性的古代对比组群。25 组古代人群的地理分布见图6-1，颅骨测量项目比较见表 6-1。

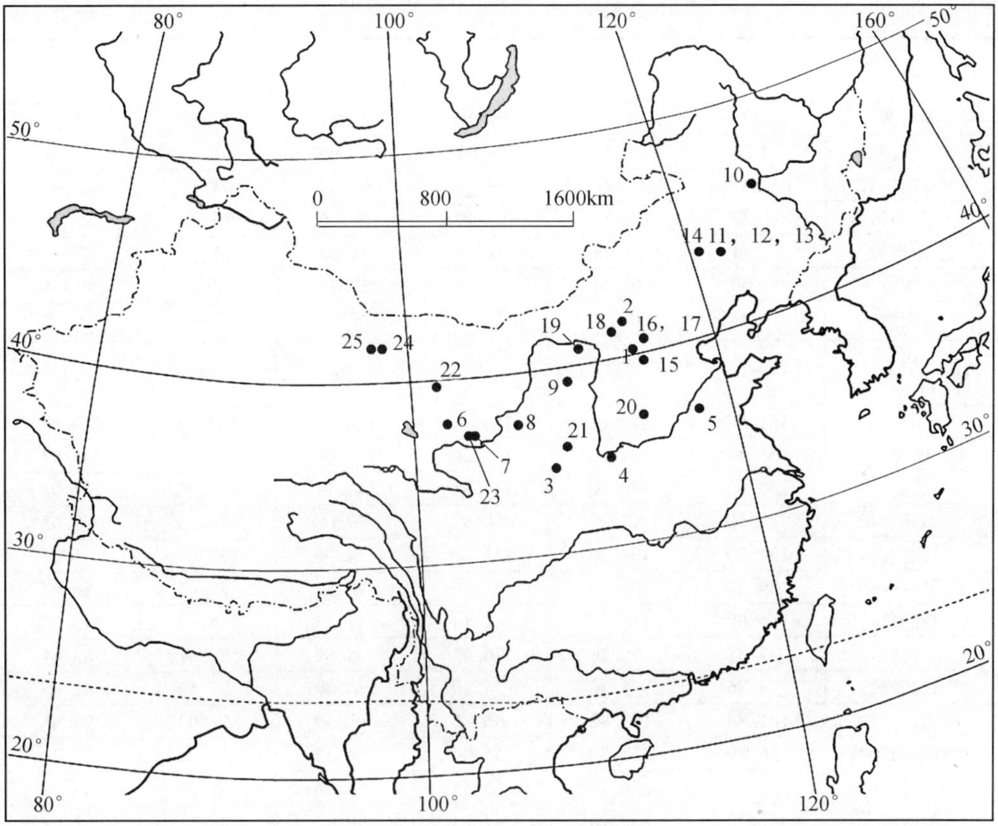

图6-1　25组古代人群的地理分布。

1. 姜家梁组；2. 庙子沟组；3. 仰韶合并组；4. 庙底沟组；5. 西夏侯组；6. 柳湾合并组；7. 阳山组；8. 菜园组；9. 寨峁组；10. 平洋组；11. 大甸子一组；12. 大甸子二组；13. 大甸子三组；14. 夏家店上层合并组；15. 蔚县夏家店下层合并组；16. 白庙一组；17. 白庙二组；18. 毛庆沟组；19. 朱开沟组；20. 殷墟中小墓一组；21. 瓦窑沟组；22. 东灰山组；23. 核桃庄组；24. 干骨崖组；25. 火烧沟组

表6-1　姜家梁组颅骨测量平均值与其他先秦时期组比较

项目 \ 组别	1	2	3	4	5	6
颅长	178.27	177.63	180.70	179.43	180.30	185.93
颅宽	134.20	137.03	142.56	143.75	140.90	136.41
颅高	138.10	140.93	142.53	143.17	148.30	139.38
上面高 n-sd	75.53	73.50	73.38	73.48	75.39	78.19
面宽	135.63	136.64	136.37	140.83	139.43	137.24
面角 n-prFH	82.59	82.33	81.39	85.75	84.38	89.21
鼻颧角	146.76	149.81	146.40	147.56	144.98	146.49

续表

项目 \ 组别	1	2	3	4	5	6
颅指数	75.76	77.22	79.10	80.31	78.20	73.92
颅长高指数	78.74	79.57	78.62	77.64	83.85	74.74
颅宽高指数	102.33	102.95	99.41	99.47	104.72	100.96
垂直颅面指数	52.22	52.05	51.60	54.06	50.84	56.57
上面指数	55.71	53.68	54.58	51.86	54.07	57.60
鼻指数	49.00	49.90	52.08	50.15	48.46	49.09
眶指数	77.39	76.76	77.18	77.71	77.97	78.46

项目 \ 组别	7	8	9	10	11	12
颅长	181.80	179.60	180.74	190.54	182.67	174.23
颅宽	133.30	135.60	138.20	144.60	138.13	145.07
颅高	133.90	140.10	133.95	140.11	141.06	141.08
上面高 n-sd	75.60	71.90	68.89	77.08	73.53	72.65
面宽	131.70	131.20	131.18	144.90	135.09	136.86
面角 n-prFH	89.20	93.30	83.14	90.89	86.65	86.63
鼻颧角	146.60	145.80	147.14	147.13	145.07	145.66
颅指数	73.31	75.20	76.43	75.89	75.61	83.44
颅长高指数	73.76	78.40	74.00	74.09	77.59	82.40
颅宽高指数	101.84	103.80	96.86	97.30	101.93	96.85
垂直颅面指数	56.29	52.30	51.00	54.43	52.02	51.21
上面指数	53.68	54.90	52.55	53.06	55.31	53.12
鼻指数	47.25	50.70	49.93	49.40	50.51	51.37
眶指数	79.29	82.20	79.97	77.77	78.33	75.99

项目 \ 组别	13	14	15	16	17	18
颅长	174.59	181.19	175.11	185.38	181.13	179.86
颅宽	145.38	136.20	142.37	139.88	149.25	143.27
颅高	141.36	140.70	138.58	146.50	140.00	136.50
上面高 n-sd	73.40	75.10	72.99	76.00	76.38	74.55
面宽	138.40	133.75	136.37	136.50	145.50	134.36
面角 n-prFH	88.08	80.60	87.10	87.75	89.75	88.00
鼻颧角	146.98	149.50	142.64	146.88	148.13	148.94
颅指数	82.27	75.06	81.32	75.32	82.54	79.72
颅长高指数	85.02	78.26	79.53	79.09	77.31	76.13
颅宽高指数	97.23	103.46	98.09	104.83	93.84	95.59
垂直颅面指数	51.92	53.38	52.35	51.88	54.56	55.54
上面指数	52.74	56.15	53.32	55.95	52.59	54.15
鼻指数	51.67	52.43	49.39	48.15	49.23	47.37
眶指数	78.18	80.48	77.05	77.43	77.47	76.54

续表

项目＼组别	19	20	21	22	23	24	25
颅长	179.07	184.49	181.33	176.70	177.61	181.20	182.80
颅宽	139.89	140.51	140.08	137.63	138.20	138.70	138.80
颅高	131.81	139.47	139.45	136.05	135.09	136.60	139.30
上面高 n-sd	71.77	74.00	72.50	73.10	75.82	74.30	73.80
面宽	135.20	135.42	136.33	133.33	135.18	133.60	136.30
面角 n-prFH	87.33	83.92	83.33	83.83	86.00	85.00	86.70
鼻颧角	149.32	144.43	145.10	148.13	147.17	147.40	145.05
颅指数	78.22	76.46	77.25	78.39	78.23	76.60	75.90
颅长高指数	77.58	75.40	76.90	77.01	76.13	74.20	76.12
颅宽高指数	98.75	98.47	99.50	98.08	97.07	97.10	100.66
垂直颅面指数	52.20	53.44	52.02	53.81	56.12	54.70	53.10
上面指数	52.45	53.76	53.25	55.65	55.83	55.60	54.40
鼻指数	51.74	51.04	48.21	50.63	48.63	48.70	49.90
眶指数	76.00	78.68	79.87	81.16	79.02	82.50	78.47

注：1. 姜家梁组；2. 庙子沟组；3. 仰韶合并组；4. 庙底沟组；5. 西夏侯组；6. 柳湾合并组；7. 阳山组；8. 菜园组；9. 寨峁组；10. 平洋组；11. 大甸子一组；12. 大甸子二组；13. 大甸子三组；14. 夏家店上层合并组；15. 蔚县夏家店下层合并组；16. 白庙一组；17. 白庙二组；18. 毛庆沟组；19. 朱开沟组；20. 殷墟中小墓一组；21. 瓦窑沟组；22. 东灰山组；23. 核桃庄组；24. 干骨崖组；25. 火烧沟组。

庙子沟组：出自内蒙古自治区乌兰察布盟察右前旗黄旗海南岸的庙子沟遗址，其年代相当于中原仰韶时代晚期（魏坚　1993）。庙子沟文化的形成是由于中原仰韶文化繁荣时期，部分仰韶时代居民沿着黄河河谷北上垦田，与河套地区原住民融合共存的结果（严文明　1991），更确切地说，庙子沟文化是“在继承了庙底沟文化的主要因素的基础上，接受周围诸考古学文化因素的影响和渗透而发展起来的”（魏坚　1993）。庙子沟文化居民的体质特征主要与现代蒙古人种的东亚类型较为接近，但同时可能包含了某些与北亚类型较为接近的体质因素。与同时代的其他人群比较，庙子沟文化居民与仰韶合并组关系最为密切（朱泓　1994）。

仰韶合并组：包括了宝鸡组、半坡组、华县组和横阵组等四个仰韶文化组，鉴于这四个仰韶组的体质特征基本上属于同一类型，所以将四组合并，称其为仰韶合并组（考古研究所体质人类学组　1977）。这四组的颅骨形态特征具有中长颅结合高颅的性质，较高的上面部，中等的面宽，并且伴有偏低的眶型和阔鼻倾向。与现代亚洲蒙古人种东亚类型和南亚类型较为接近（颜訚等　1960；颜訚　1960，1962；考古研究所体质人类学组　1977；韩康信等　1985）。

庙底沟组：出土于河南陕县庙底沟新石器时代遗址庙底沟二期文化墓葬，庙底沟二期文化可能是龙山早期或由仰韶到龙山的一种过渡性质的文化。人种学研究结果表明，庙底沟居民与现代亚洲蒙古人种中的远东人种存在较多接近的关系。若干颅骨测量项目的平均值比较和差异显著性检验表明，与华县组或宝鸡组之间，只在少数几项存在明显差异；与西夏侯和大汶口组之间，在较多项目上存在显著差异。种系亲缘关系系数计算表明，庙底沟组与仰韶文化及大汶口文化各组之间的系数居于密切联系范围，并且与华南近代组之间也密切联系（韩康信等 1979）。

西夏侯组：出自山东省曲阜市东南西夏侯仰韶时代遗址（中国科学院考古研究所山东队 1964）。其基本体质特征表现为中长颅型伴以较大的颅高值，中等的上面高，中等的眶型伴以中等鼻型以及较阔的面宽，因而表现出与现代亚洲蒙古人种的东亚类型较为相近的特征（潘其风 1987）。

柳湾合并组：出自青海省乐都县柳湾墓地，包含有马家窑文化的半山类型、马厂类型和齐家文化及辛店文化（青海省文物管理处考古队等 1984）。研究结果表明，半山组、马厂组和齐家组的居民在体质上没有本质差异。其体质特征与现代亚洲蒙古人种东亚类型较为接近。与其他古代人群比较，在体质特征上与甘肃河南新石器组、史前混合组和杨家洼组较为接近，与仰韶合并组和西夏侯组关系较为疏远（潘其风等 1984b）。

阳山组：出自青海省东部边陲素有“青海门户”之称的民和回族土族自治县境内的阳山墓地（青海省文物考古研究所 1990）。阳山组具有如下形态特征：多数颅形偏长，狭面长及狭～中鼻型等特点，在形态学上更接近古代和现代的华北人类型，其体质特征与我国甘、青地区古代居民和现代华北人具有更明显的接近而同属蒙古人种的东亚支系类型，与北亚和东北亚支系类型则有较明显的区别（韩康信 1990）。

菜园组：出自宁夏西南部海原县菜园村新石器时代墓地（宁夏文物考古研究所等 2003）。人种学研究结果表明，海原新石器时代人类头骨的形态特征与现代亚洲蒙古人种的东亚类型接近，与北亚类型和东北亚类型之间存在明显差异。与甘、青地区青铜时代乃至新石器时代居民之间表现出一般的同种支系类型性质，尤其与甘肃的古代居民之间存在更密切的形态学联系（韩康信 2003）。

寨峁组：出土于陕西省神木县店塔乡寨峁遗址（陕西省文物考古研究所 2002）。人种学研究结果表明，神木寨峁居民的体质特征可以概括为绝大部分为楔形颅，正颅、高颅结合中颅，狭额型，阔鼻型，中颌型和正颌型的面突度。其与现代亚洲蒙古人种的南亚类型和东亚类型最为接近，与东北亚和北亚较为疏远。在古代组比较中，其与瓦窑沟组最为接近，与朱开沟组和毛庆沟组、饮牛沟组合并A组也存在相当接近的关系，与安阳殷墟中小墓2组关系最为疏远（方启 2004）。

平洋组：出自黑龙江省泰来县平洋墓葬，包括砖厂和战斗两个墓地，其年代处于青铜——早期铁器时代（黑龙江省文物考古研究所 1991）。平洋组实际上也是一个同种系多类型混合体，第一种类型与现代亚洲蒙古人种的东北亚类型关系最为密切，同时又具有某些与北亚类型相近似的体质特征；第二组可能是一个与东北亚类型和东亚类型融合体相似的人群。总的来看，平洋全组可能是兼聚多种体质类型因素的混合体，但主要特征反映了其与东北亚类型和北亚类型相近的特点。比较结果显示，平洋组与完工组关系最为密切，此外还与匈奴组、毛庆沟组和扎赉诺尔组等其他北方草原地区的古代人群存在不同程度的关联（潘其风　1990）。

大甸子一组、大甸子二组和大甸子三组：均出自内蒙古自治区赤峰市敖汉旗东南部大甸子夏家店下层早期青铜文化墓地，其年代相当于中原的夏商时期（中国社会科学院考古研究所　1996）。夏家店下层文化上承红山文化，是“北方”与“中原”两大考古学文化区系互相碰撞、融合的结果（苏秉琦　1996）。比较分析结果表明，不同遗址的夏家店下层文化居民的体质特征是相同的。同时，大甸子遗址的夏家店下层文化中存在着两种体质类型的居民：第一组接近现代亚洲蒙古人种的东亚类型；第二组和第三组与东亚类型较为接近，但在某些特征上显示出与北亚类型相似的基因成分。第一组可能与中原地区的古代居民有着较为亲近的关系，第二组和第三组可能与长城地带及东北地区的前期居民相关联（杨希枚　1985；韩康信等　1985；潘其风　1996）。

夏家店上层合并组：出自内蒙古自治区赤峰市红山后、夏家店村和宁城县南山根村三处遗址。这三处遗址中的墓葬，文化性质相同，均属于夏家店上层文化（滨田耕作等　1938；中国科学院考古研究所内蒙古发掘队　1961，1974）。从基本体质特征上来讲，夏家店上层文化居民与现代亚洲蒙古人种的东亚类型有着极为相似的特点，但其颇大的上面部扁平度有与北亚类型相似（朱泓　1989）。

蔚县夏家店下层合并组：出自河北省张家口市蔚县夏家店下层文化遗址，包括三关遗址和前堡遗址。蔚县合并组与现代亚洲蒙古人种的东亚类型较为一致。其与中国北方古代居民中的安阳殷墟中小墓组全组关系较为密切（张家口考古队　1987）。

白庙一组和白庙二组：均出自河北省宣化县白庙墓地，其时代大约相当于春秋时期。白庙一组与现代亚洲蒙古人种东亚类型较为接近，但某些个别因素（如平颌性状等）有体现了与北亚类型近似的现象；白庙二组与北亚类型较为接近，但较大的颅高值可能与近似东亚类型或东北亚类型的体质因素相关（潘其风　1993；潘其风等　2001）。

毛庆沟组：出自内蒙古自治区乌兰察布盟凉城县毛庆沟遗址的墓葬（田广金等　1986）。研究结果表明，毛庆沟组头骨的体质形态特征，与蒙古人种的东亚类型的现代华北组接近，与北亚和极区类型差别明显，只是面部扁平度上与北亚类型有些相似。毛庆沟组颅型偏短、颅高较高和狭的面宽不同于贝加尔湖地区夫人匈奴组。“毛庆沟组的面宽较狭这一特征的出现可能并非偶然，这也许可以认为毛庆沟组的体质特征与青铜时代的华北古居民有较为密切的联系。”（潘其风　1986b）

朱开沟组：出自内蒙古自治区鄂尔多斯市伊金霍洛旗纳林塔乡朱开沟遗址（内蒙古自治区文物考古研究所等 2000）。人种学研究结果表明，朱开沟组颅骨具有如下特征：颅长中等偏短，颅宽较宽而颅高较高，颅型为偏短的中颅型，结合高颅型和中颅型。窄额眶指数显示为偏低的中眶型，接近中鼻的阔鼻型，中等的面宽和面高，面部显得较为扁平。与东亚蒙古人种最为接近，同时也含有某些类似北亚类型人种的因素（潘其风 2000）。

殷墟中小墓一组：出自河南省安阳市殷墟遗址。殷墟的古人类学资料反映该群体中与现代亚洲蒙古人种东亚类型较为相似的体质类型占有明显优势，其次为近似于东亚类型和北亚类型混合类型的个体，还有少部分个体于南亚类型较为接近（潘其风 1989）。中小墓所反映出来的种族特征与现代亚洲蒙古人种的东亚类型较为接近，并可能含有某些与北亚类型相似的体质特征（韩康信等 1985）。

瓦窑沟组：出自陕西省铜川市瓦窑沟青铜时代墓葬。“该组脑颅的基本特征表现为中颅、高颅结合狭颅型。面部形态表现为中等的面型，中鼻型、偏低的中眶型、中颌型及中等的齿槽突颌，中等略大的上面部扁平度。它在体质类型上接近于亚洲蒙古人种的东亚类型，同时也显示某种与南亚类型接近的倾向。但亦如前文中指出，这批头骨在具有特别高的颅高、偏高的上面和较狭的面宽及不阔的鼻型等特征上，应该更趋近东亚类型的综合特征。在 16 个古代对比组中，瓦窑沟组也与殷墟中小墓②组关系密切，并且还接近火烧沟组、上马组、陶寺组等黄河流域青铜时代各组。”（陈靓 2000）

东灰山组：出自甘肃民乐六坝乡东灰山四坝文化遗址年代约相当于中原地区的夏代（甘肃省文物考古研究所 1998）。东灰山组青铜时代居民的基本种系类型与现代亚洲蒙古人种的东亚类型相同，但也不排除在某些个别体质特征上可能受到来自北亚蒙古人种不同程度的影响（朱泓 1998b）。

核桃庄组：出自青海省民和回族土族自治县核桃庄乡政府所在的小旱地遗址和马排遗址的辛店文化墓地（青海省文物管理处 1995）。人种学研究结果表明，小旱地遗址和马排遗址出土的辛店文化墓地的人骨在体质形态上是一致的，这些头骨一般具有的形态特征是：卵圆形颅、中长颅、正高颅结合中狭颅，额部中等倾斜，鼻根凹浅，狭面，狭额，中鼻，中眶，上面部平直，面部扁平度中等偏大，这些主要特征与现代亚洲蒙古人种的东亚类型非常相似，同时在面部扁平度上，与蒙古人种的北亚类型的分化趋势一致（王明辉 1999）。

干骨崖组：出自甘肃省酒泉市干骨崖青铜时代四坝文化墓地。研究结果表明，干骨崖组居民的体质形态特征表现为偏长的中颅型，偏高的正颅型结合偏狭的中颅型，中鼻型和中眶型，较大的面部扁平度，面部侧面突度为中颌型，鼻面突度为平颌型，齿槽突度为突颌型。与甘、青地区古代居民的体质特征较为一致，与现代亚洲蒙古人种的东亚类型更为接近（郑晓瑛 1991，1993）。

火烧沟组：出自甘肃省玉门市火烧沟遗址，时代为夏或早商（甘肃省博物馆　1979）。其文化类型被认为可能是羌族的一支（潘其风　1989）。火烧沟组居民的体质特征与现代亚洲蒙古人种东亚类型较为接近。与其他古代人群比较，其形态特征较接近步达生的甘肃史前组和殷墟中小墓二组（潘其风　1989）。

此外，为了弥补东北地区新石器时代对比材料的不足笔者另外增加了大南沟组，大南沟组虽然在对比组中也较为重要，但由于其对比数据太少而未能列入其中，因而将其作为对比材料加以分析。

大南沟组：出自内蒙古自治区赤峰市翁牛特旗解放营子乡二道杖房大南沟墓地，处于新石器时代晚期，由红山文化向夏家店下层文化过渡阶段（辽宁省文物考古研究所等　1998）。大南沟组居民的体质特征表现为具有与现代亚洲蒙古人种的东亚类型和北亚类型相关的体质形态。与时代和地域相近的古代居民的体质特征比较，它与北方新石器时代的新开流组颅骨和青铜时代夏家店下层文化大甸子第二分组颅骨存在着较为接近的因素，与中原地区仰韶文化居民的体质特征存在着较为明显的差异（潘其风　1998）。

在24个对比人群中，庙子沟组、仰韶合并组、庙底沟组、西夏侯组、柳湾合并组、阳山组、菜园组和寨峁组的年代为新石器时代（the Neolithic Age）；平洋组、大甸子一组、大甸子二组、大甸子三组、夏家店上层合并组、蔚县夏家店下层合并组、白庙一组、白庙二组、毛庆沟组、朱开沟组、殷墟中小墓一组、瓦窑沟组、东灰山组、核桃庄组、干骨崖组和火烧沟组的年代为青铜—铁器时代（the Bronze Age and Iron Age）。

在确知这些古代对比组的文化归属以及其居民的体质特征之后，笔者依据这些对比组所建立起来的人种学坐标，运用计算平均数组间差异均方根和欧式距离方法来分析姜家梁组与他们的种群关系，以便进一步了解姜家梁组在中国北方古代族群中坐标点。均方根计算公式参见第五章。

欧氏距离系数计算公式为

$$D_{ij} = \sqrt{\sum_{k=1}^{m} \frac{(xik - xjk)^2}{m}}$$

其中，i、j代表颅骨组，k代表比较项目，m代表比较项目数。

第二节　与其他新石器时代居民的亲缘关系

首先将姜家梁组与其他8组新石器时代组进行比较，依据表6-1所列各对比组之线性、角度以及指数值，参照表5-10所示各项目之同种系标准差（δ），计算出姜家梁组与他们的均方根值，结果见表6-2。依据表6-1计算组间欧式距离函数值，结果见表6-3。为了更直观地分析姜家组与其他新石器时代对比组的关

表 6-2　姜家梁组与其他新石器组的均方根值

1	2	3	4	5	6	7	8	9
	0.712	0.877	0.858	0.354	0.827	0.937	1.008	0.865

注：1. 姜家梁组；2. 仰韶合并组；3. 西夏侯组；4. 阳山组；5. 庙子沟组；6. 柳湾合并组；7. 庙底沟组；8. 菜园组；9. 寨峁组。

表 6-3　姜家梁组与其他新石器组比较之 D_{ij} 值

序号	1	2	3	4	5	6	7	8	9
1	0.000								
2	3.083	0.000							
3	3.936	3.065	0.000						
4	3.257	5.091	6.095	0.000					
5	1.680	2.362	3.195	4.215	0.000				
6	3.419	4.216	4.863	2.876	4.052	0.000			
7	3.872	2.131	3.141	5.280	2.945	4.235	0.000		
8	3.639	4.543	4.790	3.237	3.902	3.777	4.701	0.000	
9	3.541	3.734	5.978	3.575	3.780	4.654	4.542	4.156	0.000

注：1. 姜家梁组；2. 仰韶合并组；3. 西夏侯组；4. 阳山组；5. 庙子沟组；6. 柳湾合并组；7. 庙底沟组；8. 菜园组；9. 寨峁组。

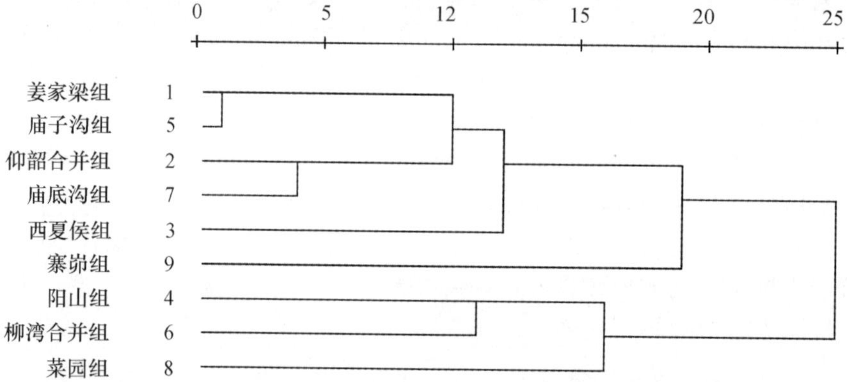

图 6-2　姜家梁组与其他新石器时代人群关系的树状聚类图

系，依据表 6-3 绘制树形聚类图，结果见图 6-2。

依表 6-2 可知，姜家梁组与庙子沟组的关系最为密切，其次为仰韶合并组和柳湾合并组，与其他组关系相对疏远，与菜园组的关系最为疏远。从表 6-3 的姜家梁组与其他组的 D_{ij} 值来看，其与庙子沟组和仰韶合并组关系最为密切。图6-2 更加直观地显示，姜家梁组与庙子沟组有着较为紧密的联系，与仰韶合并组、庙底沟组和西夏侯组所组成的黄河中下游新石器时代组群有着相对较为紧密的联系，但仍可以看出，姜家梁组和庙子沟组与黄河中下游组群还是保持着一定的形态学距离，姜家梁组和庙子沟组与柳湾合并组、阳山组和菜园组所组成的黄河上游甘青地区新石器时代组群有着相对较远的形态学联系。

第三节　与其他青铜至铁器时代居民的亲缘关系

将姜家梁组与16组青铜至铁器时代人群进行比较，还是依据表6-1所列各对比组之线性、角度以及指数值，并参照表6-10所示各项目之同种系标准差(δ)，计算出姜家梁组与青铜时代各组的均方根值，结果见表6-4。依据表6-1计算组间欧式距离函数值，结果见表6-5。同样，为了更加直观地分析姜家组与这些青铜至铁器时代对比组的关系，依据表6-5绘制树形聚类图，结果见图6-3。

表6-4　姜家梁组与青铜至铁器时代各组比较之组差均方根值

	2	3	4	5	6	7	8	9
1	0.528	1.097	1.168	0.506	0.893	0.722	1.325	0.753
	10	11	12	13	14	15	16	17
1	0.663	0.584	0.859	0.598	0.649	1.226	0.774	0.617

注：1. 姜家梁组；2. 大甸子一组；3. 大甸子二组；4. 大甸子三组；5. 夏家店上层合并组；6. 蔚县合并组；7. 白庙一组；8. 白庙二组；9. 朱开沟组；10. 东灰山组；11. 核桃庄组；12. 毛庆沟组；13. 火烧沟组；14. 中小墓一组；15. 平洋组；16. 干谷崖组；17. 瓦窑沟组。

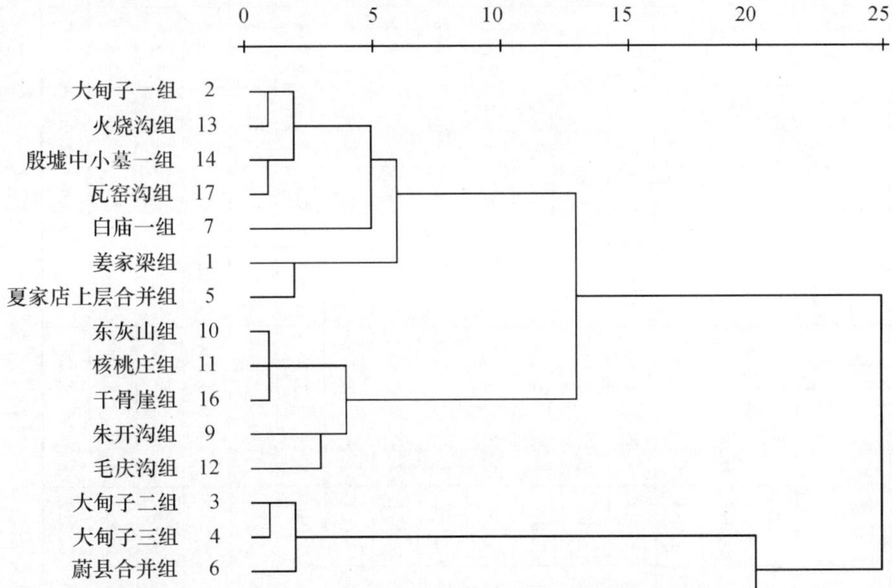

图6-3　姜家梁组与青铜至铁器时代人群关系的树状聚类图

表 6-5　姜家梁组与青铜至铁器时代各组比较之 D_{ij} 值

	1	2	3	4	5	6	7	8	9	10	11	12	13	14	15	16	17
1	0.000																
2	2.101	0.000															
3	4.052	3.697	0.000														
4	4.245	3.833	1.091	0.000													
5	1.944	2.142	4.494	4.554	0.000												
6	3.250	2.886	1.625	2.142	4.002	0.000											
7	3.271	2.013	4.471	4.418	3.069	4.056	0.000										
8	5.407	4.688	3.554	3.427	5.701	3.763	4.904	0.000									
9	3.045	2.952	3.416	3.660	3.568	2.793	4.492	4.442	0.000								
10	2.346	2.571	3.452	3.680	2.496	2.646	4.196	4.925	2.274	0.000							
11	2.347	2.663	3.562	3.778	3.057	2.600	4.073	4.273	2.299	1.533	0.000						
12	3.424	3.019	3.112	3.397	3.884	2.548	3.983	3.354	2.343	2.590	1.814	0.000					
13	2.215	0.813	3.681	3.836	2.424	2.716	2.417	4.253	2.626	2.393	2.225	2.560	0.000				
14	2.726	1.538	3.771	4.020	2.568	2.974	2.897	4.188	2.902	2.591	2.491	2.609	1.122	0.000			
15	5.223	4.164	5.511	5.389	5.299	5.146	4.027	3.333	4.921	5.488	4.685	4.141	3.722	3.664	0.000		
16	2.787	2.367	4.192	4.360	2.715	3.234	3.814	4.672	2.772	1.579	1.620	2.346	1.930	1.946	4.573	0.000	
17	2.263	1.629	3.313	3.536	2.521	2.426	2.909	4.175	2.795	2.212	2.305	2.537	1.301	1.351	4.141	1.956	0.000

注：1. 姜家梁组；2. 大甸子一组；3. 大甸子二组；4. 大甸子三组；5. 夏家店上层合并组；6. 蔚县合并组；7. 白庙一组；8. 白庙二组；9. 朱开沟组；10. 东灰山组；11. 核桃庄组；12. 毛庆沟组；13. 火烧沟组；14. 殷墟中小墓一组；15. 平洋组；16. 干谷崖组；17. 瓦窑沟组。

从表6-4可以看出，姜家梁组与夏家店上层合并组和大甸子一组具有相对较小的均方根值，表明姜家梁组与这二者具有相对较为密切的关联。姜家梁组与核桃庄组和火烧沟组具有相对较小的均方根值，表明这三者之间在某些形态特征上可能较为相近。姜家梁组与大甸子三组、平洋组和白庙二组具有较大的均方根值，表明姜家梁组与他们在形态特征上存在较大的差异。

依表6-5来看，结果与均方根值所反映的情况相近。图6-3较为直观地反映了姜家梁组与这些对比组的相互关系，聚类图中的各组明显地分为三类：大甸子一组、火烧沟组、殷墟中小墓一组和瓦窑沟组较为紧密地联系在一起，白庙一组与之聚合，姜家梁组先与夏家店上层合并组聚在一起，然后与前面各组聚为第一类，但姜家梁组所在的第二小组与前面第一小组存在着一定的距离；东灰山组、核桃庄组、干骨崖组三个甘青地区组也首先聚合，朱开沟组与毛庆沟组先聚在一起，然后与前面各组聚为第二类，但很明显朱开沟组和毛庆沟组与前面的小组也存在着一定的距离；大甸子二组、大甸子三组、蔚县合并组这三个夏家店下层文化组先聚为一类，白庙二组和平洋组也首先聚合，然后这些组聚为第三类，但不难看出，夏家店下层文化组、白庙二组和平洋组三者还是存在着明显的距离，但整体上较为独立于前面两个类群。

为了更为全面地探讨姜家梁组与这17个青铜至铁器时代人群的相互关系，笔者还采用因子分子方法对这些族群进行分析。

因子分析是一种把多个指标化为少数几个综合指标的多元统计方法，其所涉及的计算与主成分分析相类似，但它是从假定的因子模型出发，把数据看作是由公共因子、特殊因子和误差所构成。主成分分析把方差划分为不同的正交成分，因子分析则是把方差划归为不同的起因因子。因子分析中特征值的计算是从相关矩阵出发，由于每个变量处于同一量度，从而使特征值相对均匀，且将主成分转换为因子，并计算出因子得分，可以说，因子分析是主成分分析的进一步优化。

据表6-1对包括姜家梁组在内的17组人群14项线性、角度和指数值进行因子分析，计算各线性、角度和指数值的因子得分。习惯上，前三个因子较容易进行解释，因此只提取前三个因子，其方差累积贡献率为71.902%（表6-6），基本代表了所有14个项目的总体特征，前三个因子载荷量见表6-7。依据因子得分绘制散点图（图6-4、图6-5）。

表6-6　前三个因子的方差累计贡献率

因子	合计	变化率/%	累积率/%
1	4.468	31.916	31.916
2	3.299	23.567	55.483
3	2.299	16.419	71.902

表 6-7　前三个因子的载荷矩阵

指数	因子		
	1	2	3
颅长	1.000	0.716	0.474
颅宽	-0.242	0.211	6.188×10^{-2}
颅高	0.934	-7.743×10^{-3}	0.878
上面高	5.368×10^{-2}	0.790	0.296
面宽	-7.961×10^{-2}	0.513	0.341
总面角	0.673	0.427	0.169
鼻颧角	0.750	0.271	-0.383
长宽指数	-0.108	-0.292	-0.297
长高指数	0.844	-0.730	0.254
宽高指数	0.412	-0.268	0.607
垂直颅面指数	-0.696	0.750	-0.567
上面指数	-8.963×10^{-2}	7.939×10^{-2}	2.246×10^{-2}
鼻指数	-0.860	-0.572	6.097×10^{-3}
眶指数	4.279×10^{-2}	0.122	-0.278

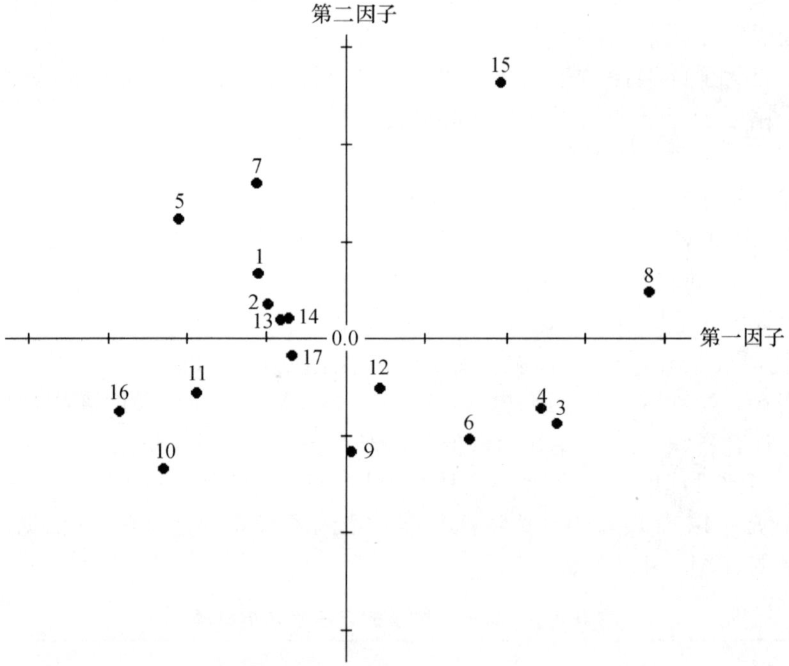

图 6-4　第一因子和第二因子散点图

1. 姜家梁组；2. 大甸子一组；3. 大甸子二组；4. 大甸子三组；5. 夏家店上层合并组；6. 蔚县合并组；7. 白庙一组；8. 白庙二组；9. 朱开沟组；10. 东灰山组；11. 核桃庄组；12. 毛庆沟组；13. 火烧沟组；14. 殷墟中小墓一组；15. 平洋组；16. 干谷崖组；17. 瓦窑沟组

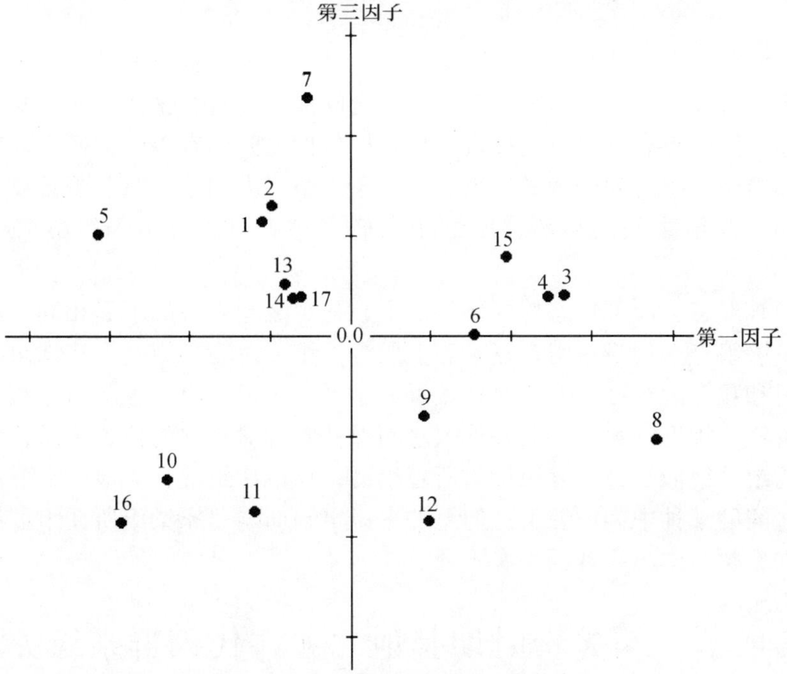

图 6-5　第一因子和第三因子散点图

1. 姜家梁组；2. 大甸子一组；3. 大甸子二组；4. 大甸子三组；5. 夏家店上层合并组；6. 蔚县合并组；7. 白庙一组；8. 白庙二组；9. 朱开沟组；10. 东灰山组；11. 核桃庄组；12. 毛庆沟组；13. 火烧沟组；14. 殷墟中小墓一组；15. 平洋组；16. 干谷崖组；17. 瓦窑沟组

表 6-7 的各项目在三个因子中的载荷量有所不同，第一因子中的颅长、颅宽、颅高、总面角、鼻颧角、颅长高指数、上面指数和鼻指数的因子载荷量较大，因此第一因子可命名为颅骨绝对值和面部扁平度因子；第二因子中的上面高、面宽和垂直颅面指数的因子载荷量较大，因此可将第二因子命名为面形因子。第三因子中的颅长宽指数、颅宽高指数和眶指数的因子载荷量较大，因此可将其命名为颅型和眶型因子。

图 6-4 显示，火烧沟组、殷墟中小墓一组和瓦窑沟组之间的相对距离较小；夏家店下层合并组、白庙一组与姜家梁组三者之间也具有较为接近的关系，上述各组共同组成了一个较大的组群。朱开沟组和毛庆沟组二者在距离上较为接近并上述各组存在一定的接近趋势。核桃庄组、东灰山组和干骨崖组之间存在这相对紧密的联系，并与瓦窑沟组接近。大甸子二组和大甸子三组有较为密切的关联，蔚县夏家店下层合并组与之相对接近，但和前两者存在着一定的距离。白庙二组和平洋组游离于较远的位置，而且二者之间也存在着较大的

距离。

图 6-5 显示的结果表明，姜家梁组、大甸子一组具有较近的距离关系，二者与火烧沟组、殷墟中小墓一组和瓦窑沟组之间的距离有所偏离，而与夏家店上层合并组和白庙一组有进一步的接近趋势，但他们之间仍有差距，而且夏家店上层合并组和白庙一组之间的距离较大。大甸子二组、大甸子三组、蔚县夏家店下层合并组和平洋组之间的距离有所缩小白庙二组。白庙二组仍然游离于其他组之外。

在颅骨形态、面部形态等主要特征上，各组之间表现的不尽相同，但总和来看，姜家梁组与大甸子一组、夏家店上层合并组、白庙一组、火烧沟组、殷墟中小墓一组和瓦窑沟组存在着相对较接近的关系；核桃庄组、东灰山组和干骨崖组之间也有较为接近的关联并与其他组之间保持着相对独立的位置关系；朱开沟组和毛庆沟组二组似乎介于姜家梁组所在组群，核桃庄组等甘青地区组群和蔚县组等组群之间的某种中间位置上，但总的来说更趋向与姜家梁组所在组群接近，这一点与在聚类图中虽表现的稍有不同。

第四节　与先秦时期其他北方古代人群亲缘关系

最后将姜家梁组与先秦时期 13 组具有区域代表性的人群进行比较，以考察姜家梁组与先秦时期各区域人群的亲缘关系。依据表 6-1 计算出姜家梁组与他们 D_{ij}值，结果见表 6-8。依据表 6-8 绘制树状聚类图（图 6-6）。

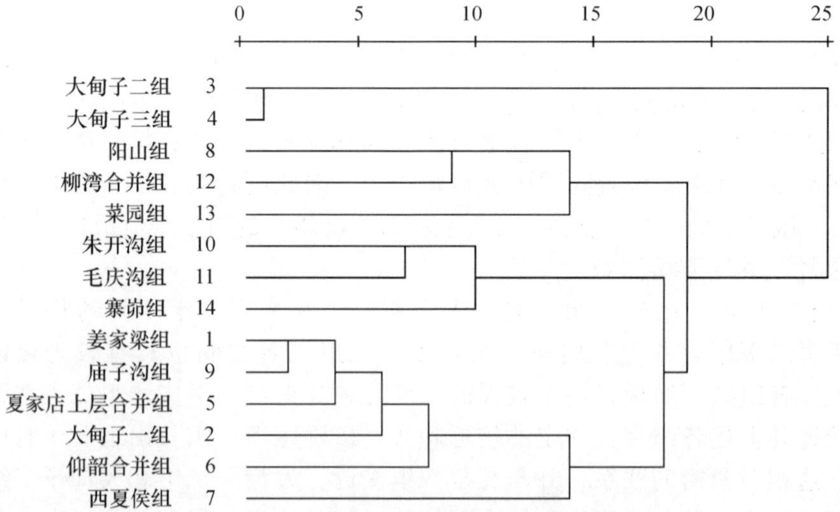

图 6-6　姜家梁组与先秦时期各人群关系的树状聚类图

表 6-8　先秦时期各古代组比较之 D_{ij} 值

序号	1	2	3	4	5	6	7	8	9	10	11	12	13	14
1	0.000													
2	2.269	0.000												
3	4.539	4.188	0.000											
4	4.751	4.344	1.225	0.000										
5	2.058	2.398	5.073	5.149	0.000									
6	3.083	2.403	2.963	3.341	2.848	0.000								
7	3.936	3.318	4.061	3.881	3.993	3.065	0.000							
8	3.257	3.299	6.247	6.402	3.879	5.091	6.095	0.000						
9	1.680	2.438	3.783	3.940	2.107	2.362	3.195	4.215	0.000					
10	3.340	3.331	3.866	4.135	3.999	3.597	5.523	3.689	3.293	0.000				
11	3.861	3.375	3.447	3.797	4.335	3.302	5.147	3.956	3.721	2.547	0.000			
12	3.419	2.553	5.851	5.856	3.552	4.216	4.863	2.876	4.052	4.339	3.829	0.000		
13	3.639	2.658	5.156	5.099	3.815	4.543	4.790	3.237	3.902	4.073	4.424	3.777	0.000	
14	3.541	3.366	4.922	5.372	3.739	3.734	5.978	3.575	3.780	2.633	3.385	4.654	4.156	0.000

注：1. 姜家梁组；2. 大甸子一组；3. 大甸子二组；4. 大甸子三组；5. 夏家店上层合并组；6. 仰韶合并组；7. 西夏侯组；8. 阳山组；9. 庙子沟组；10. 朱开沟组；11. 毛庆沟组；12. 柳湾合并组；13. 菜园组；14. 寨峁组。

从表6-8所示姜家梁组与其他各组的 D_{ij} 值来看，姜家梁组与庙子沟组、夏家店上层合并组和大甸子一组具有很近的关联；与仰韶合并组、阳山组和朱开沟组具有相对接近的关联；与柳湾合并组、寨峁组、菜园组毛庆沟组和西夏侯组有一定的差异；与大甸子二组和大甸子三组的 D_{ij} 值最大，表明姜家梁组与他们的关系较为疏远。

从图6-6来看，这14组先秦时期古代人群之间的相互关系就更加清晰。姜家梁组、庙子沟组、夏家店上层合并组、大甸子一组、仰韶合并组和西夏侯组聚为一类；朱开沟组、毛庆沟组和寨峁组聚为一类，然后这三组与姜家梁组所在组群聚为一大类；阳山组、柳湾合并组和菜园组这三组甘青地区人群聚为一类；大甸子二组和大甸子三组聚为一类。

对包括姜家梁组在内的14组人群14项线性、角度和指数值进行因子分析，前三个因子的方差累计贡献率见表6-9，其方差累积贡献率为71.902%，基本代表了所有14个项目的总体特征。前三个因子的载荷量见表6-10。依据各特征的因子得分绘制散点图（图6-7、图6-8）。

表 6-9　前三个因子的方差累计贡献率

因子	合计	变化率/%	累积率/%
1	5.183	37.018	37.018
2	2.901	20.723	57.741
3	1.979	14.137	71.878

表 6-10　前三个因子的载荷矩阵

项目	因子		
	1	2	3
颅长	-0.822	0.158	7.679×10^{-2}
颅宽	0.864	-1.685×10^{-2}	0.285
颅高	0.325	0.867	-0.194
上面高	-0.419	0.677	0.545
面宽	0.554	0.678	0.369
总面角	-0.218	-0.170	0.189
鼻颧角	-2.225×10^{-2}	-0.424	0.201
长宽指数	0.952	-5.863×10^{-2}	0.219
长高指数	0.784	0.505	-0.132
宽高指数	-0.472	0.620	-0.449
垂直颅面指数	-0.687	-6.732×10^{-2}	0.641
上面指数	-0.627	0.591	7.730×10^{-2}
鼻指数	0.463	-1.220×10^{-2}	-0.500
眶指数	-0.549	-1.118×10^{-2}	-0.641

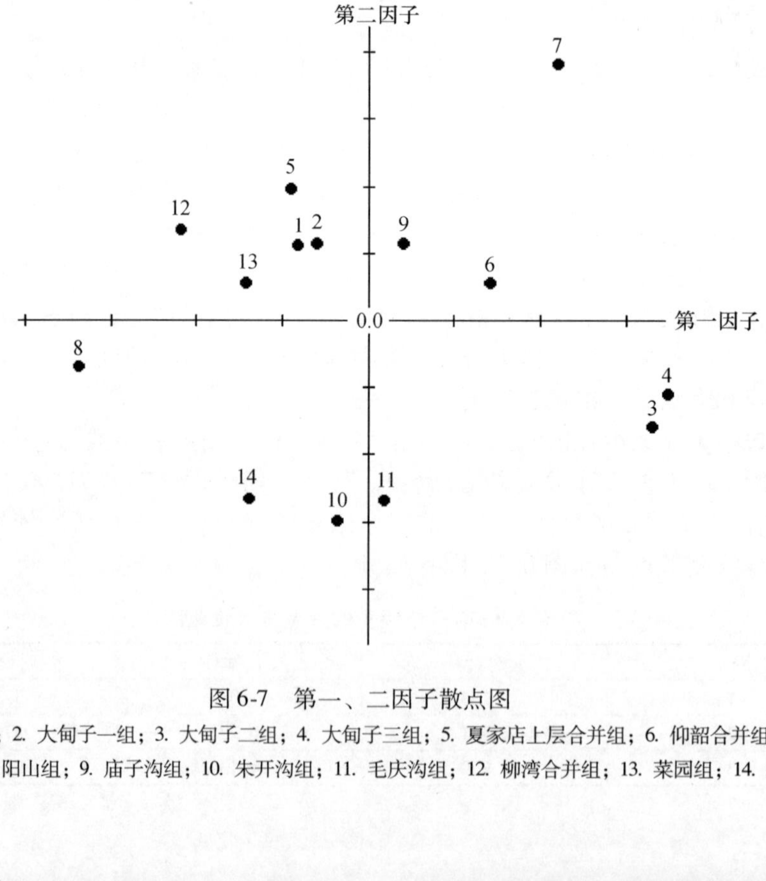

图 6-7　第一、二因子散点图

1. 姜家梁组；2. 大甸子一组；3. 大甸子二组；4. 大甸子三组；5. 夏家店上层合并组；6. 仰韶合并组；7. 西夏侯组；8. 阳山组；9. 庙子沟组；10. 朱开沟组；11. 毛庆沟组；12. 柳湾合并组；13. 菜园组；14. 寨峁组

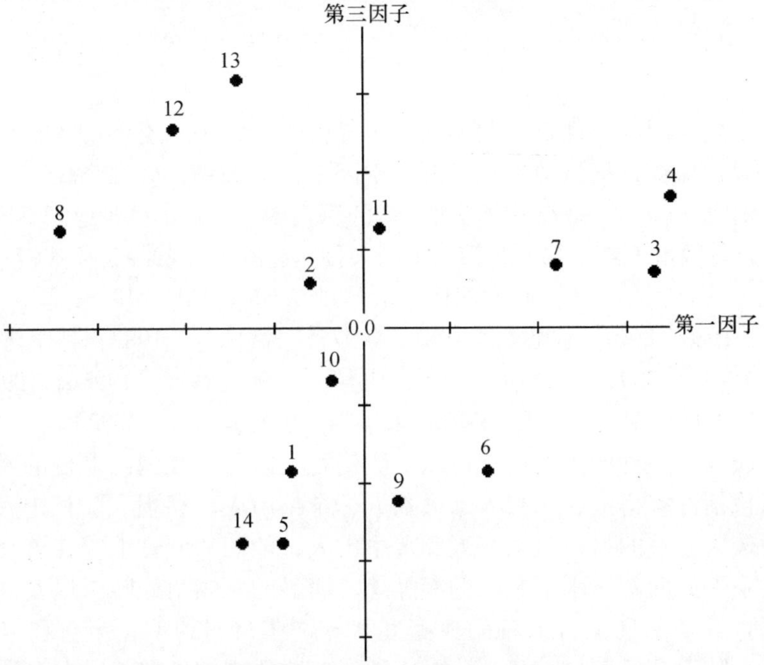

图 6-8　第一、三因子散点图

1. 姜家梁组；2. 大甸子一组；3. 大甸子二组；4. 大甸子三组；5. 夏家店上层合并组；6. 仰韶合并组；7. 西夏侯组；8. 阳山组；9. 庙子沟组；10. 朱开沟组；11. 毛庆沟组；12. 柳湾合并组；13. 菜园组；14. 寨峁组

表6-10显示，第一因子中具有较大载荷量的项目是颅长、颅宽、颅长宽指数、颅长高指数、垂直颅面指数和上面指数，因此可将第一因子命名为颅骨形态和面部形态因子；第二因子中具有较大载荷量的项目是颅高、上面高、面宽、鼻颧角和颅宽高指数，因此可以将第二因子命名为颅面部绝对值形态和面部扁平度因子；第三因子中具有较大载荷量的项目是鼻指数和眶指数，因此可以将第三因子命名为鼻型和眶型因子。

图6-7显示，姜家梁组、大甸子一组、夏家店上层合并组、庙子沟组、菜园组、柳湾合并组、仰韶合并组和阳山组在颅骨形态和面部形态上较为接近，相对来说，西夏侯组与前面的仰韶合并组和庙子沟组较为接近，但仍与二者有相当的差异；朱开沟组、毛庆沟组和寨峁组较为接近；大甸子二组和大甸子三组之间有较为相近的颅骨和面部形态特征。

图6-8显示，姜家梁组、夏家店上层合并组、寨峁组、庙子沟组、仰韶合并组、朱开沟组、大甸子一组和毛庆沟组之间，或在颅面部形态，或在鼻部及眶型方面有着较为相似的特征；阳山组、柳湾合并组和菜园组在这些形态上表现的较为接近；大甸子二组、大甸子三组和西夏侯组存在相似之处。

第五节　中国北方地区先秦时期人群的体质特征演化

人种学是一门综合性极强的学问，对任何未确定种系类型的人群而言，既要在时间上寻根探源，把握流布；又要在空间上详分细别，确立亲疏。

新中国成立后，伴随着田野考古工作的深入展开，采集自各地区不同遗址和墓地的古代人骨数量不断增加，为探讨中国人种的起源、分布特点及其相互关系提供了可能性。不少学者已经在此方面做了大量的工作（颜訚　1965；贾兰坡　1978；潘其风等　1980，2001；张振标　1981，1997；张振标等　1982；韩康信等　1984；潘其风　1987，1989；韩康信　1989；朱泓　1990，1996，1998a，1998b，2002；孟庆福等　1992，1993；刘武　1997；朱泓等　1998；尚虹　2002）。

一般认为，人种产生的历史可以追溯到智人阶段。我国已发现的属于早期智人的化石包括许家窑人、丁村人、大荔人、金牛山人、马坝人、长阳人和桐梓人等。其中较为完整的材料是大荔人和金牛山人，他们的颅骨上存在着突出的矢状嵴，具有扁平的面部、水平走向的额鼻缝、明显的颧颌角处转折以及高宽且朝向前方的颧骨等一系列蒙古人种的典型性状。这些材料说明，至少在早期智人阶段，东亚大陆上已经存在着代表蒙古人种形成阶段初期形态的远古人类（潘其风等　2001），他们可以被称为形成中的蒙古人种的早期代表（潘其风　1989）。

旧石器时代晚期的人类在体质特征上向着蒙古人种的演化方向更近了一步。该阶段的远古人类被称为晚期智人，化石材料主要包括山顶洞人、柳江人，另外还有建平人、榆树人、河套人、资阳人、丽江人、麒麟山人和左镇人。这一阶段的远古人群之间已经开始出现形态发育上的地区性差异。现在较有普遍性的观点认为，山顶洞人代表了蒙古人种的原始形态，分别与中国人、因纽特人（爱斯基摩人）和美洲印第安人接近（吴新智　1960，1961；赵一清　1961）。柳江人被认为是这一时期中形成中的蒙古人种的另一个重要代表，虽然在种属地位上还存在分歧（吴汝康　1959；颜訚　1965），但都认为其处于蒙古人种的形成阶段。

人种分化的历史进程在中国新石器时代得到了充分的发展，气候的变迁、农业文明的诞生以及人群间相对隔离的状态都是促进人群间在体质上形成差异的重要因素（潘其风等　2001）。一般认为，新石器时代的人种演变包括了三个大的人种地理分布区，即黄河流域、北方及东北地区和华南地区（潘其风等　2001）。

黄河流域新石器时代居民的体质特征在总体上都与现代亚洲蒙古人种的东亚类型相近，但存在着细微的差别，黄河上游甘青地区以马家窑文化为代表的古人类在形态特征上具有中长颅型、高颅型结合窄面的特点，与东亚类型最接近；黄河中游仰韶文化居民虽然表现为与东亚类型较为接近，但在某些颅面部的形态特点上，却与南亚类型相似，如低矮的眶型和阔鼻倾向等。黄河下游的大汶口文化居民与仰韶文化居民很相似，也存在低眶和阔鼻倾向，但大汶口文化居民较仰韶文化居民有着略高的身材，更为宽高的颅面部和更高的颅型，因此更为接近东亚类型，但不如马家窑文化居民与东亚类型的接近程度（潘其风等　1980，2001；韩康信等　1984；潘其风　1987；韩康信　1989；朱泓　1990）。

公元前3000年左右，黄河中下游的仰韶文化和大汶口文化逐渐被龙山文化取代，先前在仰韶时代居民身上的被认为是较为原始的性状逐渐消退。

河南陕县庙底沟二期文化居民在种系特征上可能正处在仰韶文化居民和大汶口文化居民之间的中介位置上（朱泓　1990）。山东胶县三里河出土的典型龙山文化层人骨与大汶口文化层人骨在形态特征上基本相似（潘其风　1987）。位于山西省襄汾县的陶寺遗址，被认为是中原龙山文化的一个地域性变体，其后期可能已经进入夏纪年，陶寺墓地出土人骨具有与东亚类型较多的相似性，但在低眶特征上与南亚类型相似（李法军　2001）。

相当于中原地区龙山时代晚期时，黄河上游甘青地区出现了齐家文化，其居民体质特征继续保持着先前马家窑文化居民的基本性状（潘其风等　1984）。

这一时期的北方及东北地区的人骨材料主要黑龙江省东部兴凯湖畔的新开流文化居民人骨、内蒙古自治区赤峰市翁牛特旗大南沟墓地小河沿文化居民人骨、内蒙古自治区乌兰察布盟察右前旗庙子沟文化遗址居民人骨。

新开流文化居民与东北亚类型比较接近（潘其风　1987），大南沟小河沿文化居民的体质特征表现出与东亚类型和北亚类型相关的种系特征（潘其风　1998），庙子沟文化居民的体质特征总体上表现为与东亚类型较为接近的性状，但其中某些特征如较大的面部扁平度与北亚类型较为接近（朱泓　1994）。

华南地区新石器时代发现了为数不多的人骨材料，主要地点包括浙江余姚河姆渡（韩康信等　1983）、上海崧泽（黄象洪　1979）、福建闽侯昙石山（韩康信等　1976）、广东佛山河宕（韩康信等　1982）、广东增城金兰寺（吴新智　1978）、广东南海鱿鱼岗（黄新美等　1988）和广西桂林甑皮岩（张银运等　1977）。这些南方地区新石器时代人群一般都具有较长而狭的颅型、低眶、阔鼻以及明显前突的面部，反映出其与南亚类型较为相似，但也有某些性状接近赤道人种的趋势（潘其风等　2001）。需要注意的是，增城金兰寺人骨在颅骨形态上有短颅化的趋势。

公元前2000年左右，历史的车轮缓缓地驶入中国的青铜时代。随着地区间社会生产力的进一步发展，以中原华夏族为中心的我国古代各民族间的文化交流和基因融合变得更为普遍和频繁，因此这一时期的人种特征出现了纷繁复杂的景象：不仅同一个体上具有两种以上不同类型的体质因素，而且还表现在同一群体中有可能出现两种差异性很大，属于不同种族类型的个体（潘其风等　2001）。

在黄河流域发现的河南安阳殷墟遗址，出土了数以千计的人骨资料，这批材料来自两个部分，其一出自西北岗祭祀坑，其二出自中小型墓葬。国内外学者曾先后对其进行过研究。对于祭祀坑中人种属性的研究主要有两种观点：一种是“异种系”说，一种是“同种系”说。异种系说认为祭祀坑中的人骨种系成分以蒙古人种为主，但同时还包括有某些欧罗巴人种和尼格罗人种的因素（Coon　1965；李济　1985；杨希枚　1985）；同种系说认为祭祀坑中的人骨种系成分均属蒙古大人种，个体间的差异只是小人种上的差异（韩康信等　1985）。对中小墓中人骨种系成分的研究结果表明，这些代表商代平民阶层的人骨可分为两种不同的体质类型：大多数颅骨具有中颅、高颅和狭颅的特点，面宽较窄，中等的上面部扁平度，与现代亚洲蒙古人种的东亚类型最相近似；另一种为数不多，但形态特殊，一般具有偏低的颅高值，极宽的面部，垂直颅面指数较大，颧骨大而突出，鼻根偏高，呈现出具有类似现代北亚人种和东亚人种相混合的性状（韩康信等　1985）。

代表周人体质特征的人骨材料主要包括陕西省凤翔县西村遗址的先周和西周墓葬人骨和铜川市瓦窑沟遗址的先周墓葬，这两批居民普遍具有中颅、高颅结合狭颅的特现，面形中等且偏低，属中鼻型或阔鼻型，偏低的眶型和明显的齿槽突颌，与现代东亚类型和南亚类型较为接近，与黄河上游甘青地区的火烧沟文化居民有较为密切的关系，或许反映出周人的种系渊源（潘其风等　2001）。

内蒙古长城地带的青铜时代至早期铁器时代古人种学资料相对比较丰富。总括起来，大体包括有内蒙古自治区鄂尔多斯市伊金霍洛旗朱开沟、鄂尔多斯市杭锦旗桃红巴拉、凉城毛庆沟、凉城饮牛沟、凉城崞县窑子、赤峰红山后、赤峰夏家店、赤峰宁城南山根、宁城小黑石沟、赤峰克什克腾旗龙头山、赤峰敖汉旗大甸子、敖汉旗水泉、河北省张家口宣化白庙、蔚县三关、蔚县前堡等 15 批古代人骨标本（朱泓　2002b）。

朱开沟遗址居民的体质特征与东亚类型最为接近，但同时也含有某些近似于北亚类型的因素，这些居民一般具有偏短的中颅型和高颅型，偏低的眶型，较阔的鼻型，中等的颧宽，较大的鼻颧角（潘其风　2000）。

桃红巴拉仅一例残破的男性成年头骨，具有宽短的颅型，偏阔的中鼻型，低眶和颇大的面部扁平度（潘其风等　1984a）。

毛庆沟墓葬和饮牛沟墓葬在葬式和葬俗上存在较多的共性，均由两类性质不同的墓葬组成，其一代表农业民族，其二代表北方草原文化系统。毛庆沟墓地人骨主要接近东亚类型，但在颅宽较宽、颅型偏短以及较大的面部扁平度特征上类似于北亚人种（潘其风　1986b）。

饮牛沟墓地人骨中有一部分与毛庆沟墓葬中的一部分，尤其是出自北方草原文化系统的居民在上面部扁平度以及平颌等特征上更接近现代亚洲蒙古人种的北亚类型（朱泓　1991b）。

崞县窑子古代居民的主要体质特征主要表现在偏短、偏阔的正颅型，中等偏狭的面型，偏低的中眶型，较狭的鼻型以及较大的上面部扁平度（朱泓　1991b）。

白庙墓地的人骨材料大体上分为两个类型（潘其风　1986b），第一类型居民具有中颅型、高颅型伴狭颅型，较窄的面宽，中等的鼻型；第二类型居民具有圆颅、高颅伴中颅型，较大的面宽，偏阔的鼻型和较大的上面部扁平度（易振华　1998）。

蔚县三关和前堡两处遗址出土的人骨经研究基本上具有相同的体质特征，即短颅型、狭颅型伴有高颅型，中等颧宽，略宽的鼻型，偏低的中眶型，中等的上面高以及较小的上面部扁平度（张家口考古队　1987）。

赤峰红山后、赤峰夏家店、赤峰宁城南山根、宁城小黑石沟、赤峰克什克腾旗龙头山均属于夏家店上层文化，“总体看来，以上 5 批材料所反映的夏家店上层文化居民的颅面部基本形态特征是颇为一致的，可概括为：偏长的中颅型、高颅型、狭颅型、较窄的面宽和较大的面部扁平度。”（朱泓　2002b）

大甸子夏家店下层文化居民区分为三组，第一组具有中长颅型伴以高颅型和狭颅型，中等的上面高和中等的面宽，中鼻型和中眶型，面部扁平度中等，与东亚类型接近。第二组和第三组主要的人种成分也与东亚类型接近，但其较大的颅宽值和颧宽值有存在着与北亚类型相似的因素（潘其风　1996）。

水泉遗址居民的体质特征总体上概括为中颅型、高颅型伴以狭颅型，低眶型，阔鼻型，平颌型，但在这些居民中似乎存在着较大的群体内部的体质差异，如在颧宽绝对值上，不同个体间的差别相当悬殊（朱泓等　2002）。

以上所述内容是对目前中国先秦时期古代人种学研究进展的概括性的梳理。总的看来，先秦时期古代居民人种类型在地理分布上存在地域性的延续关系。黄河上游甘青地区的马家窑文化居民、齐家文化居民和火烧沟类型居民在体质特征上有着较为清晰的延续关系（潘其风　1989）；黄河中下游地区的古代居民总体上比较接近，但略有差异。内蒙古长城地带古代居民的体质特征呈现出多元化的趋势。

怎样认识中国古代居民体质类型和现代亚洲蒙古人种各类型之间的关系是中国现代人种学研究中非常重要的理论问题。朱泓先生在总结了以往学者的研究成果，结合自己多年的研究和实践经验，对此问题提出了自己的观点（朱泓　1996，1998a，2002a）。

他认为以往有些学者在进行人种学研究时存在着认识和方法上的问题，“实际上是运用现代人种的分类方法去套古代人。其结果往往会给人们造成许多误解，以为某某古代民族中含有现代若干区域性人种的多种因素，似乎在那个时期就已经存在着很明显的现代各人种成分的混杂现象。而事实上恰好相反，现代各人种的形成通常是他们自身体质特征的真是反映。这完全是由于研究方法造成的混乱局面。为解决这个问题，近年来我广泛调查、收集和鉴定了出土于我国十余个省、市、自治区的历史上各个不同时期的数十份古人种学资料，其中包括大量尚未正式刊布的人类学标本。通过反复的观察、分析和思考，我认为目前已初步具备建立一套中国古代区域性人种鉴别标准的条件，并倾向于将其划分为古中原类型、古华北类型、古华南类型、古西北类型和古东北类型。”（朱泓　1996）

古中原类型的主要体质特征是中颅型、高颅、上面部较高，面宽中等，偏低的眶型和普遍的阔鼻倾向。该类型中心分布区内的典型代表是仰韶文化和大汶口文化居民。该类型分布的中心是黄河中下游地区，江汉平原和长江下游一带仅系此类型分布区的外延部分（朱泓　2002a）。

古华北类型的主要体质特征是高颅窄面，较大的面部扁平度，常常伴有中等偏长而狭窄的颅型。其与现代东亚蒙古人种接近的程度十分明显，但在面部扁平度上又存在着较大的差异，他们或许是现代东亚人种的一个重要源头。这种类型的居民在先秦时期的内蒙古长城地带广有分布，应是该地区最主要的原始土著，其中心分布区可能是在内蒙古中南部到晋北、冀北一带的长城沿线，如庙子沟新石器时代居民、朱开沟早期青铜时代居民、毛庆沟和饮牛沟东周时期居民、白庙墓地Ⅰ组居民以及地域稍远的辽西夏家店上层文化居民（朱泓　1998a，2002a）。

古华南类型的主要体质特征是长颅型、低面、阔鼻、低眶、突颌、身材比较矮小。他们在体质特征上与现代华南地区的绝大多数居民（包括南方汉族和少数民族）均有所不同。代表人群包括浙江余姚河姆渡居民、福建闽侯昙石山居民、广东佛山河宕居民、广东南海鱿鱼岗居民、广西桂林甑皮岩居民，或许还包括了广东增城金兰寺居民。这种类型的居民在先秦时期可能是以我国南方沿海地区，即浙、闽、粤、桂一带为主要分布区的（朱泓　2002a）。

古西北类型的主要体质特征是颅型偏长，高颅型和偏狭的颅型，中等偏狭的面宽，高而狭的面型，中等的面部扁平度，中眶型、狭鼻型和正颌型。这种体质特征与现代东亚蒙古人种中的华北类型显得颇为相似。该类型的先秦时期居民主要分布在黄河流域上游的甘青地区，向北可扩展到内蒙古额济纳旗的居延地区，向东在稍晚近的时期可渗透进陕西省的关中平原及其邻近地区。在西北地区属于该类型的古代居民主要包括：菜园墓地的新石器时代居民，柳湾墓地的半山文化、马厂文化和齐家文化居民，杨洼湾墓地的齐家文化居民，阳山墓地的半山文化居民，火烧沟墓地、干骨崖墓地和东灰山墓地的早期青铜时代居民，核桃庄墓地的辛店文化居民，阿哈特拉山墓地的卡约文化居民等。

古东北类型的主要体质特征是颅型较高，面形较宽阔而且颇为扁平，其与现代亚洲蒙古人种东亚类型之间的接近程度也比较密切，所不同的主要是颧宽绝对值较大和较为扁平的面形，或许反映出现代东亚蒙古人种的某个祖先类型的基本形态。该类型居民在东北地区先秦时期的分布相当广泛，应该是东北地区远古时期的土著类型，至少也是该地区最主要的古代土著类型之一。该类型的中心分布区就在我国的东北地区。大南沟小河沿文化居民、大甸子第二组和第三组居民、水泉墓地的一部分居民以及白庙墓地Ⅱ组居民均属此类（朱泓　1998a，2002a）。

对于朱泓先生的这种研究理论体系，为了叙述上的便利，笔者将这种理论体系概括为“中国古代人种坐标体系”（Chinese Ancient Race Coordinate System/CARCS）。

先暂且不论前文诸位先生关于中国古代各人群间种族关系的描述和讨论，现只就笔者已有的统计研究结果，对包括姜家梁组在内的先秦时期各古代人群的体质特征和相互关系加以综合讨论。

应该明确一点，即笔者所选取的古代对比组是具有区域代表性的，基本上涵盖了先秦时期中国北方地区所能见到的种系类型，这一点至为重要，因为较具代表性的人群不仅减少了因盲目求全所造成的分析上的混乱，而且还能够避免因缺少全面的种系类型而带来的结论的片面性。

就笔者研究结果来看，姜家梁组与新石器时代的庙子沟组有着较为紧密的联系，与仰韶合并组、庙底沟组和西夏侯组所组成的黄河中下游新石器时代组群有着相对较为紧密的联系，但姜家梁组和庙子沟组与黄河中下游组群还是保持着一定的形态学距离；姜家梁组和庙子沟组与柳湾合并组、阳山组和菜园组所组成的黄河上游甘青地区新石器时代组群有着相对较远的形态学联系。在与青铜—铁器时代各组比较时，姜家梁组与大甸子一组、夏家店上层合并组、白庙一组、火烧沟组、殷墟中小墓一组和瓦窑沟组保持着较为密切的关系；在进行先秦时期古代人群之间的相互关系比较时，姜家梁组、庙子沟组、夏家店上层合并组、大甸子一组、仰韶合并组和西夏侯组具有相对密切的关系；朱开沟组、毛庆沟组和寨峁组之间有较小的形态学距离，并与姜家梁组所在组群有较为密切的关联；阳山组、柳湾合并组和菜园组这三组甘青地区人群的关系较为密切，并保持着较为一致的独立性；大甸子二组和大甸子三组有较为紧密的联系，与其他组群的关系较为疏远。

前文提到，在文化特征上，姜家梁遗址墓葬的文化面貌与内蒙古赤峰大南沟墓地的最为相近。但由于大南沟的人骨过于残破，因而笔者在此对这两批材料进行单独对比。我们依据相关文献（潘其风　1998）将大南沟居民的体质特征与姜家梁居民的体质特征相比较。如前所述，姜家梁人群是一个“同种系多类型的复合体”，其内部的居民在体质构成上存在某些差异，但由于人群融合过程的发生，该群体的组内差异并不如大甸子墓地所反映的那样明显。但是，我们还是能够发现，姜家梁人群中某些个体，即那些具有中圆颅型、伴以高颅型和狭颅型、中等上面高和面宽、中等面型、相对较阔的鼻型、低眶型和偏低的中眶型、相对较大的面部扁平度等特征的居民，他们所具有的部分特征（如中圆颅型、高颅型、中等面型以及相对较大的面部扁平度等）与大南沟居民所具有的颅骨特征非常一致。

还需说明的是，虽然古华北类型居民与古西北类型居民之间有较多的相似性，但只体现在个别人群和个别特征上，他们之间的整体差异性还是显而易见的。在北方古代人群中，普遍存在着高颅狭颅类型的群体，古东北类型、古华北类型、古西北类型和古中原类型均属此类。但是，“单纯地用现代人种类型的标准去划分古代居民体质类型的研究方法还有一个明显的缺点，即经分析具有相同的种系成分的古代居民实际上可能存在着较大的体质差异。”（朱泓　1998a）

笔者的研究发现，在颅指数上，古东北类型以圆颅型为主，古华北类型和古西北类型为偏长的中颅型；在面形上，古华北类型和古西北类型都是窄面，但总体来说，古西北类型更显窄些；总面角显示古东北类型和古华北类型多为平颌型，而古西北类型多为突颌型，表明面部的突出程度更加明显；古东北类型面部扁平度非常显著，古华北类型也有相对较大的面部扁平度，但古西北类型大多人群的面部扁平程度相对较低，虽然西北地区先秦时期也不乏面部扁平度较大者，如青海省湟中县李家山卡约文化居民（张君　1993），其体质特征一般具有中长的颅型，结合中～正颅型和中狭的颅型，额坡度中等，面部高宽，鼻颧水平方向的面部扁平度很强烈，颧颌水平面部扁平度中等，中等眶型结合狭鼻型。对于这一现象，朱泓先生认为“青海湟中李家山组的基本种系特征与‘古西北类型’的其他居民并没有本质的区别，所不同的也许是面宽值略大一些或颅高值偏低一些，或许反映的是一种较之其他‘古西北类型’居民保留了更多原始特征的地方性变体的性状。”

还应该注意的是“古西北类型”居民与现代华北居民之间的相似性问题。“如何理解‘古西北类型’与现代华北居民之间在体质特征方面的这种相似性，换言之，‘古西北类型’在现代华北居民种系特征的历史形成过程中究竟产生过多大的贡献率？这应该是一个值得人类学、考古学、民族学和历史学各界同仁认真思考的重要课题。”

此外，如果说先秦时期西北地区居民确与内蒙古长城地带和东北地区古代居民存在体质特征上的相似性，那么探讨这种相似性产生的原因就显得尤为重要，因为这涉及到这两个地区古代人群的共性是独自具有的，还是人群流动造成的基因迁移（gene migration）或是二者之间的基因融合的问题。但目前似无确凿的证据说明他们的相似性产生的原因。

将以上分析结果与朱泓先生的“中国古代人种坐标体系”相对照，可以说在很大程度上支持该体系中所阐述的理论命名问题。在先秦时期，中国北方古代居民的体质特征确如该体系中关于北方诸古代区域性类型的论述，可以分为四个类型，即古东北类型、古华北类型、古中原类型和古西北类型。

在确认"中国古代人种坐标体系"合理性的前提下，姜家梁居民在中国先秦时期古代人种中的相对坐标也逐渐清晰。虽然从表面来看，包括姜家梁组在内的先秦时期人群的聚类结果和散点图所示结果与这些族群所属的人种坐标有些不一致的地方，不同类型的居民表现出相近性，但不可忽视的一点是这些北方族群在多数特征上都有着相似性，这恰好说明中国现代蒙古人种各种类型居民的形成具有共同的基因来源，更可能说明这些古代组群也同样具有更为古老的共同基因来源。我们在认识这些古代族群的体质特征的时候，应该把注意力集中到他们之间的差异性上，这样才有可能真正把握其独特性，才能更细致地观察中国古代至现代人种形成微观演化进程。

综上所述，笔者认为，姜家梁新石器时代居民在中国人种演化进程的相对坐标点似已确认：姜家梁组应该属于先秦时期的古华北类型。

参　考　文　献

滨田耕作，水野清一．1938．赤峰红山后．东方考古学丛刊，甲种第六册．东京

陈靓．2000．瓦窑沟青铜时代墓地颅骨的人类学特征．人类学学报，(1)：32—43

方启．2004．陕西神木寨峁遗址古人骨研究//边疆考古研究．第2辑．科学出版社．36—336

甘肃省博物馆．1979．甘肃省文物考古工作三十年//文物考古工作三十年（1949—1979）．文物出版社．139—153

甘肃省文物考古研究所，吉林大学北方考古研究室．1998．民乐东灰山考古——四坝文化墓地的揭示与研究．科学出版社．131—139

韩康信．1989．中国新石器时代种族人类学研究//中国原始文化论集．文物出版社．40—55

韩康信．1990．青海民和阳山墓地人骨//民和阳山．文物出版社．160—173

韩康信．2003．宁夏海原菜园村新石器时代墓地人骨的性别年龄鉴定与体质类型//宁夏菜园——新石器时代遗址、墓葬发掘报告．科学出版社．349—357

韩康信，潘其风．1979．陕县庙底沟二期文化墓葬人骨的研究．考古学报，(2)：255—270

韩康信，潘其风．1982．广东佛山河宕新石器时代晚期墓葬人骨．人类学学报，(1)：42—52

韩康信，潘其风．1983．河姆渡新石器时代人骨的观察与研究．人类学学报，(2)：124—131

韩康信，潘其风．1984．古代中国人种成分研究．考古学报，(2)：245—263

韩康信，潘其风．1985．安阳殷墟中小墓人骨的研究//安阳殷墟头骨研究．文物出版社．50—81

韩康信，张振标，曾凡．1976．闽侯县石山遗址的人骨．考古学报，(1)：121—129

黑龙江省文物考古研究所．1991．平洋墓葬．文物出版社．1—179

黄象洪．1979．上海崧泽新石器时代人骨初步研究．北京猿人第一头盖骨发现50周年纪念会论文摘要汇编之一

黄新美，刘建安. 1988. 广东南海县鱿鱼岗新石器时代晚期墓葬人骨. 人类学学报，(2)：102—105
贾兰坡. 1978. 中国细石器的特征和它的传统、起源与分布. 古脊椎动物与古人类，(2)：137—143
考古研究所体质人类学组. 1977. 陕西华县横阵的仰韶文化人骨. 考古，(4)：47—256
李法军. 2001. 陶寺居民人类学类型的研究. 文物春秋，(4)：8—16
李济. 1985. 关于殷商人群的体质人类学概述//安阳殷墟头骨研究. 文物出版社. 149—152
辽宁省文物考古研究所，赤峰市博物馆. 1998. 大南沟——后红山文化墓地的发掘报告. 科学出版社. 61—66
刘武. 1997. 蒙古人种及现代中国人的起源与演化. 人类学学报，(1)：55—73
孟庆福，王义民，朱泓. 1992. 中国新石器时代居民体质特征的多元统计分析. 社会科学战线，(4)：316—322
孟庆福，朱泓. 1993. 中国北方青铜时代居民体质特征的多元统计分析. 博物馆研究，(3)：68—75
内蒙古自治区文物考古研究所，鄂尔多斯博物馆. 2000. 朱开沟——青铜时代早期遗址发掘报告. 文物出版社. 1—4
宁夏文物考古研究所，中国历史博物馆考古部. 2003. 宁夏菜园——新石器时代遗址、墓葬发掘报告. 科学出版社. 1
潘其风. 1986a. 从颅骨材料看匈奴的人种//中国考古学研究——夏鼐先生考古五十年纪念文集（二）. 科学出版社. 292—301
潘其风. 1986b. 毛庆沟墓葬人骨的研究. 鄂尔多斯式青铜器. 文物出版社. 316—341
潘其风. 1987. 中国古代居民种系分布初探//考古学文化论集一. 文物出版社. 221—231
潘其风. 1989. 我国青铜时代居民人种类型的分布和演变趋势//纪念苏秉琦考古五十五年论文集. 文物出版社. 294—304
潘其风. 1990. 平洋墓葬人骨的研究//平洋墓葬. 文物出版社. 187—235
潘其风. 1993. 内蒙古和东北地区商周时期至汉代居民的人种类型及其相互关系//中国考古学论丛——中国社会科学院考古研究所建所40年纪念. 科学出版社. 267—278
潘其风. 1996. 大甸子墓葬出土人骨的研究//大甸子——夏家店下层文化遗址与墓地发掘报告. 科学出版社. 224—322
潘其风. 1998. 大南沟新石器时代墓葬出土人骨的观察鉴定与研究//大南沟——后红山文化墓地的发掘报告. 科学出版社. 145—150
潘其风. 2000. 朱开沟墓地人骨的研究//朱开沟——青铜时代早期遗址发掘报告. 文物出版社. 340—399
潘其风，韩康信. 1980. 我国新石器时代居民种系分布研究. 考古与文物，(2)：84—89
潘其风，韩康信. 1984a. 内蒙古桃红巴拉古墓和青海大通匈奴墓人骨的研究. 考古，(4)：367—375
潘其风，韩康信. 1984b. 柳湾墓地的人骨研究. 青海柳湾——乐都柳湾原始社会墓地. 文物出版社. 261—303
潘其风，朱泓. 2001. 先秦时期我国居民种族类型的地理分布//苏秉琦与当代中国考古学. 科学出版社. 525—535
青海省文物管理处. 1995. 青海民和核桃庄小旱地墓地发掘简报. 考古与文物，(2)：1—12
青海省文物管理处考古队，中国社会科学院考古研究所. 1984. 青海柳湾——乐都柳湾原始社会墓地. 文物出版社. 1—2

青海省文物考古研究所．1990．民和阳山．文物出版社．1
陕西省文物考古研究所．2002．陕西神木寨峁遗址发掘简报．考古与文物，(3)：3—17
尚虹．2002．山东广饶新石器时代人骨及其与中国早期全新世人类之间关系的研究．中国科学院研究生院博士学位论文．
苏秉琦．1996．大甸子——夏家店下层文化遗址与墓地发掘报告（序）//大甸子——夏家店下层文化遗址与墓地发掘报告．科学出版社．i
田广金，郭素新（内蒙古自治区文物工作队）．1986．鄂尔多斯式青铜器．文物出版社．1
王明辉．1999．青海民和核桃庄辛店文化墓地人骨研究．吉林大学硕士学位论文．1—25
魏坚．1993．试论庙子沟文化//青果集——吉林大学考古专业成立二十周年考古论文集．知识出版社．85—100
吴汝康．1959．广西柳江发现的人类化石．古脊椎动物与古人类，(3)：97—104
吴新智．1960．山顶洞人的种族问题．古脊椎动物与古人类，(2)：141—149
吴新智．1961．周口店山顶洞人化石的研究．古脊椎动物与古人类，(3)：181—221
吴新智．1978．广东增城金兰寺遗址新石器时代人类头骨．古脊椎动物与古人类，(3)：201—204
严文明．1991．内蒙古中南部原始文化的有关问题//内蒙古中南部原始文化研究论集．海洋出版社．3—12
颜訚．1960．宝鸡新石器时代人骨的研究报告．古脊椎动物与古人类，(1)：33—43
颜訚．1962．华县新石器时代人骨的研究．考古学报，(2)：85—104
颜訚．1965．从人类学上观察中国旧石器时代晚期与新石器时代的关系．考古，(10)：513—516
颜訚．1972．大汶口新石器时代人骨的研究报告．考古学报，(1)：91—122
颜訚．1973．西夏侯新石器时代人骨的研究报告．考古学报，(2)：91—113
颜訚，吴新智，刘昌芝等．1960．西安半坡人骨的研究．考古，(9)：36—47
杨希枚．1985．河南安阳殷墟墓葬中人体骨骼的整理和研究//安阳殷墟头骨研究．文物出版社．21—44
易振华．1998．河北宣化白庙墓地青铜时代居民的人种学研究．北方文物，(4)：8—17
张家口考古队．1987．蔚县夏家店下层文化颅骨的人种学研究．北方文物，(1)：2—11，20
张君．1993．青海李家山卡约文化墓地人骨种系研究．考古学报．(3)：381—413
张银运，王令红，董兴仁．1977．广西桂林甑皮岩新石器时代遗址的人类头骨．古脊椎动物与古人类，(1)：4—13
张振标．1981．我国新石器时代居民体型特征分化趋势．古脊椎动物与古人类，(1)：87—47
张振标．1997．中国人类颅骨特征的微观演化及现代中国人的起源//演化的实证——纪念杨钟健教授百年诞辰论文集．海洋出版社．7—21
张振标，王令红，欧阳莲．1982．中国新石器时代居民体征类型初探．古脊椎动物与古人类，(1)：72—78
赵一清．1961．山顶洞人二女性种族属源问题的研究．古脊椎动物与古人类，(1)：55—57
郑晓瑛．1991．甘肃酒泉干骨崖四坝文化人骨研究．北京大学博士研究生学位论文．1—45
郑晓瑛．1993．甘肃酒泉青铜时代人类头骨种系类型的研究．人类学学报，(4)：327—336
中国科学院考古研究所内蒙古发掘队．1961．内蒙古赤峰药王庙、夏家店遗址试掘简报．考古，(2)：77—81

中国科学院考古研究所内蒙古发掘队. 1974. 赤峰药王庙、夏家店遗址试掘报告. 考古学报,(1):111—144

中国科学院考古研究所山东队. 1964. 山东曲阜西夏侯遗址第一次发掘报告. 考古学报,(2):57—106

中国社会科学院考古研究所. 1996. 大甸子——夏家店下层文化遗址与墓地发掘报告. 科学出版社. 1—223

朱泓. 1989. 夏家店上层文化居民的种族类型及相关问题. 辽海文物学刊——辽宁省博物馆建馆四十周年纪念特刊,(1):111—122

朱泓. 1990. 契丹人种初窥. 辽海文物学刊,(2):67—76,164

朱泓. 1991a. 内蒙古宁城山嘴子辽墓契丹族颅骨的人类学特征. 人类学学报,(4):278—287

朱泓. 1991b. 内蒙古凉城东周时期人骨研究//考古学集刊(7). 科学出版社. 169—191

朱泓. 1993. 靺鞨人种研究//青果集——吉林大学考古专业成立二十周年考古论文集. 知识出版社. 368—381

朱泓. 1994. 内蒙古察右前旗庙子沟新石器时代颅骨的人类学特征. 人类学学报,(2):126—133

朱泓. 1996. 建立具有自身特点的中国古人种学研究体系//我的学术思想——吉林大学建校50周年纪念. 吉林大学出版社. 471—478

朱泓. 1997. 察右后旗三道湾鲜卑墓葬人骨的研究//内蒙古文物考古论集. 中国大百科全书出版社. 421—430

朱泓. 1998a. 中国东北地区的古代种族. 文物季刊,54—64

朱泓. 1998b. 东灰山墓地人骨的研究//民乐东灰山考古——四坝文化墓地的揭示与研究. 科学出版社. 172—183

朱泓. 2002a. 中国南方地区的古代种族. 吉林大学社会科学学报,(3):5—12

朱泓. 2002b. 内蒙古长城地带的古代种族//边疆考古研究——中国北方长城地带青铜文化考古国际研讨会论文集第一辑. 科学出版社. 301—313

朱泓,孟庆福,汪洋. 1998. 东北亚地区古今居民种族类型的比较研究. 吉林大学社会科学学报,(5):1—7

朱泓,魏东. 2002. 内蒙古敖汉旗水泉遗迹出土の青铜器时代人骨//东北アヅアにわける先史文化の比较考古学的研究——平成11年度~13年度科学研究费补助金(基盘研究<A><2>研究成果报告书). シモグ印刷株式会社. 43—69

Coon. 1965. *Living Races of Man*. New York, Alfred A. knopf

Wan Cheng, Yinqiu Cui, Ranhui Duan et al. 2001a. Extraction, Amplification and Sequence Analysis of Ancient DNA. *Biochemistry and Molecular Biology*, (5): 636—641

Wan Cheng, Yinqiu Cui, Ranhui Duan et al. 2001b. Ancient DNA Analysis of Remains of Jiang-jialiang Population in China. *Archaeology*, (7): 74—81

第七章　古病理学研究

疾病是一个非常复杂的过程，在病原因子和机体机能的相互作用下，患病机体的局部形态结构、代谢和功能都会发生诸多改变。病理学依据这些改变，探究疾病发生的原因、在病因作用下疾病发生发展的过程以及机体在疾病过程中的功能、代谢和形态结构的改变（武忠弼等　1993）。

古病理学是将现代病理学研究的理论和方法应用于古代生物遗存生前所患疾病的研究当中，并且在现代病理学研究的基础上形成较为独特的研究内容，在关注疾病演化历史过程的同时还重视疾病的发生、发展与人类社会发展的相关性研究。

由于大部分古代生物遗存只保留了骨骼部分（包括化石），仅有少量存留了软组织（例如古代人类的木乃伊、冻尸、湿蜡和泥炭鞣尸等），因此古病理学的研究对象主要是以骨骼以及在骨骼上存留的疾病病症为主的。因此，在古病理学的研究中，对从考古发掘中出土的人骨材料进行病理的确认和分析是非常重要的，因为它们不仅是探索某些现代疾病起源和发展的重要材料，而且也为探索古代居民的生活方式、生存环境和健康状况提供了重要线索，"例如：牙龋病在历史上有显著增加的趋势是和人类农业生产的出现，食用大量富含糖分和淀粉的食物有关。牙齿的超年龄磨损也可能反映某些生活的侧面，如营养不良、食物粗糙、大多食用植物类等。"（韩康信　1985）而骨骼创伤则可能反映古代政治、社会生活和习俗方面的内容。因此，深入研究古代人骨，确认其中的病理材料，更可能多地为考古学工作者提供有关古代人类及其社会诸多方面的信息是非常重要的。

在进行古人类病理研究的时候，通常分为两个方面记录：一方面属于骨骼病变，一方面属于骨骼损伤。一般来说，头骨人工变形和功能压力分析也属于古病理学的研究范畴。

在研究对象上，除了上述的木乃伊、冻尸、湿蜡和泥炭鞣尸等外，粪化石、古代艺术品以及有关疾病的历史文献都可作为古病理学研究的资料。

对于古代人群的健康状况可以进行个体研究，但更重要的是通过这种个体研究来发现某个群体的疾病规律和总体健康状况。人类学家已经注重使用人群基础资料来估量有关不同文化和环境因素引起的健康状况，（这些因素包括农业发展、人群群居带来的压力以及社会分层的产生等。）重视诸如遗传性疾病与人群组织、婚姻方式以及社会形态之间的关系研究。

目前，古病理学研究中最具挑战性的是古代人群生活方式与健康和环境的关系。例如食物种类对健康的影响，肉食人群和素食人群的疾病种类的差别，采集和狩猎经济对资源的过渡破坏，容易造成季节性食物缺乏，从而出现人口控制方式和迁徙等所带来的健康问题。又如作为聚落考古的重要研究内容，古病理学非常重视传染性疾病的发生和传播与人口密度、人群规模以及隔离程度之间的关系研究。

Brockman 和 Fairbank 对以往的古病理学研究进行了总结并提出了修正后的分类。他们将古病理学研究中所遇见的疾病划分为 11 类，具体分类是：一般性骨骼感染、骨肿瘤、关节疾病、颌骨及牙齿疾病、骨骼畸形、内分泌紊乱造成的骨骼改变、饮食结构影响造成的骨骼改变、血液疾病造成的骨骼改变、先天发育障碍以及原因不明的骨性融合（Brockman　1948；Fairbank　1951）。Brothwell 沿用了 Brockman 和 Fairbank 的分类方法，但是他将与家族遗传有关的骨骼变异、牙齿发育异常和因为某种习俗而造成的骨骼和牙齿损伤视为非病理学现象（Brothwell　1981）。Barnes 专门进行了成年人中轴骨（包括头骨、椎骨、肋骨和骶骨）的古病理学研究（Barnes　1994）。Fuller 和 Denehy（1999）还专门对人类牙齿的形态异常等病理现象进行了解剖学和形态学研究（Fuller et al.　1999）。

我国的古病理学研究主要集中在体质人类学和考古学领域。朱泓根据多年的研究经验，首次系统地总结了中国古病理学研究的诸多相关问题，他将中国古代人骨上所见的古病理学现象划分为骨骼病理和创伤两类（朱泓　1999）。

他的分类标准是：骨骼病理包括骨骼的特异性感染、骨骼的非特异性感染、骨肿瘤、先天性骨—关节疾病，骨-关节营养和代谢疾病、内分泌紊乱、先天性发育缺陷、非正常骨性接合、血液性损伤、关节疾病和口腔疾病；骨骼损伤骨骼创伤主要包括线状骨折、塌陷性骨折、孔状骨折、粉碎性骨折、压缩性骨折、疲劳性骨折、骨质砍创、骨质切创、骨质划伤、骨质压痕、骨质擦伤、钻孔术创痕和关节脱位等。

笔者在以往研究基础上，特别是依据朱泓（1999）的分类标准，对中国北方地区古代人骨上所见的骨骼病理与创伤进行了统计和分析，笔者将因“功能压力”而造成的关节或其他部位异常也纳入古病理学的研究范畴（李法军　2002）（表 7-1）。

表 7-1　病理学分类

骨骼病理		
骨骼的特异性感染：骨结核、骨梅毒、关节梅毒、早期先天性梅毒、晚期先天性梅毒、先天性梅毒突发性损伤、性病性梅毒、麻风病	骨骼的非特异性感染：急性化脓性骨髓炎、慢性化脓性骨髓炎、脊椎化脓性骨髓炎、化脓性关节、类风湿性关节炎、强直性脊柱炎、骨性关节炎、脊髓炎	骨肿瘤：骨瘤、骨软骨瘤、骨样骨瘤、骨囊肿、Eving 恶性毒瘤、巨细胞肿瘤、单发性内生软骨瘤
先天性骨、关节疾病：先天性脊柱侧曲、腰椎骶化和骶椎腰化、脊柱裂、先天性胫腓骨远端联合、多指（趾）畸形、并指（趾）畸形	口腔疾病：牙周炎、脓肿、发育不全、囊肿、牙瘤、龋齿、根尖脓疡、畸形齿、萎缩（阻生）、先天性缺如、结石	骨、关节营养和代谢疾病：佝偻病、老年性骨萎缩、股骨头缺铁性坏死、脊椎骨骺炎、氟骨症、大骨节病

续表

骨骼病理		
内分泌紊乱：巨人症、侏儒症、肢端肥大症	先天性发育缺陷：软骨发育不全、脑积水、尖形颅、小头形	非正常骨性接合：舟状颅、三角形颅、斜形颅、遗传性骶髂融合
血液性损伤：镰刀样细胞贫血、缺铁性细胞贫血、疟疾性细胞贫血、遗传性细胞贫血、成年股骨头缺血坏死	关节疾病：创伤性关节炎、痛风、退化性关节疾病、风湿性关节炎、感染性关节炎	
骨骼创伤：线状骨折、孔状骨折、粉碎性骨折、压缩性骨折、塌陷性骨折、骨质砍创、骨质划伤、骨质切创、骨质擦伤、骨质压痕、钻孔术创痕、关节脱位		
功能压力性骨关节异常		

国内外诸多人类学家对某些古病理现象进行了细致的研究（韩康信等　1980，1981；杜百廉等　1989；李瑞玉等　1991；Haas et al.　1994；张振标　1995；潘其风　1996；Churchill et al.　1997；Ubelaker et al.　1998；Inoue et al.　2005；贾莹　2006）。这些研究都是针对骨骼材料进行的，研究的手段主要是形态观察（包括肉眼观察和镜下观察）、影像分析（包括X射线分析和CT断层扫描分析）和骨组织的痕量分析。

对闻名中外的长沙马王堆一号汉墓出土的女尸所进行的综合研究除了整体外观检查、皮肤研究以及射线检查外，还要进行组织化学和细胞化学的研究、血型分析、蛋白分析、脂类分析、组织核酸生物化学分析以及寄生虫分析等（长沙马王堆一号汉墓古尸研究编辑委员会　1980）。

第一节　研究材料和观察方法

研究所用人骨材料包括头骨和体骨两部分，其中所用头骨材料与种族形态研究和非测量性状研究所用材料相同，分属于Ⅰ、Ⅱ、Ⅲ区墓葬，共计87个个体；所用肢骨材料全部来自Ⅰ区，分属于61个个体。肢骨材料来源详细情况见表7-2。运用临床医学、遗传学、胚胎学和体质人类学等相关学科知识，参照有关文献所叙述的标准（Steinbock　1976；Bronthwell　1981；杜百廉等　1989；李瑞玉等　1991；武忠弼　1993；Barnes　1994；Haas et al.　1994；张振标　1995；Schwartz　1995；潘其风　1996，1998；曹来宾　1998；朱泓　1999），结合实际工作经验对骨骼病理进行鉴定和记录。

表 7-2　体骨材料来源

墓葬编号	性别	年龄	墓葬编号	性别	年龄
2	♂	35 ±	42	♀?	30—35
3	♂	35 ±	43 上	♀	25 ±
5	♀	35 ±	43 中	♂	25—30
6	♂	20—25	44	♂	35—40
9	♂	25—30	46	♀?	40 ±
10	♂	20—25	47 上	♀	30—35
11	♂	40 ±	47 下	♂	25—30
12	♂	40—45	48	♀	30 ±
13	♂	19—20	49	♂?	成年
14	♀	45—50	51	♂	45—50
15	♀	25—30	52	♀	35 ±
16	♂	30 ±	53	♂	30—35
17	♀	30—35	54	♀	30—35
18	♀?	20—25	55	♂	30—35
22	♂	30—35	56	♀	35 ±
23	♀?	30—35	57	♂	30—35
24	♂	25—30	58	♀	30 ±
25	♂	30—35	59	♀	35 ±
26	♂	30 ±	60	♀	35 ±
27	♂	35 ±	62	♀	30—35
28	♀	35—40	63 左	♂	35 ±
29	♂	40—45	63 右	♂	35 ±
32	♀	40—45	64	♂	40—45
33	?	6—8	65 上	♂	35—40
34	♀	35—40	65 中	♀	45 ±
35	♂	20—25	65 下	♂	19—20
36	♂	17—18	66	♀	成年
37	♂	30—35	67	♂	25—30
38	♂	35—40	68	♀	45—50
39	♂	16—18	69	♂	35—40
40	♂	25—30			

第二节　病理的观察与讨论

一、骨骼病变

1. 骨瘤

骨瘤（osteoma）属于成骨性肿瘤，主要发生于膜内化骨的骨骼，颅骨表面最为常见，四肢较为少见。一般情况下，发生于膜内化骨的骨瘤会随着骨骼发育成熟而停止生长，无癌变。骨瘤内仅为骨组织。一般在儿童期或青春期前发生，男性多于女性。在姜家梁墓地发现一例，Ⅲ M10 下（♀，30±），病变部位是在左侧额结节上方近中，近圆形，扁状，边缘光滑，直径约 7mm（图 7-1）。

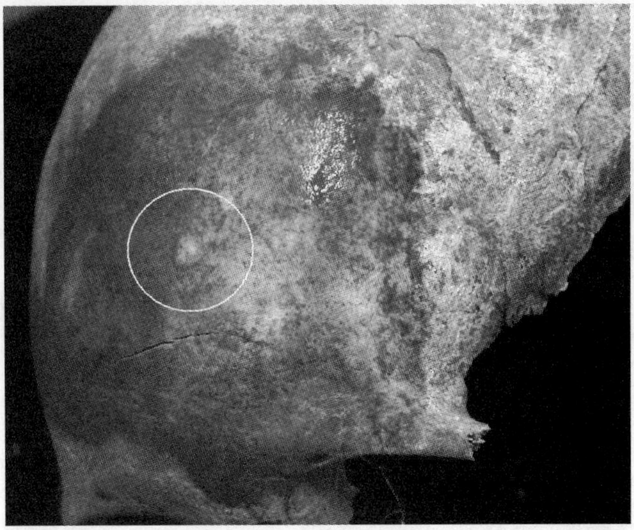

图 7-1　Ⅲ M10 下

2. 单发性内生软骨瘤

软骨瘤（chondroma）属于成软骨性肿瘤，是较为常见的良性骨肿瘤。根据病灶数目可分为单发性软骨瘤（solitary chondroma）和多发性软骨瘤（multiple chondroma），根据病变部位又分为内生性软骨瘤（enchondroma）和皮质旁软骨瘤（juxtacortical chondroma）。单发性内生软骨瘤是由于胚胎组织的错置而引起的，多发于软骨内化骨的骨骼。病理表现为骨皮质因肿瘤压迫变薄，其内侧面有不规则骨嵴或呈沟状，病变常开始于干骺部，随骨骼生长逐渐移向骨干。好发年龄为10—50岁，男女发病几率相仿，以手足短管骨为最多见，其次为肱骨、胫骨、腓骨和尺骨。在姜家梁墓地发现一例，M37（♂，30—35），病变部位是在左侧肱骨近侧端前外侧骨干（图7-2）。

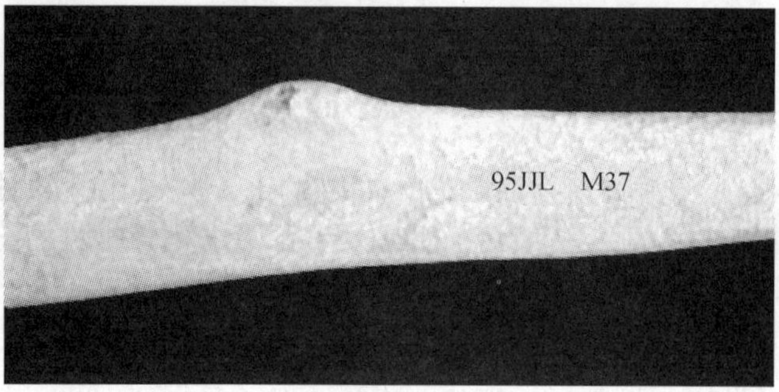

图7-2　M37

3. 先天性胫腓骨远端联合

这种症状属于骨与关节发育畸形。可能有家族遗传性。其骨性联合部常发生在胫腓骨之下部，少数在上端。在姜家梁墓地发现一例，M37（♂，30—35），病变部位是在胫腓骨之远端（图7-3）。

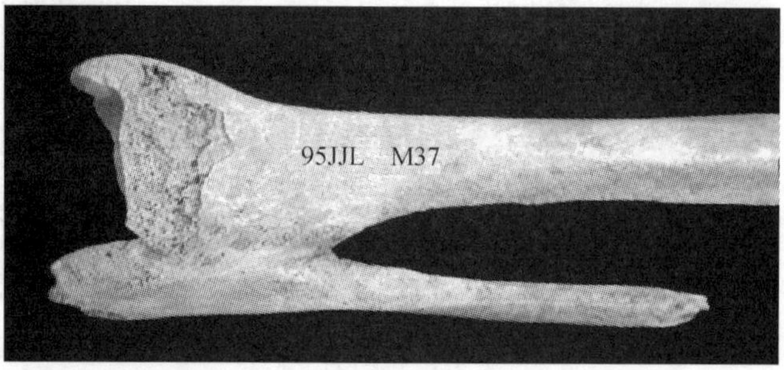

图7-3　M37

4. 成年股骨头缺血坏死

属于骨软骨缺血坏死性病症。成年股骨头缺血坏死的病因有很多种，综合来看，主要包括创伤性和非创伤性两大类。但无论病因如何，结果都是相同的，即最终会导致股骨头供血减少，引起骨细胞及骨髓细胞坏死。初期症状是发生骨质疏松，到了中期，股骨头压缩变扁平状，股骨颈下方皮质增厚，髋臼关节面增生硬化。到了晚期，股骨头正常骨结构消失，股骨头明显变扁或呈蕈状变形，内部有弥漫或局限性硬化或囊变区，股骨颈增粗，可有髋关节半脱位或全脱位发生。通常情况下，会发生继发性骨关节退行性病变，髋臼缘和股骨头边缘和基底部增生形成骨赘。在现代，成年股骨头缺血坏死的发病率逐年增多。在姜家梁墓地发现一例，M24（♂，25—30），病变部位是在左侧髋关节（图7-4）。

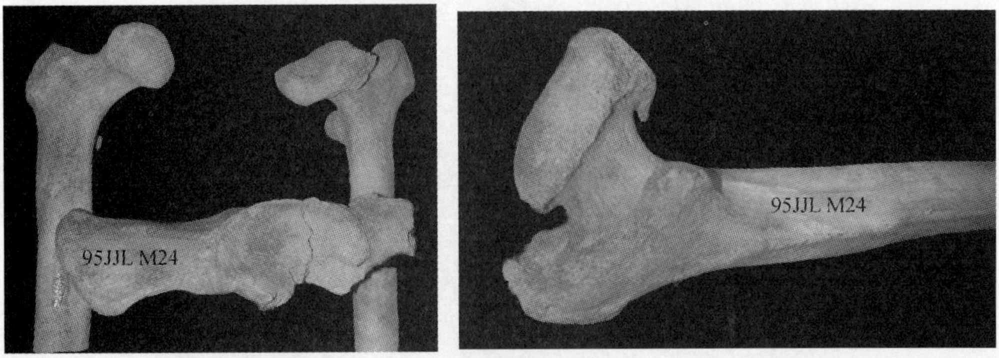

图7-4　M24

5. 髌骨软化症

也称为髌骨软骨软化症（chondromalacia of patella），属于创伤和退行性关节炎。对于其病理原因说法不一，大致有如下几种看法：一是认为与膝关节反复性小创伤有关；二是认为与内分泌失调和动脉硬化引起的局部血运不足有关；三是认为由于局部外伤和劳损所致，软骨受到重力积压，发生变性，进而发生退行性关节改变。病理表现是在软骨磨损过程中，软骨细胞被挤压，其正常代谢机能紊乱，或不能正常地交换营养物质，造成软骨变性，发生骨化，在关节边缘形成骨赘样骨质增生。在姜家梁墓地发现一例，M24（♂，45—50），病变部位是在右侧髌骨（图7-5）。

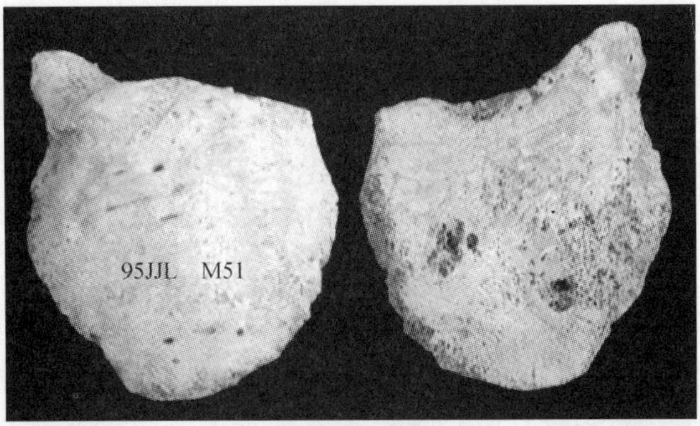

图7-5　M24

6. 肱骨大结节结核

肱骨大结节结核属于骨关节结核类疾病。常好发于大结节的外侧偏后上方，多见于成年人。病理改变以肉芽型为主。按照病灶的开始部位，可分为边缘型和中心型。边缘型常呈弥漫性的溶骨性破坏，局部有明显的骨质疏松，周围常伴有点或片状骨硬化。在姜家梁墓地发现一例，M27（♂，35±），病变部位是在左侧肱骨（图7-6）。

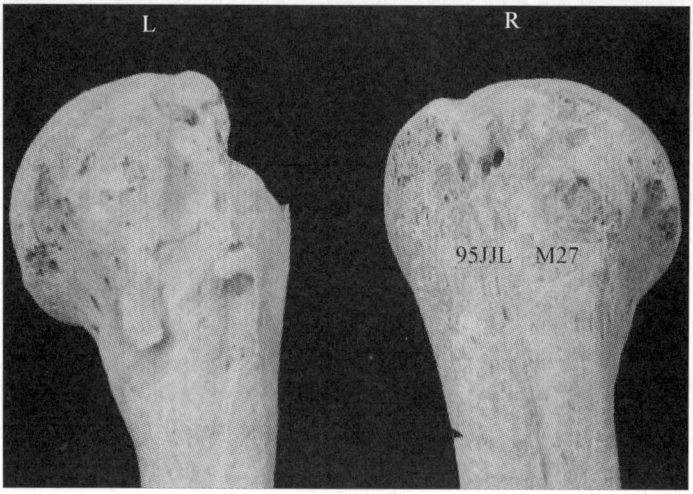

图7-6　M27

7. 腰骶融合

腰骶融合也叫腰椎骶化，其发生原因与骨关节发育畸形或者强直性脊椎炎有关。这里所研究的腰椎融合系胚胎期间叶的原椎分节障碍所致。可影响两个或多个节段。融合本身可分为完全性，或者仅局限于椎体或椎弓，常见于腰椎，次为颈椎，胸椎少见。有学者认为此种病症可能与家族遗传有关（韩康信　1985；Barnes　1994）。在姜家梁墓地发现二例，占所观察总数的3.28%（骨骼部分的观察总数按61计）。这二例个体是M38（♂，35—40）和M43上（♀，25±）。

M38的第五腰椎椎体虽然没有完全与骶骨上关节面融合，但从X射线影像来看，部分椎体与关节面之间发生骨性融合，所以因该属于完全融合（图7-7）。

M43上只是第五腰椎椎弓与骶骨上关节面融合，从X射线影像来看也是如此，所以因该属于局部融合（图7-8）。

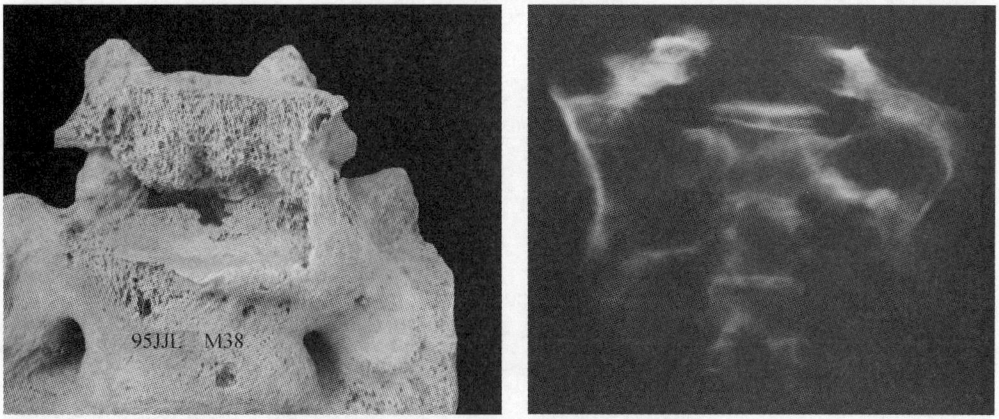

图 7-7　M38（右侧为 X 射线影像）

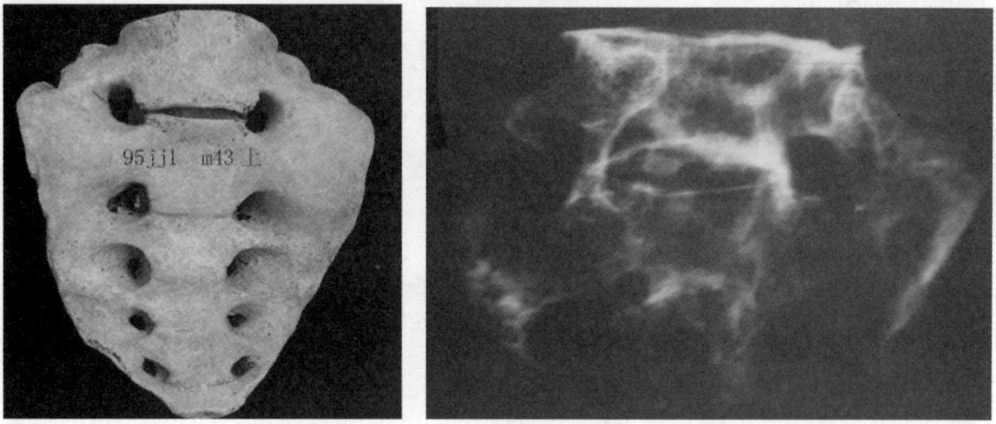

图 7-8　M43 上（右侧为 X 射线影像）

8. 强直性脊柱炎

强直性脊柱炎（ankylosing spondylitis）属于全身性慢性进行性炎症性疾病。好发部位有骶髂关节、脊柱骨突关节、肋椎关节、脊柱旁韧带组织。椎体骨质疏松明显，脊柱常呈现后凸畸形，椎间隙一般保持完整，但是变得缩窄，上、下椎体终板有广泛的骨质破坏，形成所谓的安德逊病损（Andersson's lesion），周缘有不整的骨质硬化。晚期骨化的韧带与椎间盘的纤维环交织在一起，发生脊柱强直，形成脊柱的竹节样硬化。在姜家梁墓地发现二例，占所观察总数的 3.28%。这两例个体是 M57（♂，30—35）和 M65 中（♀，45±）。

M57 发生于胸椎部位，椎体骨质疏松，融合并发生楔形改变，椎间孔间隙缩窄，椎体及椎孔周缘有骨刺生成（图 7-9）。M65 中发生于颈椎、胸椎及腰椎，其中胸椎、腰椎椎体因骨质疏松发生严重的楔形改变，椎体周缘生成环形骨赘（图 7-10）。

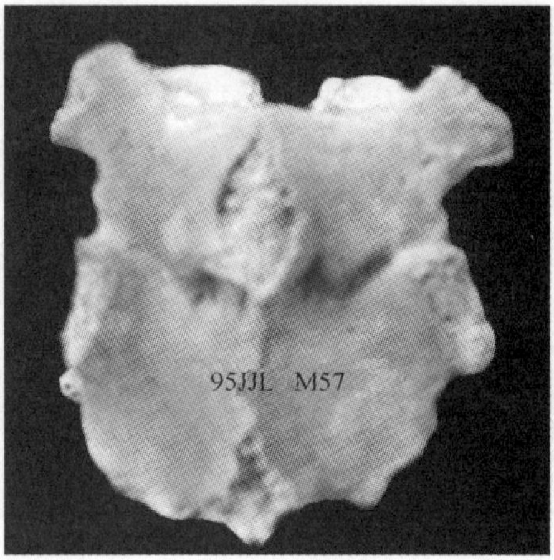

图 7-9　M57

9. 退行性关节病

退行性关节炎（degenerative osteoarthropathy）又称肥大性关节炎、骨关节炎、退行性关节炎或增生性关节炎。是关节软骨发生变性后，继之以邻近软骨增生、骨化而形成的关节病变。好发部位是承重较多的大关节，如髋关节、脊柱，其次为肩关节、膝关节和指间关节。根据致病原因分为原发和继发两种。原发性退行性关节病是与新陈代谢有关的老年性生理改变，发病期多在 40 岁以上，男性多于女性。继发性退行性关节病与关节外伤、骨感染（如急性或慢性关节炎）、先天畸形或局部缺血有关。表现病症多为关节间隙变窄，关节边缘出现骨刺或唇样骨质增生。

图 7-10　M65 中

在姜家梁墓地发现二例，占所观察总数的 3.28%。这两例个体是 M22（♂，30—35）和 M32（♀，40—45）。M22 发生部位为腰椎段，椎体周缘有骨刺生成（图 7-11）。M32 发生部位为肘关节，关节周缘有骨刺生成（图 7-12）。

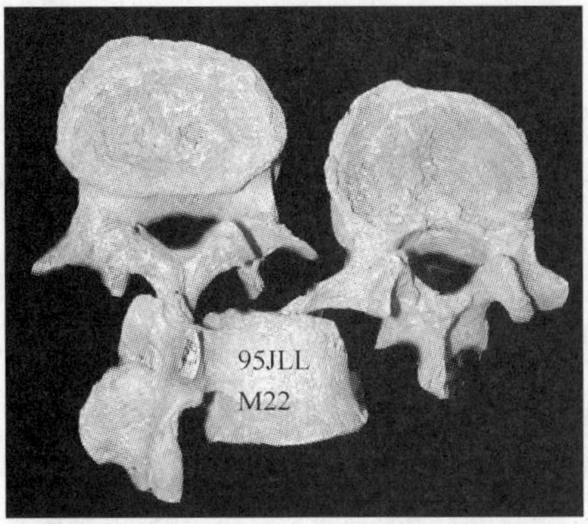

图 7-11　M22

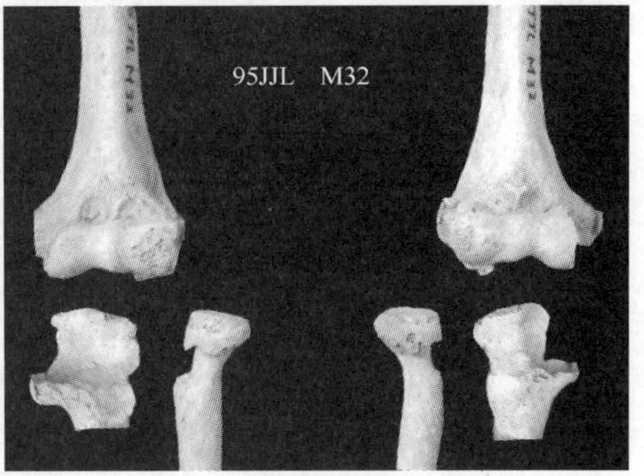

图 7-12　M32

二、骨骼创伤

骨骼创伤主要包括骨质压痕、骨质擦伤、线状骨折、塌陷性骨折、孔状骨折、粉碎性骨折、压缩性骨折、疲劳性骨折、骨质砍创、骨质切创、骨质划伤、钻孔术创痕和关节脱位等。

姜家梁墓地人骨上所发现的骨骼创伤仅有一种，即骨折，但是其发生部为有所不同，包括锁骨骨折、肋骨骨折、桡骨骨折和腓骨骨折。占所观察总数的6.56%。

“骨与软骨由于外力作用而失去连续性或完整性谓之骨折。”（曹来宾　1998）依据不同的方面，骨折的分类方法主要有以下三种：依据皮肤完整性分为闭合性骨折和开放性骨折；依据骨折程度分为完全性骨折和非完全性骨折（图 7-13）；依据骨折原因分为外伤性骨折、疲劳性骨折、病理性骨折。

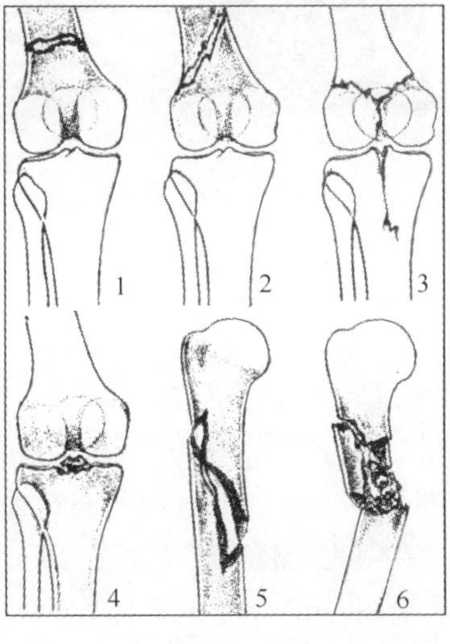

图 7-13　完全性骨折的各种类型
（曹来宾等　1998）
1. 横断；2. 斜断；3. “Y”形、纵形；4. 撕脱；5. 螺旋；6. 粉碎

正常情况下，骨折的愈合需要一个过程，大致分为四个阶段：①肉芽组织修复期。骨折发生后先行成血肿和炎症，24—72h，骨折端有新生肉芽组织长入，开始吸收坏死组织，骨折线逐渐模糊并稍微增宽。②骨痂形成期。骨折端的新生骨组织叫骨痂，一般在骨折后

2—4 周出现。③骨性愈合期。骨折愈合后，骨痂开始缩小并逐渐骨化，骨小梁逐渐增加，骨髓腔由骨痂所填充。骨折后 3—12 个月，骨骼完成骨性愈合。④塑形期。骨性愈合后，骨痂内的骨小梁排列不规整。由于适应承重需要，骨小梁按照作用力的传导方向重新排列。儿童完成塑形需要 1—2 年，成年人需要 2—4 年。

如果骨折以后未及时得到救治，就会产生并发症和后遗症，如骨感染、骨萎缩、缺血性坏死、骨畸形（错位性愈合）和创伤性骨关节疾病等。

1. 肋骨骨折

这种骨折可由直接暴力和间接暴力引起。孕妇由于腹部显著膨隆而引起胸廓位置不对称，在剧烈咳嗽时也易发生骨折。骨折好发部位主要集中在 4—7 肋，可单发活多发，也可一骨多发。在姜家梁墓地发现一例。

M12（♂ ，40—35），骨折部位的肋骨从其形态来看应该属于第 7 肋左右的肋骨，但准确位置已属难辨。骨折后发生错位，从 X 射线影像来看，骨折线虽然模糊，但仍可识别，说明此个体在受到创伤后两周左右就死亡了（图 7-14）。

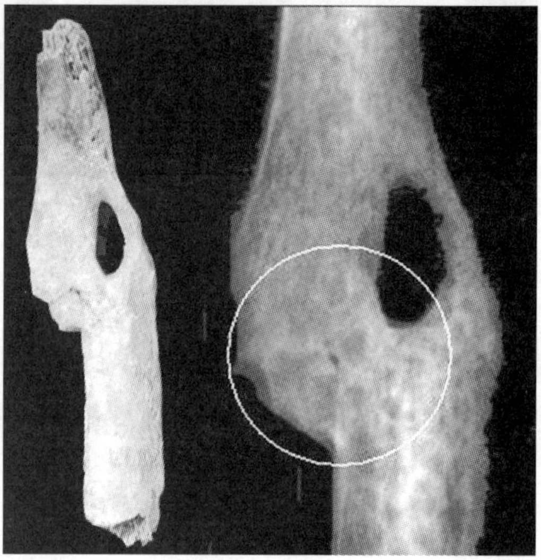

图 7-14　M12（右侧为 X 射线影像）

2. 锁骨骨折

这种骨折主要是由于间接外力引起的。锁骨呈“S”形，内 2/3 段向前凸，外 1/3 段向后凸。当肩部受到强烈地外力冲击时，间接外力就会沿着锁骨的长轴到达弯曲处，所以很容易造成骨折。在姜家梁墓地发现一例，M63 右（♂ ，35 ±）。骨折部位即是在前后凸的转折位置，已经错位愈合，有骨痂形成（图 7-15）。

3. 桡骨骨折

桡骨骨折是比较少见的，多发生于未成年人群体。大多数因暴力所致。在姜家梁墓地发现一例，M54（♀，30—35），发生部位在左侧桡骨远端（图 7-16）。

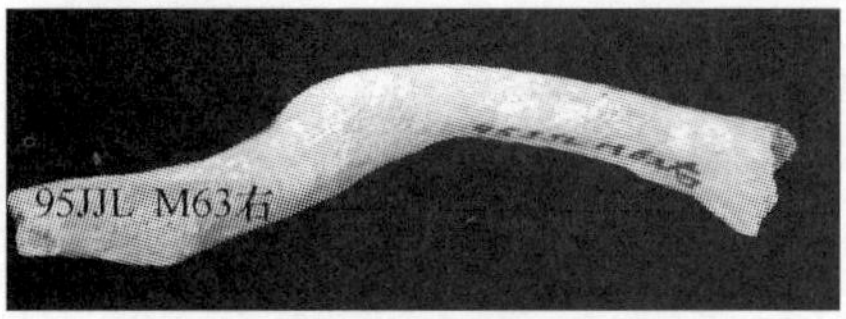

图 7-15　M63 右

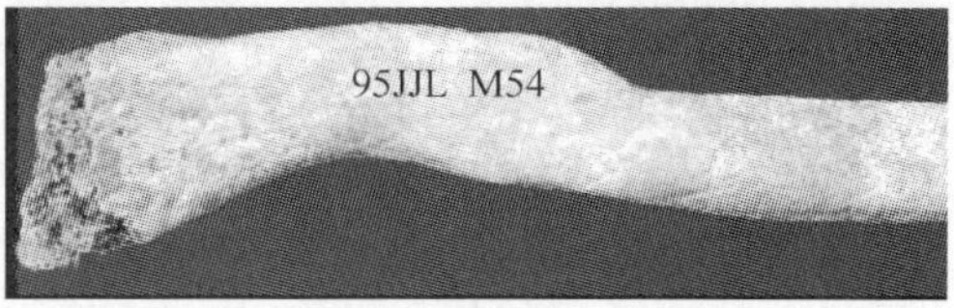

图 7-16　M54

4. 腓骨骨折

胫腓骨骨干骨折比较常见，是骨折的多发部位。直接暴力或者是因高处坠落、扭伤等都可引发胫腓骨骨干骨折。在姜家梁墓地发现一例，M43 中（♂，25—30），发生部位在左侧腓骨骨干近远端，已经形成很大的骨痂，愈合良好，未发生严重错位，但未发生完全塑形（图 7-17）。

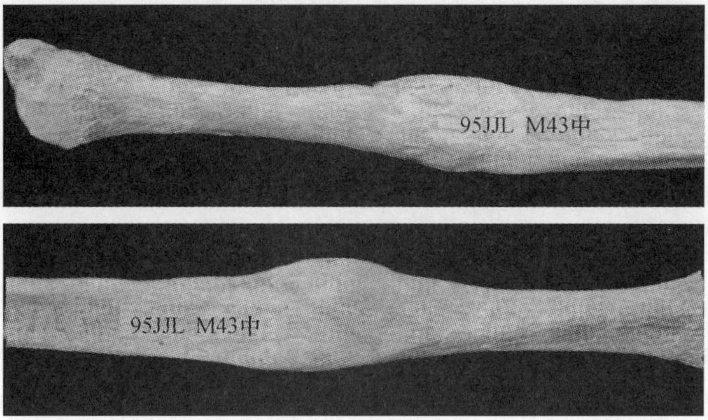

图 7-17　M43 中

三、口腔疾病

1. 齿畸形

尽管大多数牙齿形态异常是由于基因紊乱引起的，但是环境因素（如风疹病毒（rubella virus），梅毒（syphilis），放射线（radiation）和四环素（tetracyclines 等）也可引起牙齿疾病（Fuller et al.　1999）。常见的齿畸形（malformation of the teeth）有釉质发育不全（enamel hypoplasia）、珍珠釉（也叫釉珠，enamel pearl）、形态异常（abnormalities in shape）、多生齿或先天缺失（Abnormal numbers of teeth）、双生齿（gemination）和牙齿融合（fused teeth）等（Moore　1989；Fuller et al.　1999；司徒学　1960）。

在姜家梁墓地发现二例珍珠釉，均属于 M18（♀?, 20—25）。占所观察总数的 2. 30% 。珍珠釉属于釉质发育不全。M18 的两例珍珠釉，一例在右上颌第三臼齿舌侧近中的齿冠下缘齿根根部，与第三臼齿牙釉质相连，为一亮白小珠；另一例在左上颌第三臼齿舌侧近中的齿根上，不与齿冠相连，也为一亮白小珠，但个体比右侧的稍小（图 7-18）。

图 7-18　M18

在姜家梁墓地发现二例牙齿先天缺失的个体，M67（♂，25—30）和 II M25 下（♂，40 ±）。占所观察总数的 2. 30% 。

M67 的发生部位在下颌骨，双侧前臼齿缺失，但不能确认是第一还是第二前臼齿。其双侧犬齿形态和第一臼齿形态正常（图 7-19）。

M25 下的发生部位也在下颌骨，先天缺失下颌中央门齿，不能确认是左侧还是右侧缺失。双侧门齿形态正常，两侧门齿中间只有一个形态正常的下颌中央门齿（图 7-20）。

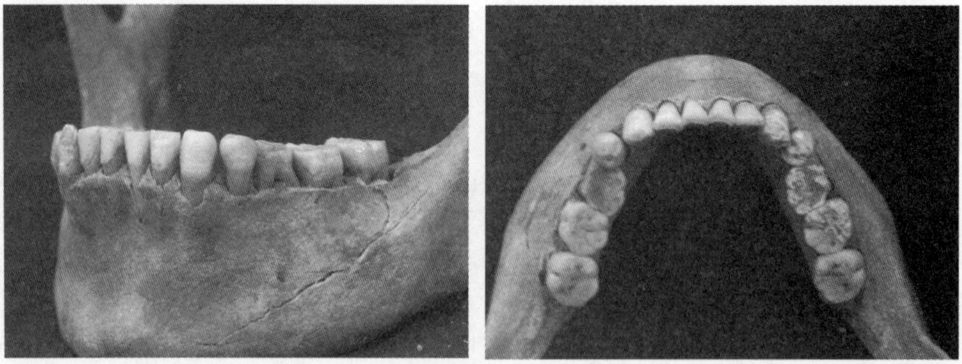

图 7-19　M67

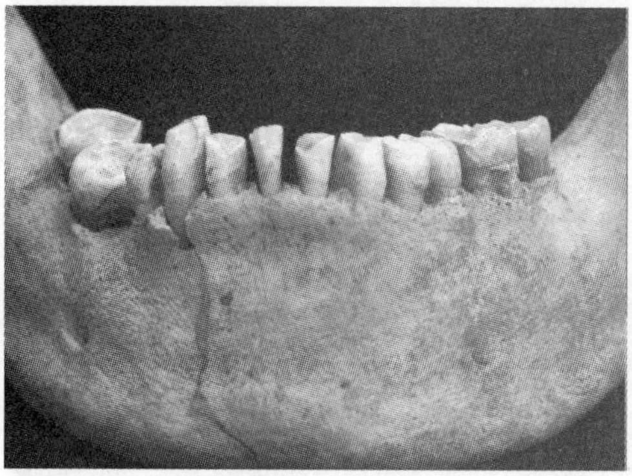

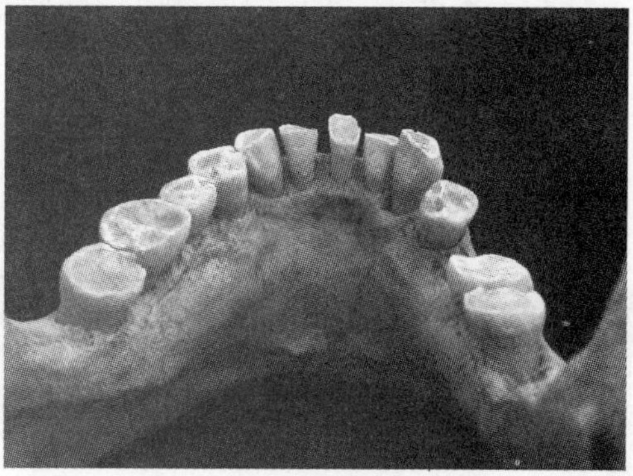

图 7-20　M25

在姜家梁墓地发现一例前臼齿臼齿化的个体，M52（♀，35±）。发生齿为右下颌第二前臼齿，齿形态表现为臼齿态，齿冠近方形，磨耗较严重，双根（图7-21）。

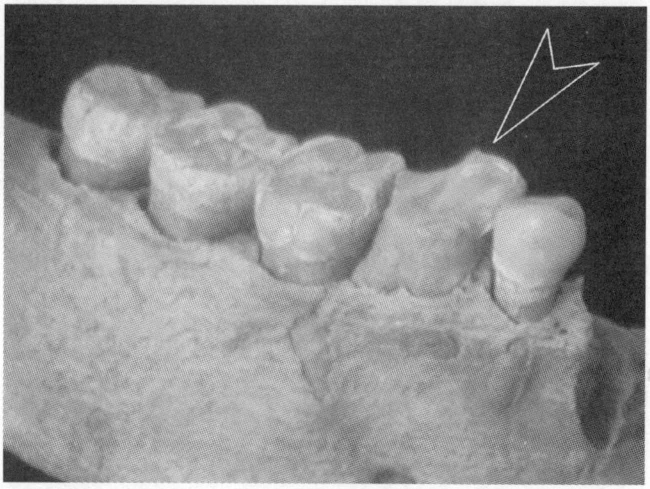

图 7-21　M52

2. 齿列不齐

正常情况下，人体上下颌骨骨量与牙量相互协调，齿间隙正常，但是当骨量少于牙量时就会造成牙齿萌出障碍，使得某些牙齿的萌出位被相邻牙齿占据，因而使改牙齿从齿槽外或者齿槽边缘萌出，牙齿多错位生长，造成齿列不齐。

在姜家梁墓地发现三例，占所观察总数的3.45%。这三例个体是M18（♀，20—25）、M28（♀，35—40）和M57（♂，30—35）。M18发生于下颌骨前齿的右下颌侧门齿（图7-22），M28发生于下颌骨的左下颌第一前臼齿（图7-23），M57发生于上颌骨前齿的右上颌侧门齿（图7-24）。可以看出，M18和M57这两个个体的牙齿排列都比较拥挤。

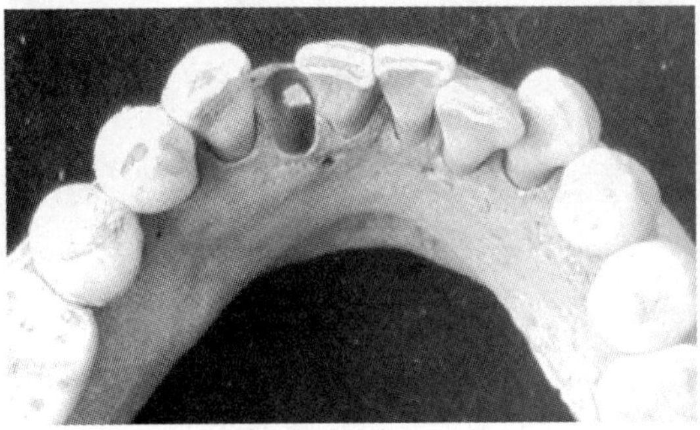

图7-22　M18

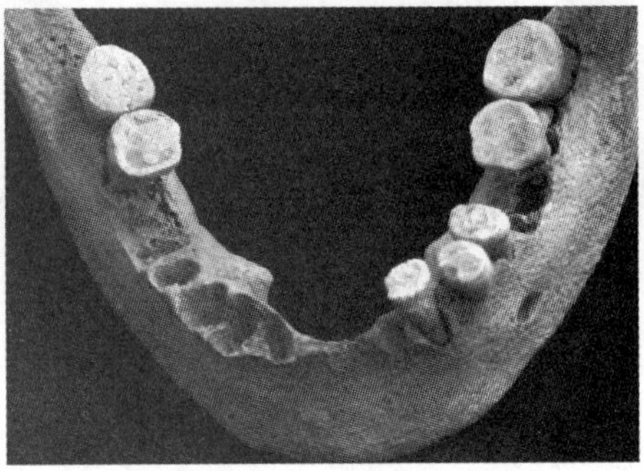

图7-23　M28

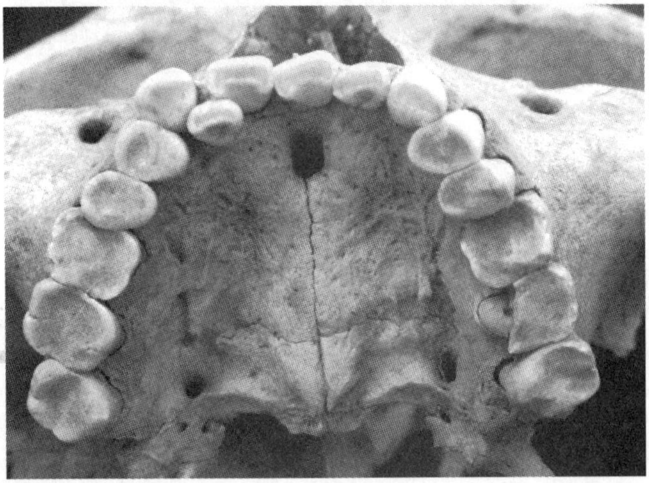

图7-24　M57

3. 阻生

牙齿阻生主要发生部位在上下颌的智齿，即第三臼齿，但笔者发现两例非智齿臼齿的阻生：第一例是M17，发生部位在左下颌第二臼齿；第二例是M67，发生部位在左下颌第一臼齿。关于智齿阻生原因有众多解释，但都认为在人类进化过程中的颧骨发育退化为主要原因（耿温琦　1992）。

在姜家梁墓地发现七例，占所观察总数的8.05%。这七例个体是M4（♀，30—35）、M9（♂，25—30）、M17（♀，30—35）、M40（♂，25—30）、M47中（♀，45±）、M67（♂，25—30）和Ⅲ M9（♀，45±）。

M4发生在左下颌第三臼齿，第三臼齿横出位（图7-25）；M9发生在左下颌第三臼齿，舌向位（图7-26）；M17发生在左下颌第二臼齿，前倾位（图7-27）；M40发生在右下颌第三臼齿，水平位（图7-28）；M47中发生在左下颌第三臼齿，前倾位（图7-29）；M67左下颌第一臼齿，垂直位（图7-30）；Ⅲ M9发生在左下颌第三臼齿，水平位（图7-31）。

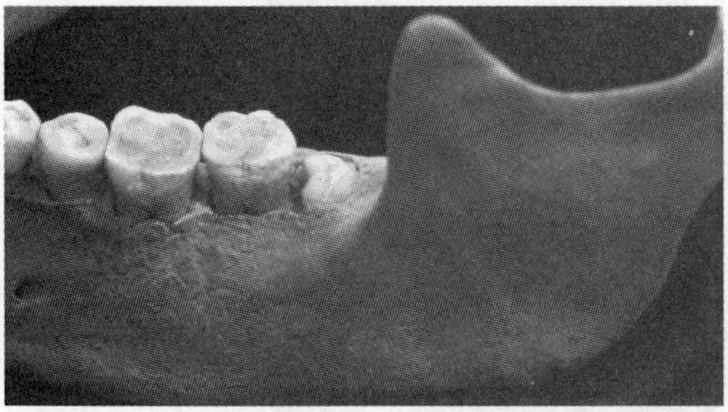

图7-25　M4

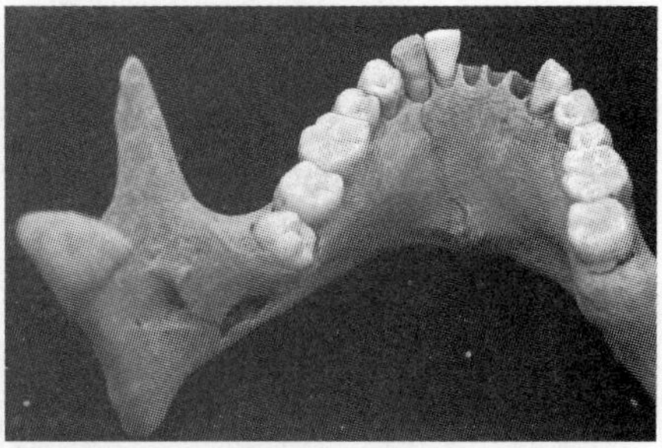

图7-26　M9

4. 龋齿

龋齿（dental caries）按发生部位可分为以下几种：发生于齿冠的任何部分，

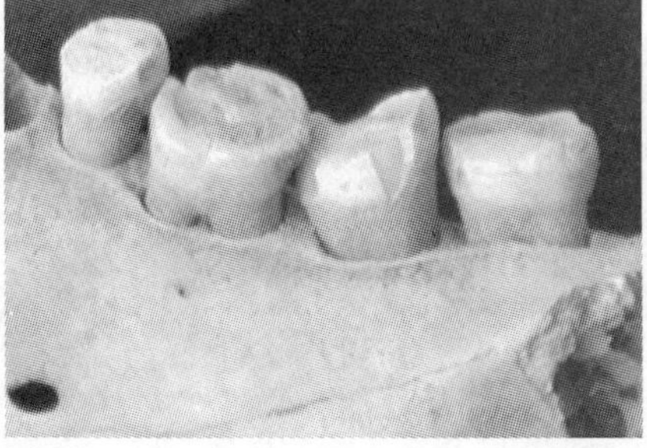

图7-27　M17

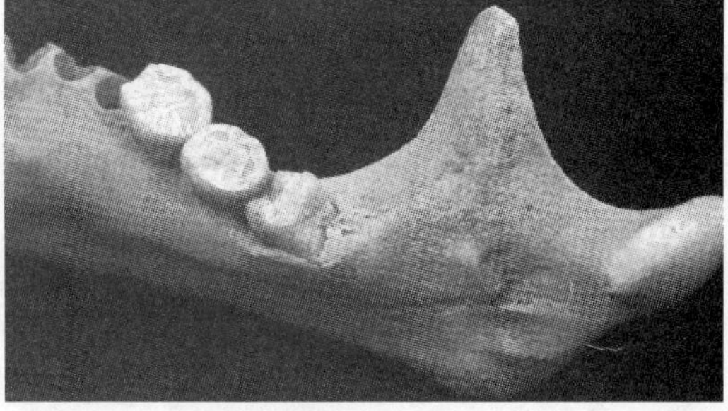

图7-28　M40

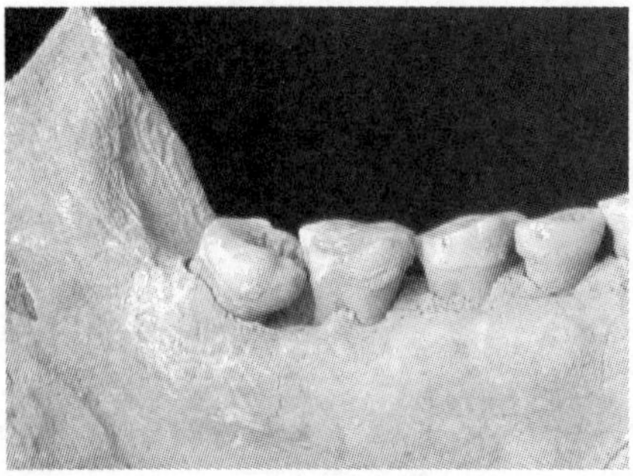

图 7-29　M47 中

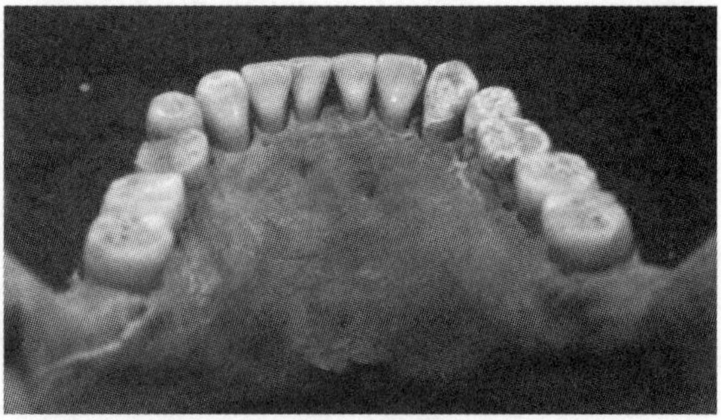

图 7-30　M67

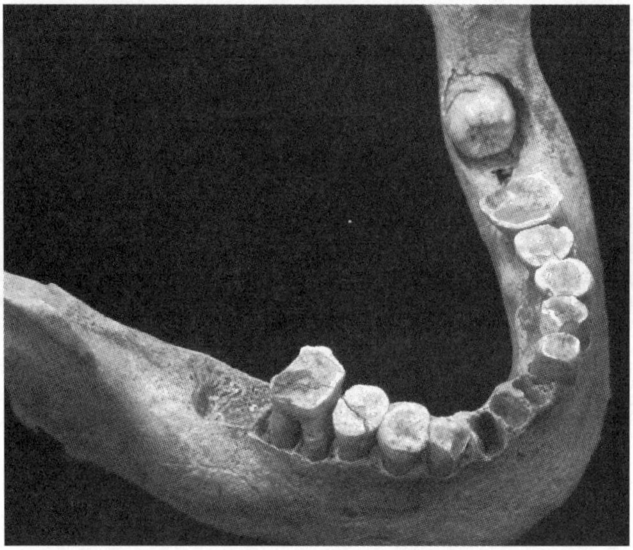

图 7-31　Ⅲ M9

称为齿冠龋（coronal caries）；若在咬面上则称为殆面龋；也可发生在齿根表面，称为根龋（root caries）。按照龋损伤深度可分为浅龋、中龋和深龋。在釉质上，龋齿刚刚出现时表现为渐行性的透明斑点，在齿根上表现为泛黄色或浅灰色的斑点（韩康信等　1980）。

在姜家梁墓地发现三例，占所观察总数的3.45%。这三例个体均为女性。包括 M4（♀，30—35）、M14（♀，45—50）和 M63 左（♀，30—35）。M4 发生部位在右上颌第二、第三臼齿。均为殆面龋。第二臼齿的龋患属于浅龋，第三臼齿的龋患属于中龋（图 7-32）。M14 发生部位在右上颌第二臼齿，为颊侧齿冠中龋（图 7-33）。M63 左发生部位在左下颌第三臼齿，为颊侧齿根中龋（图 7-34）。

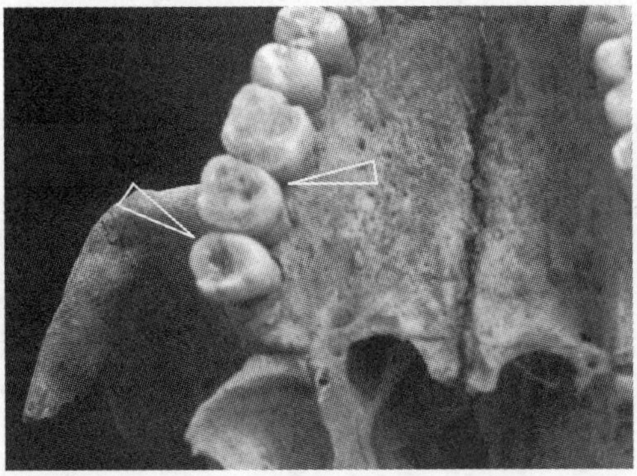

图 7-32　M4

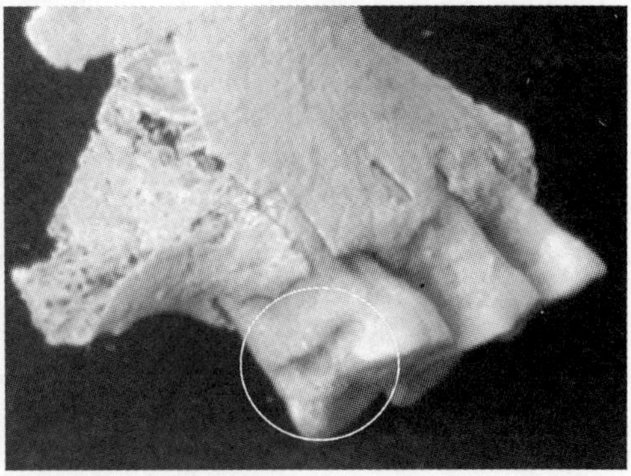

图 7-33　M14

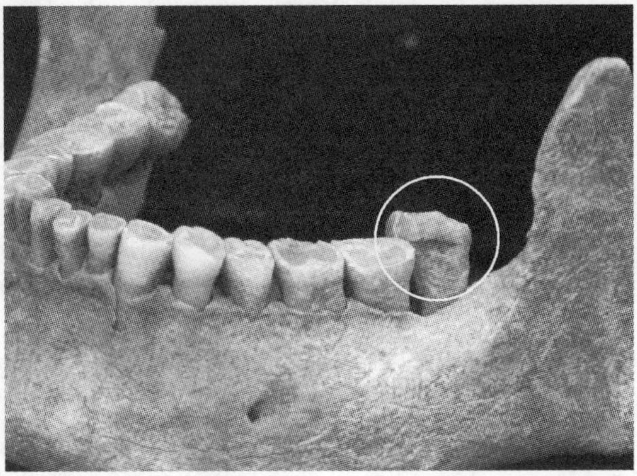

图 7-34　M63 左

5. 牙周炎

在姜家梁墓地的人骨中，牙周炎的患病个体最多，共计 15 例。占所观察总数的 17.24%。这十五例个体是：M8（♂，45±）、M23（♀?，30—35）、M25（♂，30—35）、M27（♂，35±）、M28（♀，35—40）、M32（♀，40—45）、M42（♀?，30—35）、M51（♂，45—50）、M52（♀，35±）、M55（♂，30—35）、M63 左（♂，35±）、ⅡM20 下（♂，20—25）、ⅡM25 上（♂，30—35）、ⅡM29（2）（♂，30±）、ⅢM10 下（♀，30±）。

M8 的牙周炎病患部位广泛地分布在上下颌骨上，齿根均严重暴露与齿槽外，前牙区齿槽因齿脱落而发生吸收闭合（图 7-35）。

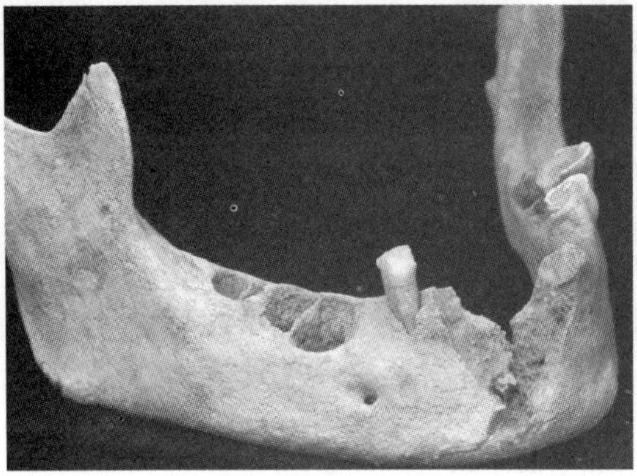

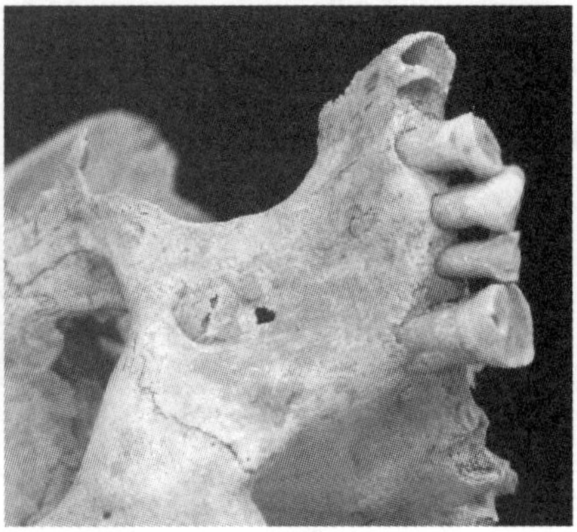

图 7-35　M8

M23 的牙周炎病患部位主要在上颌齿槽，齿根严重暴露在齿槽外，左侧第一、第三臼齿齿槽因齿脱落而发生吸收并轻度闭合（图 7-36）。

M25 的牙周炎病患部位主要分布在下颌骨上。齿根严重暴露于齿槽外，右下颌第二臼齿齿槽因齿脱落发生的吸收现象可能与此有关，但尚无充分证据验证这一推断（图 7-37）。

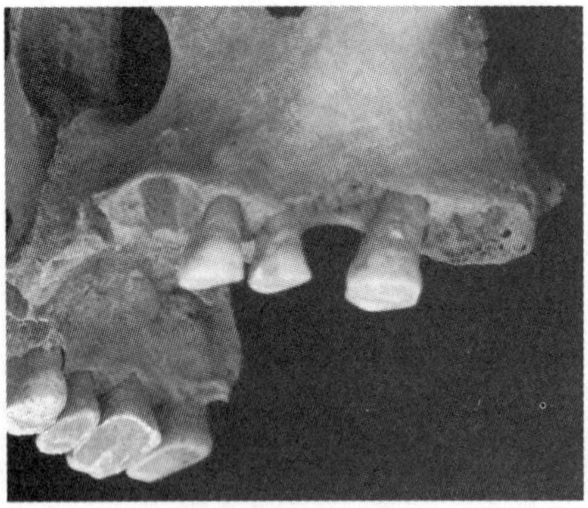

图 7-36　M23

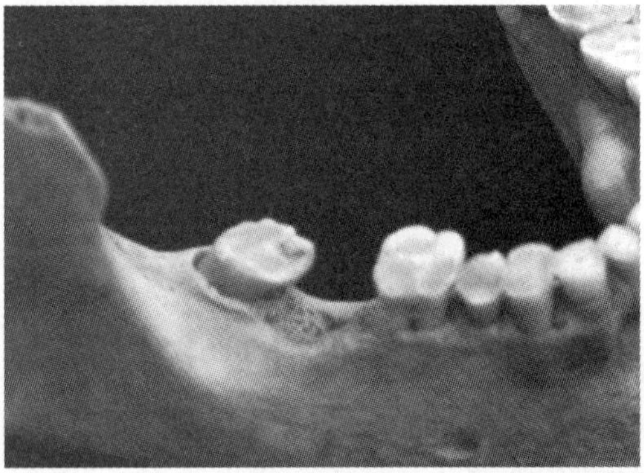

图 7-37　M25

M27 的牙周炎病患部位主要分布在下颌骨上。齿根大部分暴露在齿槽外，其中左下颌第一臼齿齿根严重暴露于齿槽外，其原因可能与该齿发生根尖脓肿有关（图 7-38）。

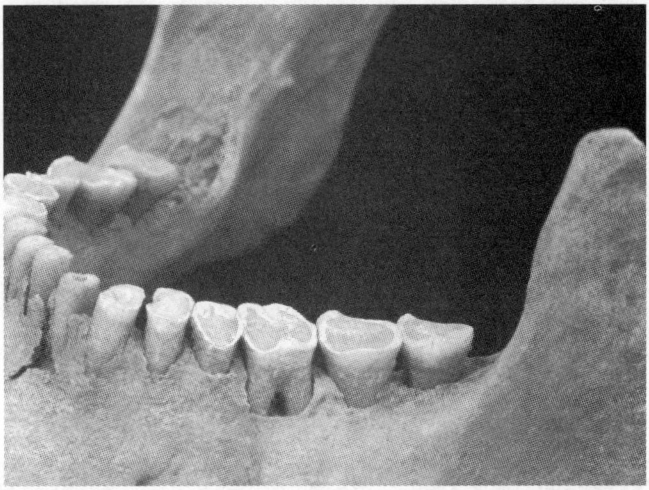

图 7-38　M27

M28 的牙周炎病患部位主要分布在下颌骨上。齿根暴露也相当严重，并同时患有龋齿（左下第二臼齿）和阻生（左下第三臼齿）。前牙左右门齿齿槽因齿脱落而发生吸收闭合（图 7-39）。

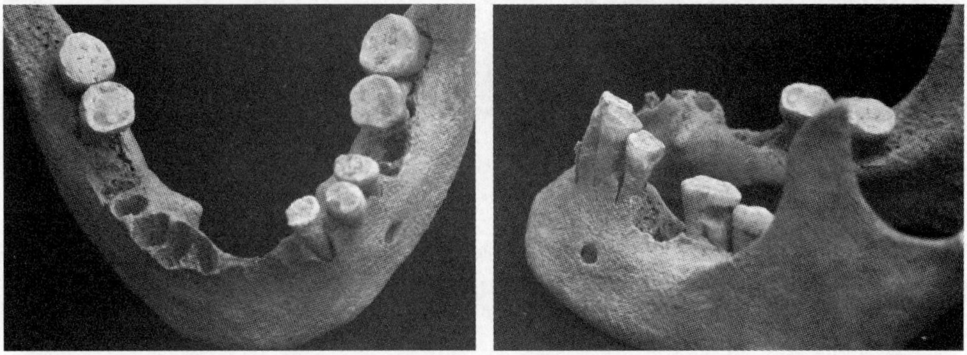

图 7-39　M28

M32 的牙周炎病患部位分布于上下颌骨上。其中，右侧上下颌骨后牙的部分臼齿齿槽因齿脱落已经发生完全性齿槽吸收闭合（图 7-40）。

M42 的牙周炎病患部位发生与上下颌骨上，大部分牙齿齿根暴露于齿槽外，其中上颌臼齿齿根和右侧下颌第一臼齿齿根暴露最为严重，其齿槽萎缩严重（图 7-41）。

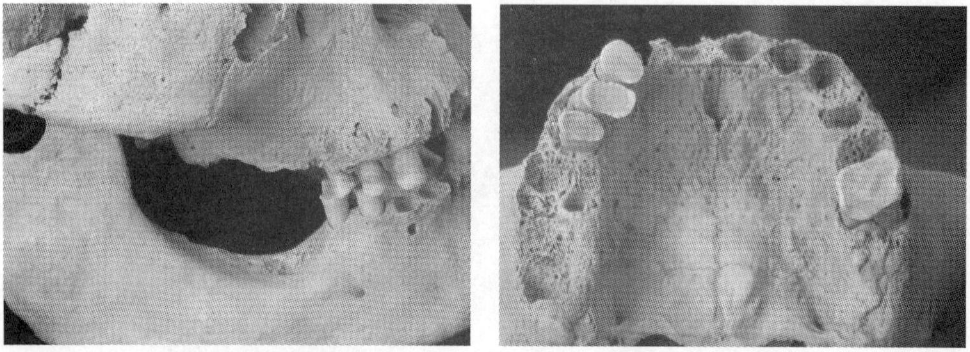

图 7-40　M32

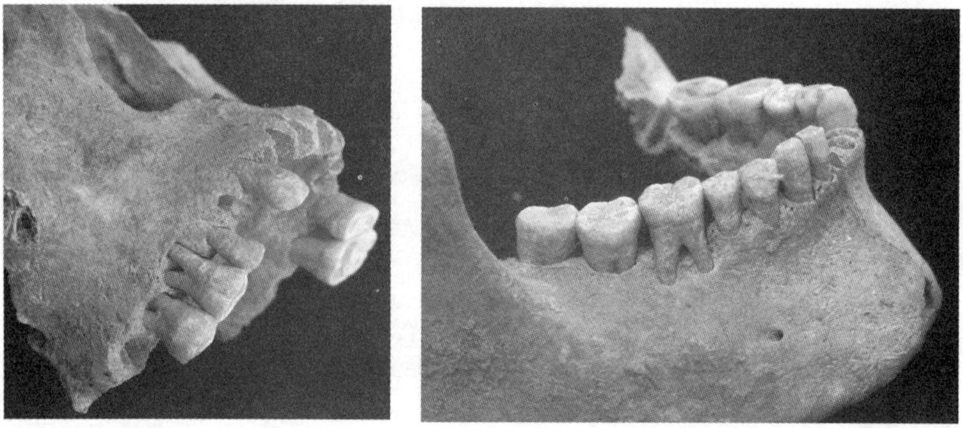

图 7-41　M42

M51 的牙周炎病患部位分布于上下颌骨上。该个体前牙磨耗严重，属于 V 级磨耗。上下颌臼齿齿根严重暴露于齿槽外，此情况可能与该个体患有根尖脓肿有关（图 7-42）。

M52 的牙周炎病患部位分布于上下颌骨上。典型的发生齿为右下颌第二前臼齿，但已经发生臼齿化。齿根明显暴露于齿槽外。齿冠磨耗较为严重（图 7-43）。

M55 的牙周炎病患部位主要分布于下颌骨上。保留牙齿齿根明显暴露于齿槽外，左下颌前牙齿槽已经发生部分齿槽吸收闭合（图 7-44）。

M63 左的牙周炎病患部位主要分布于上颌骨上。齿根明显暴露于齿槽外（图 7-45）。

图 7-42　M51

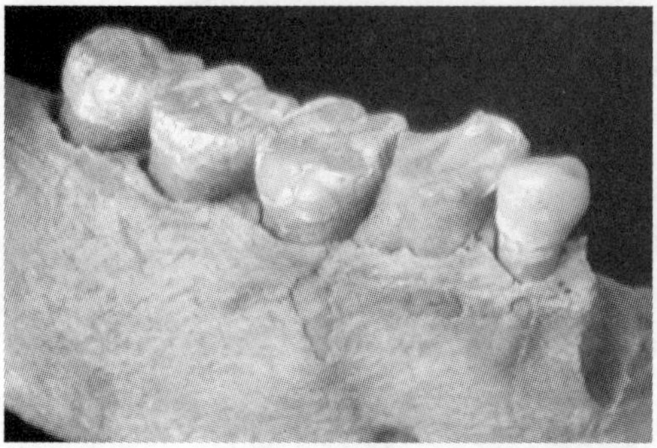

图 7-43　M52

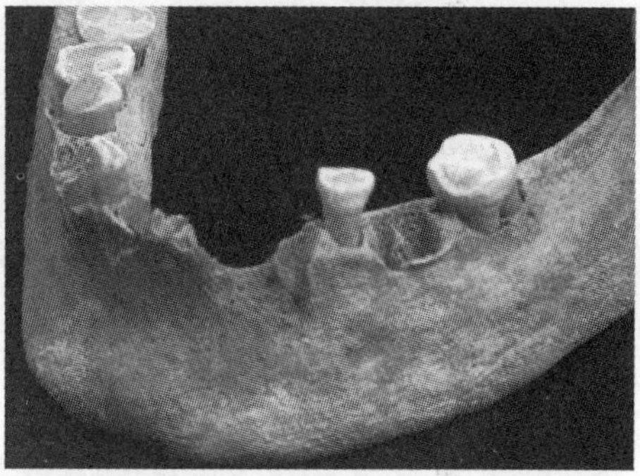

图 7-44　M55

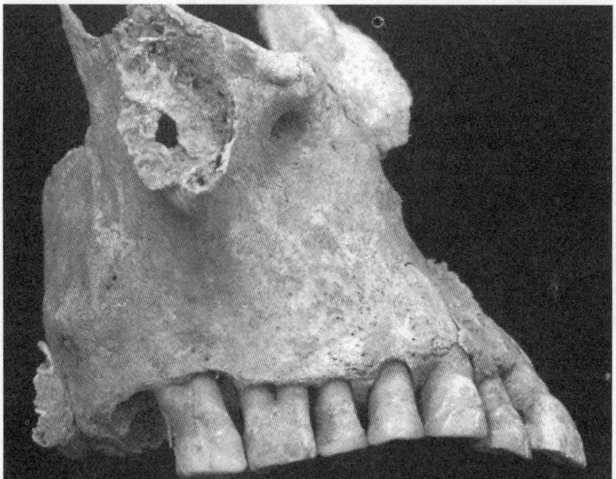

图 7-45　M63 左

M20 下的牙周炎病患部位分布于下颌骨上。齿根明显暴露于齿槽外。前牙齿槽因齿脱落而发生吸收闭合。右下颌第一臼齿齿槽边缘已经发生融合，齿槽锐缘已经变得圆钝模糊（图 7-46）。

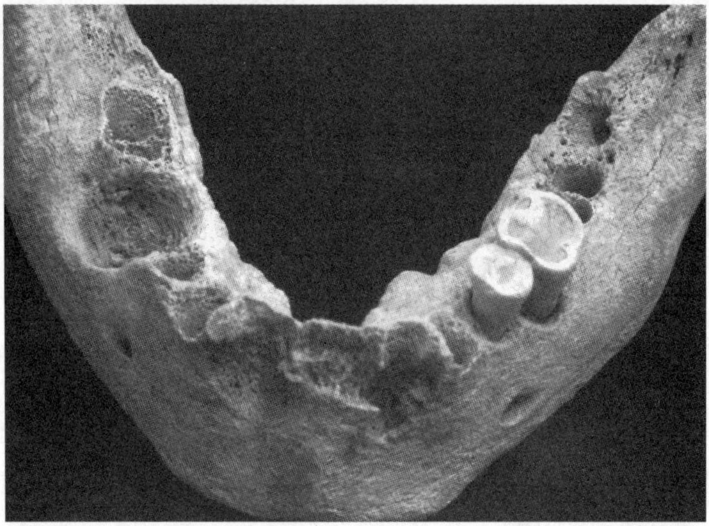

图 7-46　M20 下

Ⅱ M25 上的牙周炎病患部位分布于下颌骨上。齿根严重暴露并伴有根尖脓肿。左下颌第一臼齿几近全部暴露。齿冠磨耗非常严重（图 7-47）。

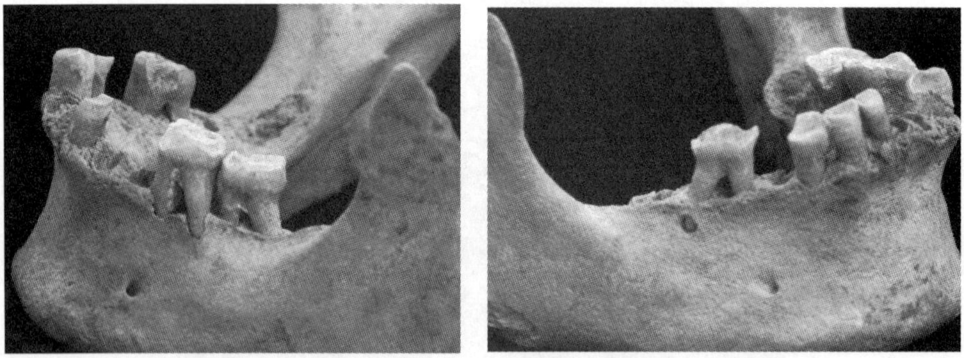

图 7-47　Ⅱ M25 上

Ⅱ M29（2）的牙周炎病患部位分布于上下颌骨上。该个体年龄为 30±，但是牙齿已几近全部脱落，大部分齿槽已经发生吸收闭合（图 7-48）。

图 7-48　Ⅱ M29（2）

Ⅲ M10 下的牙周炎病患部位主要分布于下颌骨上。齿根明显暴露于齿槽外。下颌门齿齿槽发生部分吸收闭合（图 7-49）。

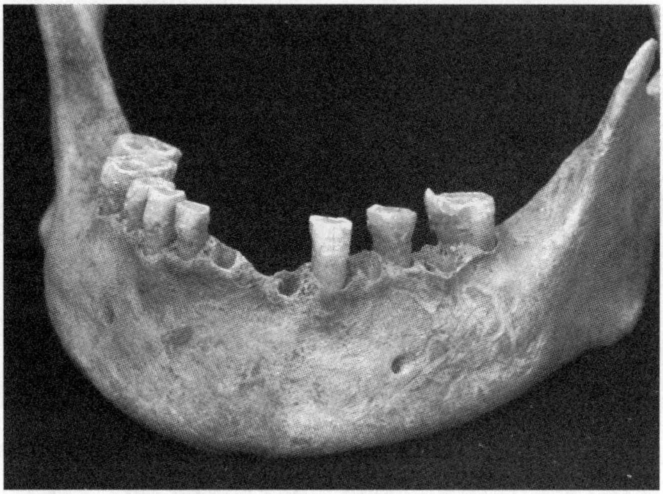

图 7-49　Ⅲ M10 下

6. 根尖脓肿

在姜家梁墓地的人骨中，根尖脓肿的患病个体较多，共计 11 例。占所观察总数的 12.64%。这 11 例个体是：M4（♀，30—35）、M25（♂，30—35）、M27（♂，35±）、M51（♂，40—45）、M54（♀，30—35）、M63 左（♂，35±）、Ⅱ M17 中（♂，30±）、Ⅱ M25 上（♂，30—35）、ⅡM29（5）（♀，35—40）、ⅢM7 下（♂，30—35）和ⅢM9（♀，45±）。

M4 的根尖脓肿病患部位在左侧上颌第二、第三臼齿齿槽处，为一圆形孔洞，通入上颌窦内部（图 7-50）。

M25 的根尖脓肿病患部位在右侧上颌第一臼齿齿槽颊侧面，形成一个近似长椭圆形的孔洞并通入上颌窦内部（图 7-51）。

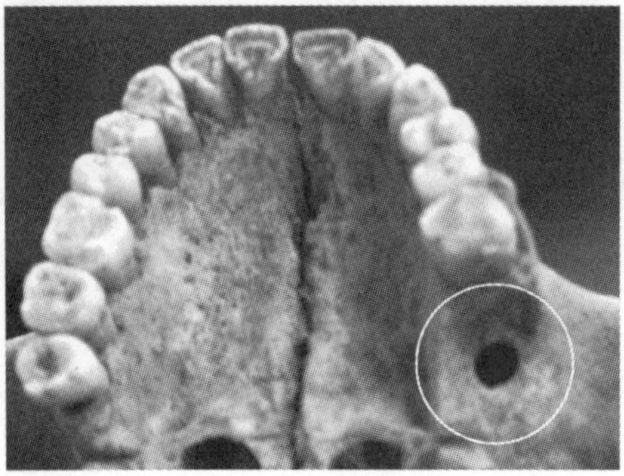

图 7-50　M4

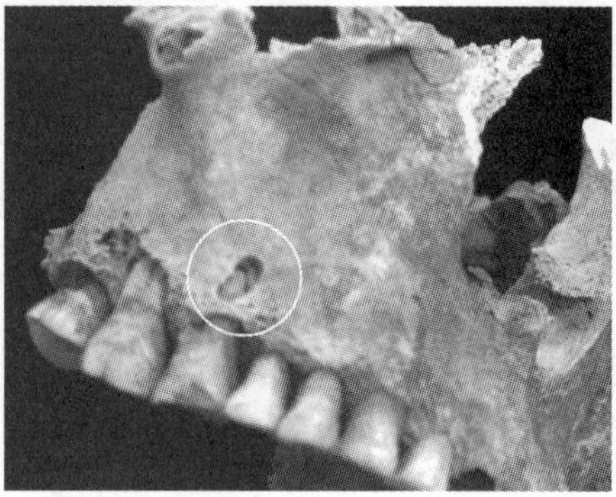

图 7-51　M25

M27 的根尖脓肿病患部位在右侧上颌第二前臼齿齿槽处，齿槽边缘圆钝，齿槽形成一个浅窝（图 7-52）。

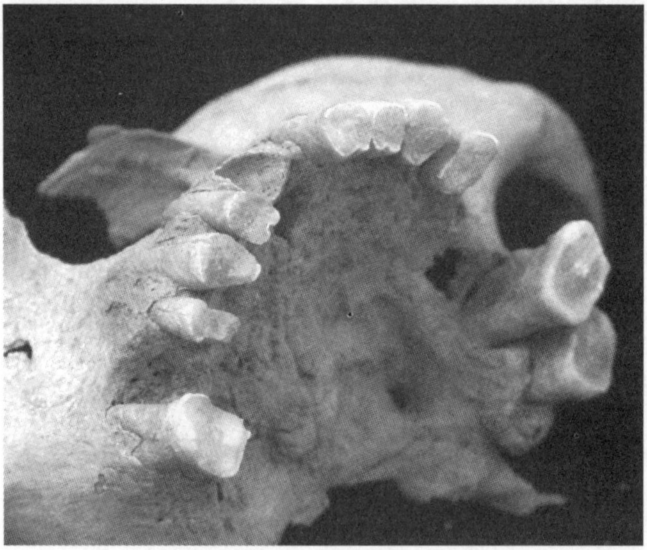

图 7-52　M27

M51 的根尖脓肿病患部位有两处：一处是在左侧上颌第一臼齿齿槽颊侧面，颊面与齿槽相连通，破坏了齿槽原有的形态结构；另一处在右侧下颌前臼齿齿槽颊面，颊面也与齿槽相连通，破坏了齿槽原有的形态结构，齿槽形成了一个边缘较圆钝的浅窝（图 7-53）。

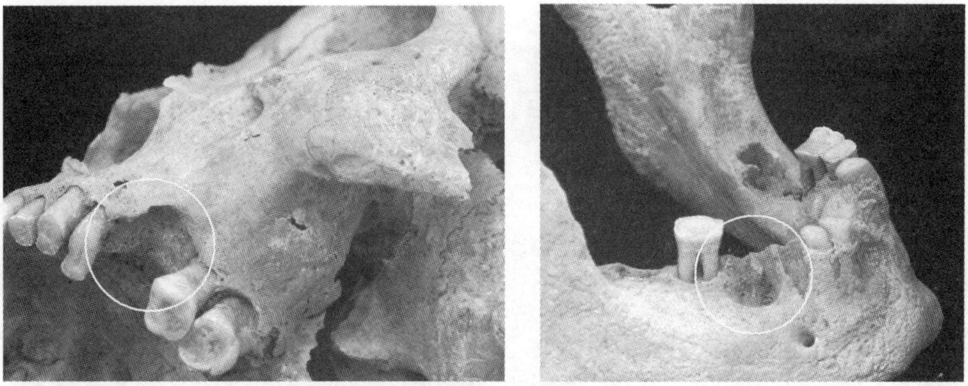

图 7-53　M51

M54 的根尖脓肿病患部位在右侧下颌第二前臼齿和第一臼齿齿槽颊侧面，齿槽发生萎缩形成边缘圆钝的凹陷，并有吸收现象（图 7-54）。

M63 左的根尖脓肿病患部位在左侧上颌第一、二臼齿齿槽处，齿槽萎缩，有轻微吸收现象，齿槽内部个齿根齿槽间隔消失（图 7-55）。

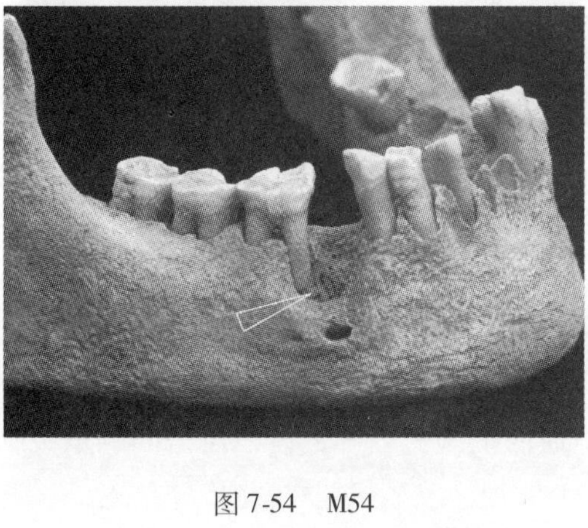

图 7-54　M54

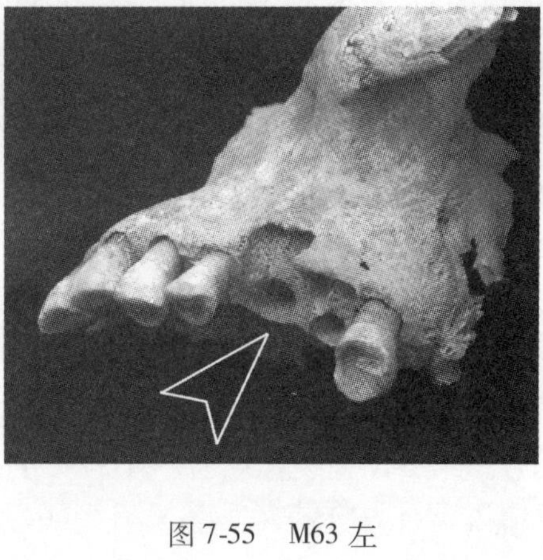

图 7-55　M63 左

Ⅱ M17 中的根尖脓肿病患部位在左右侧上颌臼齿齿槽处，两侧呈对称分布，均为圆形孔洞，左侧较小，右侧较大，通向上颌窦内部（图 7-56）。

Ⅱ M25 的根尖脓肿病患部位在右侧下颌第一臼齿齿槽颊侧面，为一圆形孔洞（图 7-57）。

Ⅱ M29（5）的根尖脓肿病患部位在左右侧下颌第一臼齿齿槽颊侧面，左右呈对称分布，齿槽因炎症已经失去原有的正常形态结构，齿槽内的齿根齿槽间隔消失，齿槽呈深窝状，边缘圆钝，有吸收现象（图 7-58）。

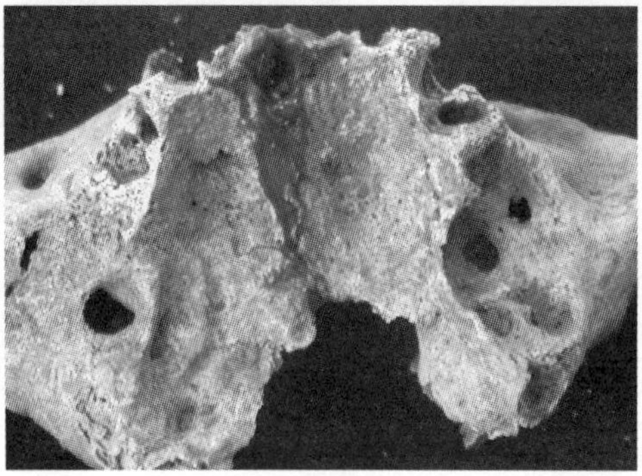

图 7-56　Ⅱ M17 中

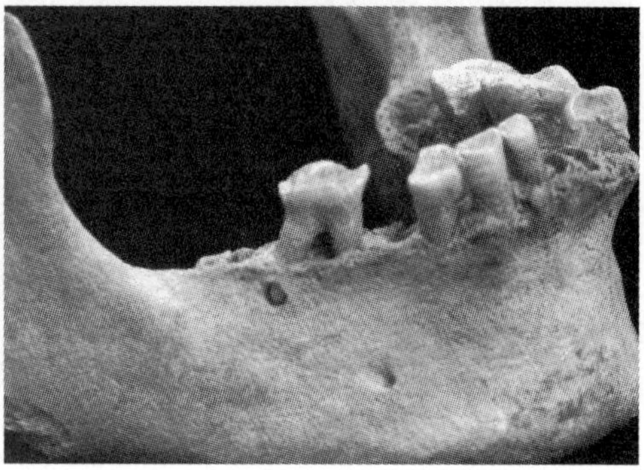

图 7-57　Ⅱ M25 上

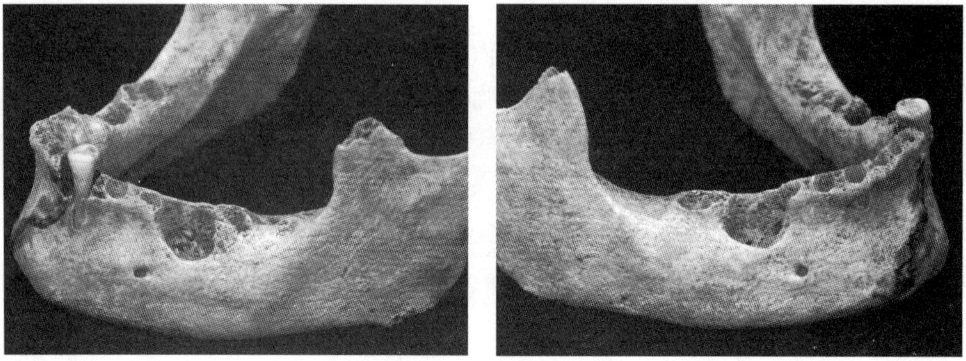

图 7-58　Ⅱ M29（5）

Ⅲ M7 的根尖脓肿病患部位在左侧下颌第一臼齿齿槽颊侧面，脓肿处形成一个卵圆形的孔洞，通向齿槽内，齿槽边缘有吸收现象（图 7-59）。

Ⅲ M9 的根尖脓肿病患部位在右侧上颌臼齿齿槽处，第一臼齿齿槽已经吸收闭合，第二臼齿齿槽内有一个较大的孔洞通向上颌窦内部，齿根齿槽间隔消失，齿槽边缘有吸收融合现象（图 7-60）。

7. 老年性齿槽萎缩

在姜家梁墓地发现有一例，M65（2）（♀，45±）。下颌骨齿槽因牙齿脱落而发生吸收闭合，根据年龄和齿槽闭合情况看，不应该是病变引起的：下颌骨骨质有骨质疏松现象，未闭合的齿槽形态正常，闭合齿槽的闭合线清晰（图 7-61）。

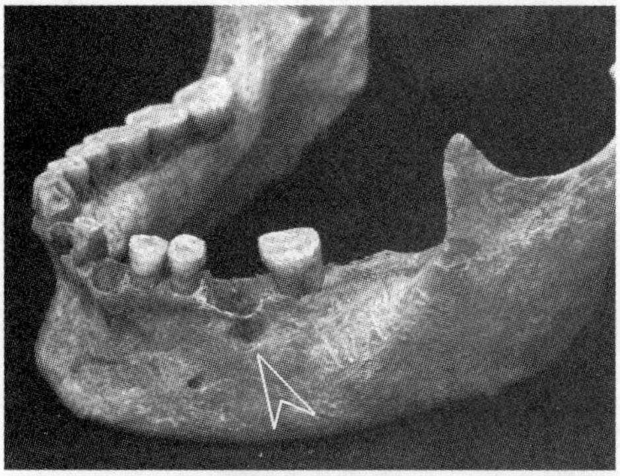

图 7-59　Ⅲ M7 下

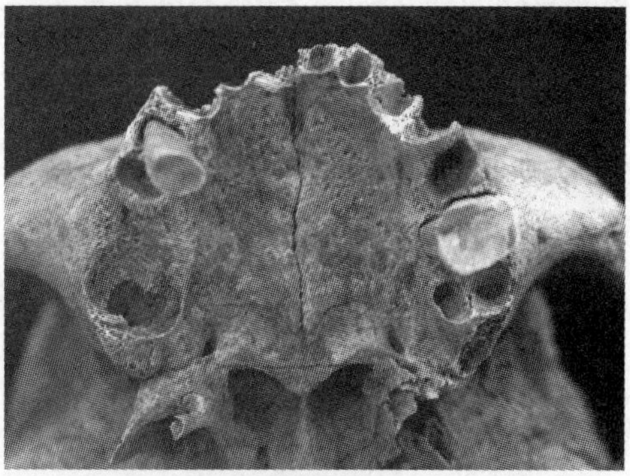

图 7-60　Ⅲ M9

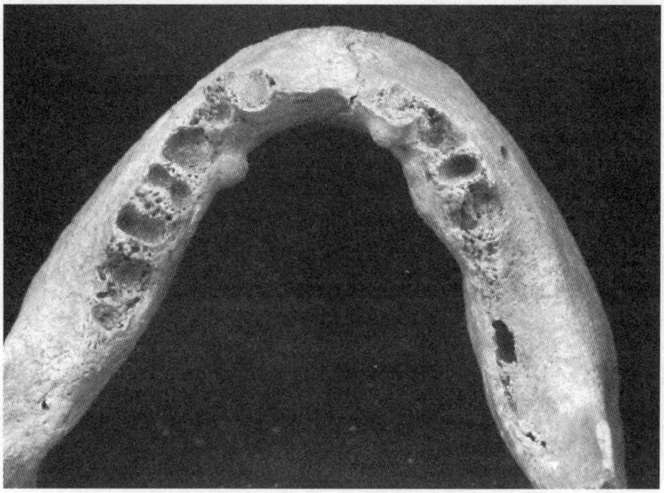

图 7-61　M65（2）

四、功能压力

“功能压力”严格来说并不是病理的表现形式，而是一个与病理机制密切相关的用以解释行为学现象的概念。它借以考古学、体质人类学、法医学、古病理学、行为学和民族学方法来研究人类特别是古人类的骨骼遗存，发现骨骼上的非病理和创伤原因而形成的骨、关节异常现象（这种关节异常多发生在小关节上），进而以此来推测和解释古代人类的生活行为和社会行为（如生前的职业、氏族处置俘虏的方式、经济类型和社会等级等）。例如，内蒙古自治区赤峰市喀拉沁旗永丰乡大山前村墓地 97KDⅦ M28，骨骼异常主要表现为髂骨耳状关节面严重磨损，推测与某种长期性单一行为有关。其他如由于经常下蹲而造成的跟骨蹲踞面扩大；锁骨由于经常受力，肌腱受伤，可在远端形成一个长而深的窝；肱骨经常外旋造成的关节异常等。这些骨骼异常现象都可以用“功能压力”这一概念来进行分析、推测和解释（李法军　2002）。

在姜家梁墓地中发现三例个体可能与此有关，这三例个体是：M34（♀，35—40）、M40（♂，25—30）和M47上（♀，30—35）。

M34左侧锁骨肩峰端锁骨下窝内侧有一膨大的关节，正常人体锁骨在该位置并无此结构，应为后天形成。与其相对应的肩胛骨的喙突背侧面有一浅大的关节面，也应是后天形成的。推测该个体可能长期背负重物，使锁骨与喙突长期受到非正常压力，骨与骨之间错位摩擦挤压引起增生所致（图7-62）。

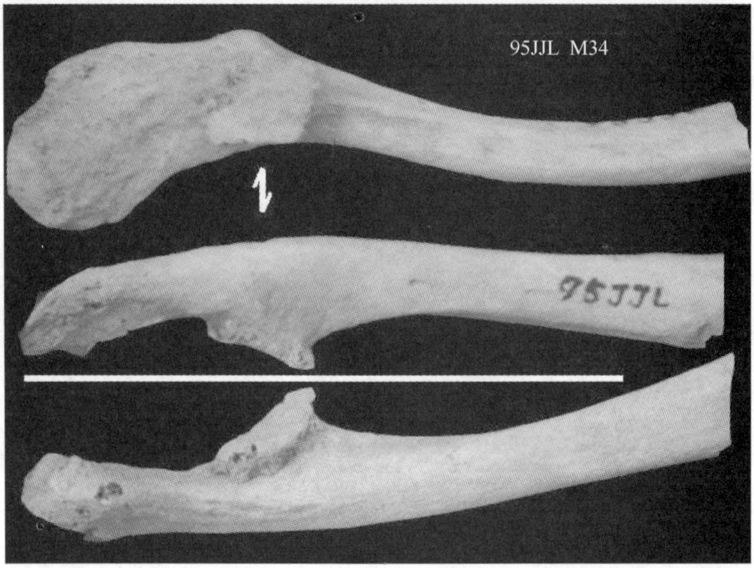

图7-62　M34

M40左侧锁骨的肋锁韧带压迹形态异常，应为后天形成，右侧较为正常。推测可能也是与肩部长期负重有关（图7-63）。

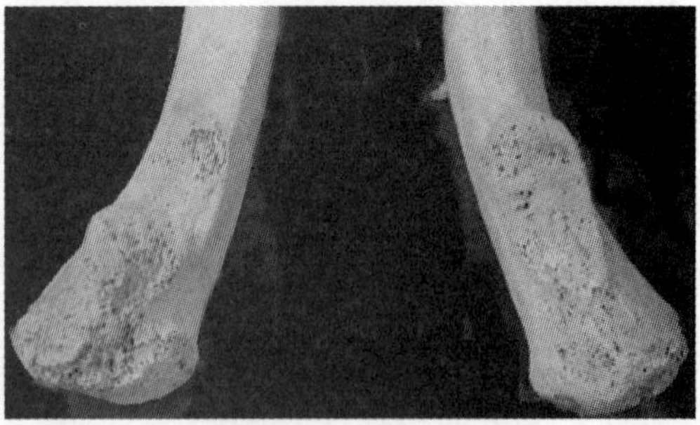

图7-63　M40

M47上左侧锁骨的肋锁韧带压迹前内侧形成一关节面，长约17.20mm，宽约8.10mm，应为后天形成，右侧较为正常。推测可能也与肩部长期负重有关（图7-64）。

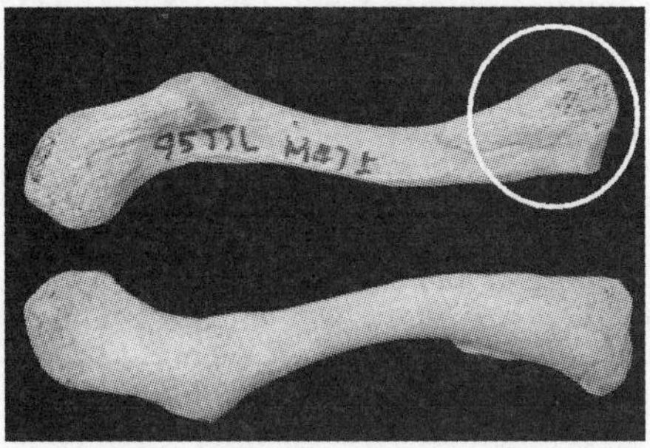

图7-64　M47

五、原因不明疾病

1. M28

在姜家梁墓地的人骨中，发现一例髁突形态异常个体（M28，35—40），其下颌骨左右侧髁突不似人体正常形态之髁突，也有文章曾报道过与之相似的病例（何嘉宁　2001）。髁突（又称髁状突、关节突，condyloid process）在个体间的变异情况虽然还没有人进行专门的研究，但其在个体间和性别间的差异是人所共知的，所以髁突虽然存在着个体大小上的差异，但是在形态上应该是一致的，即正常形态下的髁突应该具有如下特征：髁突头略呈椭圆形，内外径长，18—24mm，前后径短，5—8mm；髁上有关节面，与颞下颌关节盘相邻；关节面上有一横嵴将其分为前斜面和后斜面；髁突的长轴斜向内后，与下颌体的长轴相垂直；髁突下部缩窄，称为髁颈，颈上部前方有小凹陷，称关节翼肌窝，为翼外肌下头之附着处；喙突与髁突之间，借“U”形的下颌切迹分隔（皮昕　2000）。髁突是下颌骨的主要生长中心之一，如该处在发育完成前遭受损伤或破坏，将导致面颌畸形（刘珺等　1999；姚向前等　2000；穆志敏等　2002；余世斌等　2003；曲卫国等　2003）。

M28左侧髁突呈扁状，原关节面凹陷，髁突颈细窄，内外径17.32mm，前后径7.92mm。右侧髁突呈圆头状，髁突头弱小，内外径11.98mm，前后径7.84mm。其颅骨颞窝有累及性的形态改变（图7-65）。

左右侧髁突形态虽然异常，但是左右侧下颌切迹和喙突形态正常，只是其下颌整体形态过于弱小（下颌骨测量值见表7-3）。有人研究过慢性类风湿关节炎病人的下颌形态和位置研究（陈岩等　2002），认为下颌骨形态和位置失常是慢

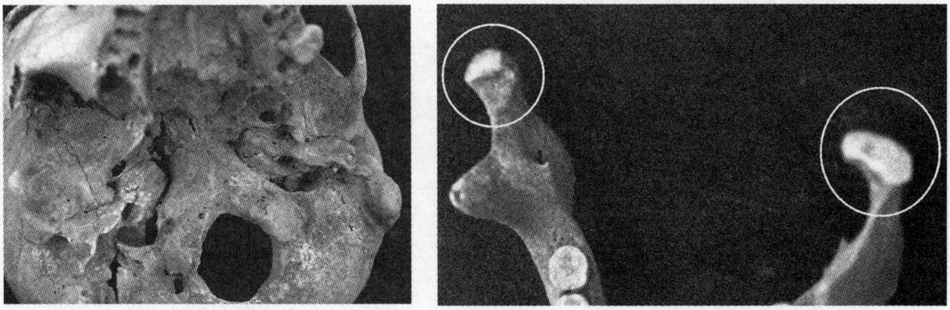

图7-65　M28

性类风湿性关节炎［青少年慢性关节炎（juvenile chronic arthritis/JCA）］伴有髁突损伤病人的一个特征。研究还发现患有慢性类风湿关节炎的病人的下颌髁突有三种形态：髁突侵蚀、髁突扁平和髁突消失（陈岩等　2002）。

综合来看，M28 髁突形态异常可能是损伤性的结果，也可能是慢性类风湿关节炎的侵蚀结果。最后的准确诊断还需要更为科学的依据。

表 7-3　M28 下颌骨测量值与姜家梁全组平均值比较

马丁号	测量项		M28	姜家梁组（♀）
65	Bicondylarbreadth（cdl-cdl）	下颌颏突间宽	115.00	122.11
66	Bigonialbreadth（go-go）	下颌角间宽	94.60	96.79
67	Bimentalbreite	颏孔间宽	47.10	49.12
68	Mandibularbodylength	下颌体长	71.00	75.46
68（1）	Max. projectivemandibularbreadth	下颌体最大投影长	102.30	95.39
65	Bicondylar breadth（cdl-cdl）	下颌颏突间宽	115.00	122.11
66	Bigonial breadth（go-go）	下颌角间宽	94.60	96.79
67	Bimentalbreite	颏孔间宽	47.10	49.12
68	Mandibular body length	下颌体长	71.00	75.46
68（1）	Max. projective mandibular breadth	下颌体最大投影长	102.30	95.39
69	Symphysial height（id-gn）	下颌联合高	26.30	33.86
MBH	Height of the mandibular body Ⅰ L	下颌体高Ⅰ L	22.10	31.29
	R	下颌体高Ⅰ R	27.00	30.97
	Height of the mandibular body Ⅱ L	下颌体高Ⅱ L	22.90	28.08
	R	下颌体高Ⅱ R	21.50	28.52
MBT	Thickness of the mandibular body Ⅰ L	下颌体厚Ⅰ L	12.30	13.33
	R	下颌体厚ⅠR	13.20	13.71
	Thickness of the mandibular body Ⅱ L	下颌体厚Ⅱ L	13.00	15.74
	R	下颌体厚Ⅱ R	14.40	16.11
70	Height of the mandibular ramus L	下颌枝高 L	46.90	59.98
	R	下颌枝高 R	48.30	58.65
71	Breadth of the mandibular ramus L	下颌枝宽 L	41.60	42.86
	R	下颌枝宽 R	40.00	42.69
71a	Min. breadth of the mandibular ramus L	下颌枝最小宽 L	31.00	34.72
	R	下颌枝最小宽 R	29.80	35.14
79	Mandibular angle（go）	下颌角	134.00	119.26
68:65	Mandibular index	下颌骨指数	61.70	62.94
71:70	Mandibular ramus index L	下颌枝指数 L	88.70	72.53
	R	下颌枝指数 R	82.80	73.50
	bimentalbogen	颏孔间弧 57.00	58.04	

2. M27

在姜家梁墓地的人骨中，发现一例左右侧肱骨不等长，左侧肱骨短于右侧肱骨。依形态观察，右侧肱骨属于正常形态。右侧肱骨外上髁骨质隆起（M27，♂，35±）（图7-66）。

首先，排除发掘时造成的采集失误，因为M27是单人葬，发掘单位是河北省文物研究所，所以发掘过程中的人骨采集和整理应该是可信的。其次，在吉林大学边疆考古研究中心人类学研究室的所有人骨标本均有明确编号，并按照遗址单位分别陈放，所以不会出现错放和混放的事故。最后，本人在整理和研究姜家梁墓地人骨材料时，采用的是按墓葬单位依次观察的方法。若是合葬墓，则先按照人骨鉴定方法将个体分开，再逐一观察，没有同时观察两个以上个体的情况。依上述情况看，M27"左右侧肱骨不等长"这一现象排除了人为造成的干扰，因而可视为是某种骨骼病变，但至于是何种原因造成的，目前尚无可靠的依据加以定论。

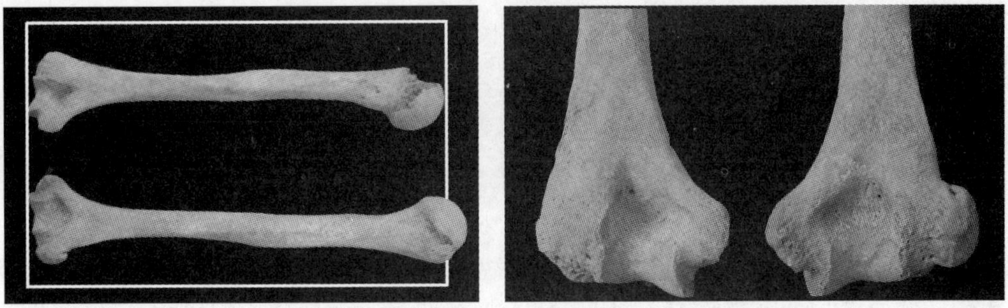

图7-66　M27

3. M34

在姜家梁墓地的人骨中，发现一例右下颌骨第二臼齿缺失（M34，♀，35—40）。其齿槽已经吸收闭合，但是并未完全愈合。齿槽周缘未见病变痕迹，该个体无口腔疾患。

国内外有学者曾专门对中国新石器时代以来的拔牙习俗进行研究（韩康信等　1981；中桥孝博　1999）。从时间上来讲，发现最多的是在新石器时代；从地域上来讲，山东、苏北则为最多。施术年龄多集中在15—20岁。拔牙的齿种大多数都严格地限制在上颌犬齿之前的三个齿种（中门齿、侧门齿和犬齿），也有拔除下颌牙齿的记录，但也集中在前牙部分。拔牙的形式多是对称的，在性别上也无差异（韩康信等　1981；中桥孝博　1999）。

依此来看，所谓拔牙习俗具有一定的规律性，在地域、齿种、拔牙年龄和个体数量上均存在着非偶然性。姜家梁墓地 M34 右下颌骨第二臼齿缺失看来并非是具有某种习俗的主观行为，再加之其口腔良好的卫生状况，推测该牙齿的丧失可能与意外事件或单一牙患有关（图 7-67）。

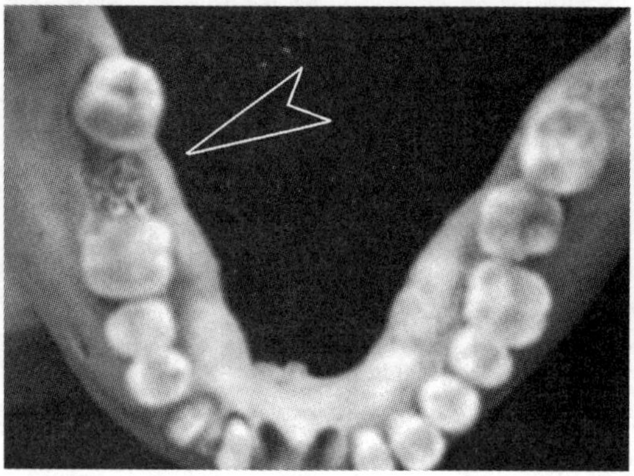

图 7-67　M34

4. 变形颅

在可观察的较为完整的颅骨当中发现三例存在枕部明显变形的男性颅骨，即Ⅰ区 M26（30 岁左右）、Ⅰ区 M40（25—30 岁）和Ⅰ区 M51（45—50 岁）。这三例颅骨的枕部变形方式较为一致，从颅顶面观视之，均属于由左侧颅枕部向右侧颅枕部偏斜，此变形对面部造成的影响较小，对脑颅骨形态的整体影响较大（图 7-68—图 7-70）。在大甸子墓地人骨中曾发现较多单纯的枕部变形，即压力来自颅骨枕部，造成颅骨后枕部呈扁平畸形，俗称扁头，与笔者所示变形形态有别，但大甸子墓地中也发现少数变形颅与笔者变形颅的变形方式一致（潘其风　1996）。大汶口文化居民普遍存在颅骨变形现象，经研究，其变形方式多属于枕型（尚虹　2002），与大甸子居民之颅骨变形方式一致。

笔者所观察到的这三例变形颅可能只是姜家梁墓地之中变形颅的一部分，因为有较多的颅骨较为残破而无法观察，但从可观察的完整颅骨与之比例来看（保存较好可供测量研究的男性头骨 30 例，女性头骨 13 例，男女合计 43 例包括Ⅰ区 M26，M40，M51 这 3 例变形颅骨），比值为 6.98%，可能说明这种颅枕部变形在姜家梁居民中可能只是个别现象。

从全世界范围来看，虽然变形方式多种多样，但多数变形原因尚不清楚，包括大甸子居民和大汶口文化居民的枕部变形原因尚在探讨之中，但较倾向于将其视为一种无意识的习惯性行为（潘其风　1996；尚虹　2002）。笔者也倾向与将姜家梁居民枕部的这种变形归属于上述推测，但明确的变形原因尚不得知。

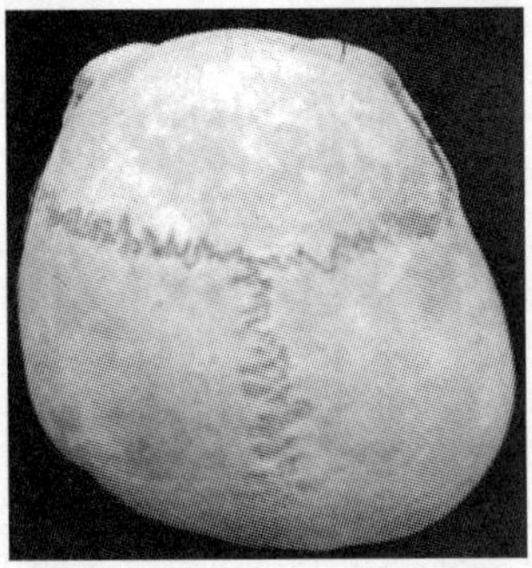

图7-68　ⅠM26

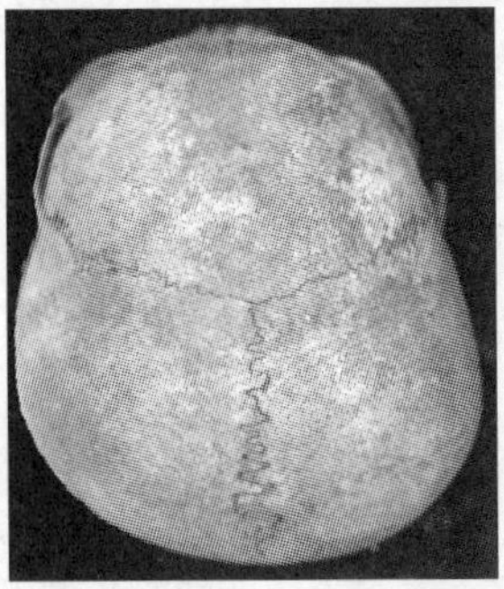

图7-69　ⅠM40

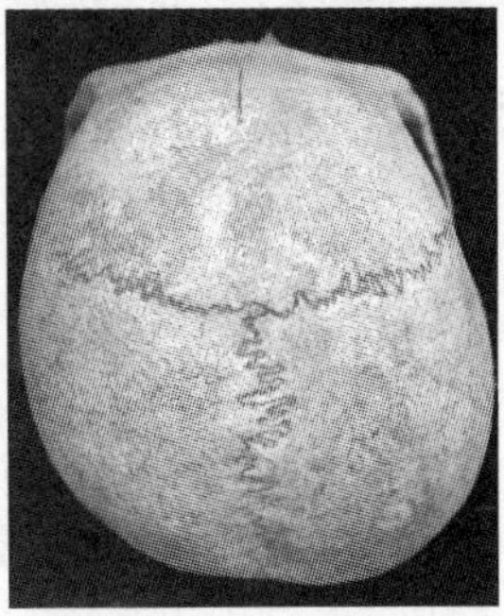

图7-70　ⅠM51

第三节　小　　结

以往研究表明，中原和内蒙赤峰地区在新石器时代病变和创伤有许多相同和相似之处，内蒙赤峰地区的骨骼病变和创伤在种类上更多一些，如此多的病理现象应该与当时的古环境和当时的生活状况有关。

就牙齿疾病来说，各地区在不同时期均有很高的出现率，就中原地区而言，还具有承袭关系。就年代上而言，新石器时代无论从种类上还是在例数上都是最多的，这与当时的生活状况有密切关系，西周至战国时代次之。有很多疾病在当地还具有相当长的发展史，在当今还被列为常见病，例如龋齿、牙周炎、氟斑牙、根尖脓疡、骨骼非特异性感染、先天性腰椎骶化、骨盆先天性愈合不良、先天性髋关节畸形等（李法军　2002）。

笔者根据实际材料，对姜家梁新石器时代遗址的墓地进行了古病理学研究，与中国北方不同时期遗址或墓葬出土的人骨病理比较，某些病理现象（如先天性胫腓骨联合、髌骨软化症和肱骨大结节结核）在国内古病理学研究中尚属首次发现。

笔者对所有可能发现的病理现象均做了详细的描述，并对其病因进行了科学地解释，每例病理现象均附有照片记录。根据需要，某些病理还做了X影像诊断。对所发现的不能确定其发病原因的病理现象除着重加以描述外，还依据相关文献，对其发生原因进行了有限性地和合理性地推测。

姜家梁新石器时代遗址的墓地古病理学研究结果总结如下：

骨骼病变包括骨瘤、单发性内生软骨瘤、先天性胫腓骨联合、成年股骨头缺血坏死、髌骨软化症、肱骨大结节结核、腰骶融合、强直性脊柱炎和退行性关节病。

骨骼创伤包括肋骨骨折、锁骨骨折、桡骨骨折和腓骨骨折。

口腔疾病包括齿畸形（珍珠釉、牙齿先天缺失、前臼齿臼齿化）、齿列不齐、阻生、龋齿、牙周炎、根尖脓肿、老年性齿槽萎缩。

功能压力发生部位全部在锁骨上，其他部位骨骼小关节上未见。

原因不明疾病共四种，包括六例个体，只依其特点加以简单分析和推测。

参 考 文 献

曹来宾. 1998. 实用骨关节影像诊断学. 山东科学技术出版社

长沙马王堆一号汉墓古尸研究编辑委员会. 1980. 长沙马王堆一号汉墓古尸研究. 文物出版社

陈岩，杨秀峰，保明利. 2002. 慢性类风湿关节炎病人的下颌形态和位置研究. 内蒙古医学院学报，(2)：45—93

杜百廉，范天生. 1989. 下王冈遗址人骨古病所见//淅川下王岗. 文物出版社. 425—428

耿温琦. 1992. 下颌阻生智齿. 人民卫生出版社. 1—24

韩康信. 1985. 骨骼人类学的鉴定对考古研究的作用. 考古与文物，(3)：50—54

韩康信，潘其风. 1980. 大墩子和王因新石器时代人类颌骨的异常变形. 考古，(2)：185—191

韩康信，潘其风. 1981. 我国拔牙习俗的源流及其意义. 考古，(1)：64—76

何嘉宁. 2001. 内蒙古凉城县饮牛沟墓地 1997 年发掘出土人骨研究. 考古，(11)：80—86

贾莹. 2006. 山西浮山桥北及乡宁内阳垣先秦时期人骨研究. 吉林大学博士研究生学位论文. 吉林大学

李法军. 2002. 中国北方地区古代人骨上所见骨骼病理与创伤的统计分析. 考古与文物增刊(先秦考古)，361—366，375

李瑞玉等. 1991. 下王岗新石器时代人类的牙病. 人类学学报，(3)：200—204

刘珺，李宁毅，陈杰. 1999. 垂直向骨性错的下颌力学分析. 山东医药，(17)：7，8

穆志敏，焉钰，张世忠. 2002. 髁突骨折 45 例治疗分析. 青海医药杂志，(9)：30，31

潘其风. 1996. 大甸子墓地出土人骨的研究//大甸子——夏家店下层文化遗址与墓地发掘报告. 科学出版社. 224—322

潘其风. 1998. 大南沟新石器时代墓葬出土人骨的观察鉴定与研究//大南沟——后红山文化墓地的发掘报告. 科学出版社. 145—150

皮昕. 2000. 口腔解剖生理学. 人民卫生出版社. 71，78

曲卫国，于卫国，马卫东等. 2003. 髁突骨折的临床分类与治疗方法探讨. 上海口腔医学，(2)：151—153

尚虹. 2002. 山东广饶新石器时代人骨及其与中国早全新世人类之间关系的研究. 中国科学院研究生院博士学位论文. 83—104

司徒学. 1960. 实用牙齿病理及治疗学. 上海科学技术出版社. 28—30

武忠弼. 1993. 病理学. 人民卫生出版社

姚向前，马绪臣，张震康. 2000. 软骨细胞移植修复髁突软骨损伤的实验研究. 中华口腔医学杂志，(2)：138—141

余世斌，李组兵，杨学文等. 2003. 髁突骨折伴关节盘移位的治疗. 中华口腔医学杂志，(4)：298，299

张振标. 1995. 中国古代人类强直性脊椎炎的例证. 人类学学报，(2)：110—116

中桥孝博. 1999. 古代中国江南地方江南地方の拔齿风习//中桥孝博等编. 渡来系弥生人の中国江南起源に关する人类学的研究——平成8年度—平成10年度科学研究费补助金（国际学术研究）研究成果报告书，平成11年3月，47—50

朱泓. 1999. 古病理学讲义（未刊）

Barnes E. 1994. *Developmental Defects of the Axial Skeleton in Paleopathology*. University Press of Colorado

Brockman E. P. 1948. Diseases of bone. In: Handfield-Jones R. M. and Porritt A. E. (eds.). The *Essential of Modern Surgery*. Edinburgh

Bronthwell D R. 1981. *Digging Up Bones*. Oxford University Press

Churchill S. E. and V. Formicola. 1997. A Case of Marked Bilateral Asymmetry in the Upper Limbs of an Upper Palaeolithic Male from Barma Grande (Liguria), Italy. *International Journal of Osteoarchaeology*, 7: 18—38

Fairbank T. 1951. *An Atlas of the General Affections of the Skeleton*. Edinburgh, 41

Fuller. J., GE. Denehy. 1999. *Concise dental anatomy and morphology*. The University of Iowa. 187—201

Haas J., D. Aftandilian, J. E. Buikstra, M. Finnegan, D. A. Kice, C. R. Nichol, D. W. Owsley, J. C. Rose, M. J. Schoenmger, G. R. Scott, C. G. Turner II, D. H. Ubelaker, P. L. Walker, B. Weidl. 1994. Standards for data collection from human skeletal remains. *Arkansas Archaeological Survey Research Series (44)*

Inoue K, Takigawa W, Sato M et al. 2005. A Possible Case of Spondyloarthropathy in a Prehistoric Japanese Skeleton. *International Journal of Osteoarchaeology*, 15: 186—195

Moore K L. 1989. *Before we are bone: basic embryology and birth defects*. Published by W. B. Saunders Company. 285—286

Schwartz J H. 1995. *Skeleton Keys-An Introduction to Human Skeletal Morphology, Development, and Analysis*. Oxford New York: Oxford University Press. 257

Steinbock R T. 1976. *Paleopathological Diagnosis and Interpretation*. Charles Thomas. Publisher

Ubelaker D H, Pap I. 1998. Skeletal Evidence for Health and Disease in the Iron Age of Northeastern Hungary. *International Journal of Osteoarchaeology*, 8: 231—251

第八章　姜家梁新石器时代遗址古人类的食谱研究

研究古代人类的饮食结构，对于分析考古学文化本身具有不可忽视的重要意义。众所周知，农业起源问题在中国考古学研究中占据着重要地位（严文明　1979，1982，1989；卫斯　1998）。重建古代遗址原生活居民的食谱结构，既可间接了解古人类的日常生活状况，又可考察群体内个体对生活资料的占有情况和社会等级差异（Schutkowski et al.　1999）。

20世纪60年代中期，国外学者Toots等首先将生物化学分析技术应用于古生物的食物结构研究（Toots et al.　1965）。随后，其他学者开始应用此项技术研究古代人类骨骼（Brown　1974；Gilbert　1975；Dennison et al.　1980；Pate et al.　1988，1989；Ezzo　1994；Burton et al.　1995；Schutkowski et al.　1999）。

国内学者在古代人骨化学分析方面的研究始于20世纪80年代（蔡莲珍等　1984）。但此后这方面的研究成果并不多（郑晓瑛　1991，1993；魏博源等　1994；胡耀武等　2000，胡耀武　2001，2002；金海燕等　2005；张全超等　2005）。也见有介绍性和综述性的文章发表（西蒙·梅斯　2002；张雪莲　2003）。

鉴于古代人骨化学分析在考古学中的重要意义和国内在此方面的研究现状，笔者从实际材料出发，通过试验分析结果，拟就姜家梁新石器时代遗址古人类的食物结构问题加以分析和探讨。

第一节　实验材料与测试方法

一、实验材料

试验所用材料全部来自姜家梁新石器时代遗址之墓地人骨。所用分析样品均采自股骨中段。这些股骨材料全部来自Ⅰ区，分属于17个个体。详细资料见表8-1。

表8-1　试验材料来源

试验编号	墓葬编号	性别	年龄	部位
1	27	♂	35±	股骨中段
2	36	♂	17—18	股骨中段
3	22	♂	30—35	股骨中段
4	68	♀	45—50	股骨中段

续表

试验编号	墓葬编号	性别	年龄	部位
5	47 上	♀	30—35	股骨中段
6	25	♂	30—35	股骨中段
7	65 上	♂	35—40	股骨中段
8	65 中	♀	45 ±	股骨中段
9	34	♀	35—40	股骨中段
10	65 下	♂	19—20	股骨中段
11	16	♂	30 ±	股骨中段
12	26	♂	30 ±	股骨中段
13	40	♂	25—30	股骨中段
14	13	♂	19—20	股骨中段
15	3	♂	35 ±	股骨中段
16	54	♀	30—35	股骨中段
17	28	♀	35—40	股骨中段

二、仪器与工作条件

美国 PE 公司 ICP/1000 型电感耦合等离子发射光谱仪，工作条件见表 8-2。韩国 STRONGER 公司打磨机，美国 WARING 公司 Waring Blandor。

表 8-2　仪器的工作条件

入射功率 /kW	频率 /MHz	冷却气流量 /（L/min）	载气流量 /（L/min）	辅助气流量 /（L/min）	样品提升量 /（mL/min）	观测高度 /mm	积分时间 /s
1.0	27.14	15.0	1.0	1.0	1.0	15.0	0.1

三、试剂及标准溶液

硝酸、盐酸均为优级纯。各元素标准溶液均为国家标准储备液（NCS），浓度为 1mg/mL，用时逐级稀释。生物标准参考物质为国家标准物质研究中心提供的人发（编号 G. B. W07601）。实验过程中所使用的玻璃仪器均经 10% 硝酸浸泡 24h 后，用蒸馏水冲洗，干燥备用。实验用水均为二次去离子水。

四、样 品 处 理

选取股骨骨干中段锯取约 3cm 作样品，先用无菌刀片和毛刷去除骨样表面污垢，再用灭菌石英砂打磨骨样品表面，然后用韩国 STRONGER 公司打磨机打去骨样表面2—3mm，以上处理步骤均在无菌超净台中进行，操作者戴一次性手套和无菌套袖，以防止污染。

将处理好的样品放入美国WARING公司Waring Blandor中制成骨粉，在分析天平上准确称取0.5000 g置于50mL烧杯中，加入硝酸5 mL，盐酸1 mL浸泡过夜，次日在可调电热板上，于通风橱内加热至溶液全清时取出，冷却到室温，定容至25 mL，待测。同时做空白对照。

第二节 测试结果

一、分析线与检出限

为检验测试仪器条件，表8-3列出各元素的分析线与检出限值。检出限值是表示仪器检出最低浓度的指标。本结果显示测试仪器条件正常（金海燕等 2003）。

表8-3 元素的分析线与检出限

元素	Ba	Ca	Cu	Fe	Mg	Mn	P	Sr	Zn
波长/nm	455.4	317.9	324.8	238.2	279.6	257.6	214.9	407.8	213.9
检出限/（mg/L）	0.002	0.03	0.006	0.04	0.006	0.002	0.20	0.0003	0.01

二、准确度

为了考查实验方法的准确性，选用国家标准人发样品（G.B.W07601）进行了验证实验，结果见表8-4，结果表明测定值与标准值吻合的较好（韩永志 1992），证明本实验方法准确可靠。

表8-4 准确度检验结果 （单位：μg/g）

元素	Ba	Ca	Cu	Fe	Mg	Mn	P	Sr	Zn
测定值	16.7	2900	9.2	55.1	370	6.1	156	22	200
标准值	17	2900	10.6	54	360	6.3	170	24	190

三、测定结果

利用ICP-AES测定了所有样品中的钡（Ba）、钙（Ca）、铜（Cu）、铁（Fe）、镁（Mg）、锰（Mn）、磷（P）、锶（Sr）、锌（Zn）9种微量元素的含量，结果见表8-5。

表 8-5　姜家梁人骨的分析样品中各微量元素含量

实验编号	Ba /（μg/g）	Ca /（mg/g）	Cu /（μg/g）	Fe /（μg/g）	Mg /（mg/g）	Mn /（μg/g）	P /（mg/g）	Sr /（μg/g）	Zn /（μg/g）
1	95.0	247.0	4.3	102.8	8.1	29.7	113.0	151.7	107.5
2	46.8	224.0	4.2	93.3	7.9	4.4	112.0	252.0	107.2
3	78.0	230.0	3.5	100.0	9.1	33.5	105.0	149.0	87.0
4	96.7	231.0	6.8	171.7	9.1	16.0	109.0	374.0	116.9
5	92.1	209.0	4.1	102.0	8.0	14.8	94.0	168.0	100.0
6	132.0	251.0	3.3	118.1	10.8	8.3	117.0	227.0	90.2
7	123.0	268.0	4.5	89.4	4.3	16.5	122.0	201.0	102.7
8	81.6	228.0	1.8	24.4	6.7	12.3	103.0	191.0	76.7
9	95.0	235.0	3.1	27.7	6.9	12.4	107.0	176.0	81.5
10	129.0	254.0	2.8	46.2	8.2	12.4	116.0	245.0	78.6
11	87.1	250.0	4.1	163.0	9.8	19.6	115.0	258.0	85.1
12	123.0	231.0	3.8	89.4	7.1	16.7	109.0	178.0	102.7
13	52.1	240.0	3.5	40.1	10.0	16.1	108.0	250.0	97.7
14	55.0	231.0	2.6	85.0	9.0	39.0	109.0	233.0	90.7
15	83.7	233.0	2.7	74.6	10.1	12.6	106.0	295.0	88.6
16	105.6	233.0	4.8	160.0	6.2	18.5	109.0	173.0	73.4
17	47.4	195.0	5.5	172.3	5.7	9.2	93.0	177.0	81.3

使用小样本均值 t 检验，考察了 11 例男性和 6 例女性的 9 种微量元素平均数的组间差异显著性水平，结果见表 8-6。在 $\alpha = 0.05$ 水平上，Ca 和 P 这两种微量元素的含量存在显著的性差异，其他微量元素则无明显的性差异。

表 8-6　姜家梁人骨的分析样品中各微量元素与性别的关系

元素名称	男性				女性				T 检验	
	平均值	标准差	变异范围	变异系数	平均值	标准差	变异范围	变异系数	t	显著性
Ba	91.34	31.92	46.80\132	0.35	86.40	20.62	47.4\105.6	0.24	0.34	－－
Ca	241.73	13.36	224\271	0.06	221.83	16.15	195\235	0.07	2.73	＋＋
Cu	3.57	0.67	2.60\4.50	0.19	4.35	1.77	1.80\6.80	0.41	1.33	－－
Fe	91.08	33.24	40.10\163	0.36	109.68	69.79	24.0\172.3	0.64	0.75	－－
Mg	8.58	1.80	4.30\10.80	0.21	7.10	1.25	5.70\9.10	0.18	1.78	－－
Mn	18.98	10.76	4.40\39	0.57	13.87	3.26	9.20\18.50	0.24	1.12	－－
P	112.09	5.20	94\122	0.05	102.50	7.31	84.0\109.0	0.07	3.13	＋＋
Sr	221.79	46.51	149\295	0.21	209.83	80.79	168\374	0.39	0.39	－－
Zn	94.36	9.70	78.6\107.5	0.10	88.30	16.77	73.4\116.9	0.19	0.95	－－

在确定了男女两性除 Ca 和 P 外的其他微量元素无显著性差异的前提下，将男女两性混合，计算全部检验样品的平均值和标准差，结果（表 8-7）表明除 Cu 和 Mg 外，其他微量元素的含量在个体间的差异很大。

表 8-7　姜家梁人骨的分析样品中各微量元素含量平均值

项目	Ba /（μg/g）	Ca /（mg/g）	Cu /（μg/g）	Fe /（μg/g）	Mg /（mg/g）	Mn /（μg/g）	P /（mg/g）	Sr /（μg/g）	Zn /（μg/g）
平均值	89. 59	234. 71	3. 85	97. 65	8. 06	17. 18	108. 65	217. 57	92. 22
标准差	27. 85	17. 00	1. 19	47. 92	1. 75	9. 06	7. 45	58. 54	12. 47

第三节　骨骼污染情况检验

骨骼的化学分析包括两个方面的研究：一是骨骼中同位素成分分析，其中以研究骨胶质成分为主；二是骨骼中微量元素分析，研究主要集中于人类饮食相关的元素，如锶、锌、钙、镁和铜等。笔者所研究的是第二项内容，即通过对微量元素的研究来探讨姜家梁新石器时代遗址古人类的饮食结构。

微量元素研究首先面临的问题是去污染。按照理想化的试验条件，人类个体死亡后被葬入土壤中，经过长期埋藏仍能保持原有的化学组成和生物学特性。但事实并非如此，国外学者研究结果表明，长期的埋藏作用，将使骨骼的有关同位素比值和微量元素含量发生改变，即所谓的骨骼污染（bone pollution），或叫骨骼的成岩作用（bone diagenesis）（胡耀武　2002；Price et al.　1992）。

一、Ca /P 值检验

“骨样中中羟磷灰石的微量元素分析，是研究古代人类食谱的重要方法。”（胡耀武　2002）一般来说，通过分析骨骼中结构的完整性，可以对骨样的污染程度作出判断，而羟磷灰石中的 Ca/P 则是检验羟磷灰石结构是否具有完整性的一个重要指标。研究表明若 Ca/P 的理论值在 2. 15 左右，范围介于 2. 00—2. 29，可以视为未经污染或污染较轻（Price et al.　1992；Schutkowski et al.　1999）。表 8-8 显示了检测样品的 Ca/P 值，检测结果较为理想，虽然 Ca/P 值稍偏大，但均在有效检测范围内。

表 8-8　检测样品的 Ca /P 值

试验编号	1	2	3	4	5	6	7	8	9
Ca/P	2. 19	2. 00	2. 19	2. 12	2. 22	2. 15	2. 20	2. 21	2. 20
试验编号	10	11	12	13	14	15	16	17	平均值
Ca/P	2. 19	2. 17	2. 12	2. 22	2. 12	2. 20	2. 14	2. 10	2. 16

二、土壤混杂和微生物侵蚀检验

检测样品中的土壤混杂是一个较为普遍的现象。通常，检验骨骼样品是某混杂了土壤，主要是判断样品中 Al 和 Fe 的相关性，如果两者有明显的相关关系，则表明样品中混入了土壤（Price　1989；胡耀武　2002）。由于本次试验未做 Al，所以无法进行土壤混杂检验。但是结合 Ca/P 检测结果，再进行土壤中微生物污染检验，就可以弥补此不足。

生活在土壤中的微生物，能够以自己的新陈代谢来富集某些元素，改变骨中的化学组成，因而会造成骨样的化学污染，Ba 能够被微生物从外界环境中运输到骨骼中，与 Mn 形成钡锰氧化物沉积在骨骼中，造成骨骼中 Ba 的富集。研究表明，Ba 与 Mn 之间的关系密切程度是判断骨骼微生物污染与否的重要指标，两者之间的关系越密切则骨骼受到微生物污染的程度越深（胡耀武　2002）。

本次试验对全部样品进行了 9 种微量元素相互间的典型相关关系检验，结果见表 8-9，其中 Ba 和 Mn 两种微量元素的相关系数 $\lambda = -0.128$；$P = 0.625 < P_{0.05}$。结果表明 Ba 和 Mn 之间不相关，说明本次试验所用样品未受到微生物的侵蚀。以 Ba 和 Mn 两种微量元素制作散点图（图 8-1），散点图也呈负相关。

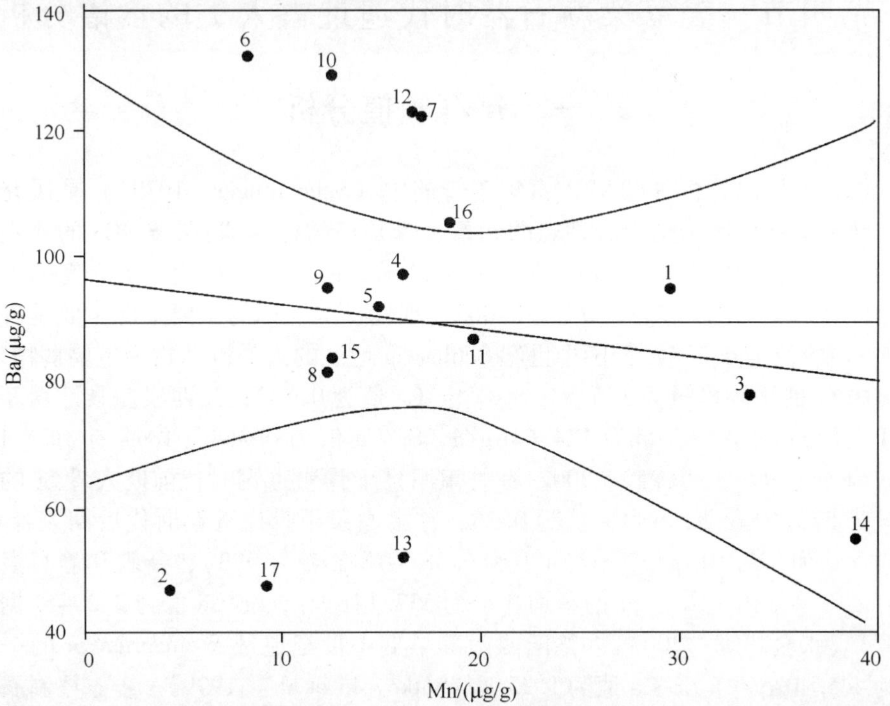

图 8-1　Ba 和 Mn 两种微量元素散点图

从表8-9还可看出，Ba和Ca，Cu和Ca，P和Ca，Cu和Fe，Cu和Zn之间具有明显相关性。长期以来，Ca一直作为表示食物结构比例关系的基数，铜在分析食物结构中也是一个关键元素，不会随年龄变化而发生改变（郑晓瑛 1993）。在此层面上，Ca和Cu较其他元素更具有普遍意义。

表8-9 元素间相关关系

	Ba	Ca	Cu	Fe	Mg	Mn	P	Sr	Zn
Ba	0.000								
Ca	<u>0.595</u>	0.000							
Cu	-0.021	<u>0.595</u>	0.000						
Fe	-0.017	-0.233	0.793*	0.000					
Mg	-0.104	0.277	-0.216	0.000	0.000				
Mn	-0.128	0.055	-0.108	0.052	0.151	0.000			
P	0.358	0.796*	0.009	-0.182	0.176	-0.142	0.000		
Sr	-0.068	0.219	0.252	0.174	0.480	-0.235	0.382	0.000	
Zn	-0.020	0.072	<u>0.493</u>	0.164	0.129	0.048	0.420	0.350	0.000

注：*显著性水平为0.01，标注下画线者显著性水平为0.05。

第四节 姜家梁新石器时代遗址古人类的食谱分析

一、Sr/Ca值分析

锶在人体内总含量的99%富集于骨骼中（Schoeninger 1979），是研究古人类生活环境和食物结构十分理想的元素，骨是锶的标示器官，Sr/Ca的差别一直被用作评价食物中"肉类/植物"（meat/plant）的标准。现代欧美人锶的来源主要是乳制品，Sr/Ca值为0.050—0.063；现代日本人锶的主要来源主要是谷类制品，Sr/Ca值为0.235；德国中世纪Schleswig地区的人类以植物为主要食物来源，骨骼中Sr的平均含量为135.53μg/g，Sr/Ca值为0.532；广西崇左县冲塘新石器时代人骨Sr的平均含量为124.64μg/g，Sr/Ca值为0.368（Toots et al. 1965；魏博源等 1994；胡耀武 2002）；甘肃酒泉干骨崖青铜时代前期人骨Sr的平均含量为578.10μg/g，Sr/Ca值为0.26；甘肃酒泉干骨崖青铜时代后期人骨Sr的平均含量为827.10μg/g，Sr/Ca值为0.38（郑晓瑛 1993）；新疆和静县察吾呼沟口四号墓地出土人骨Sr的平均含量为552.14μg/g，Sr/Ca值为2.204（据原文计算）（张全超等 2005）；德国西南部早期中世纪遗址Weingarten Sr的平均含量为445.40μg/g，Sr/Ca值为1.23（Schutkowski et al. 1999）。姜家梁新石器时代遗址人骨Sr的平均含量为217.57μg/g，Sr/Ca值为0.927（表8-10）。

表 8-10　锶元素、钡元素与钙元素的比较

实验编号	Sr/（μg/g）	Ba/（μg/g）	Ca/（mg/g）	Sr/Ca	Ba/Ca
1	151.7	95.0	247.0	0.614	0.385
2	252.0	46.8	224.0	1.125	0.209
3	149.0	78.0	230.0	0.648	0.339
4	374.0	96.7	231.0	1.619	0.419
5	168.0	92.1	209.0	0.804	0.441
6	227.0	132.0	251.0	0.904	0.526
7	201.0	123.0	268.0	0.750	0.459
8	191.0	81.6	228.0	0.838	0.358
9	176.0	95.0	235.0	0.749	0.404
10	245.0	129.0	254.0	0.965	0.508
11	258.0	87.1	250.0	1.032	0.348
12	178.0	123.0	231.0	0.771	0.532
13	250.0	52.1	240.0	1.042	0.217
14	233.0	55.0	231.0	1.009	0.238
15	295.0	83.7	233.0	1.266	0.359
16	173.0	105.6	233.0	0.742	0.453
17	177.0	47.4	195.0	0.908	0.243
平均值	217.57	89.59	234.71	0.927	0.381

比较分析后发现，姜家梁新石器时代遗址古人类的 Sr 含量是比较高的，高于德国中世纪组和广西崇左县冲塘新石器时代组，但低于甘肃酒泉干骨崖青铜时代两组和新疆和静县察吾呼沟口四号墓地。Sr/Ca 值与德国中世纪组接近，说明姜家梁新石器时代遗址古人类的食物来源是以植物性食物为主的。

二、log（Sr/Ca）值和 log（Ba/Ca）值分析

Ba/Ca 值也一直作为评判食物结构的重要指标，与 Sr/Ca 值组成常规性的检验标准。但有研究表明，Sr/Ca 值和 Ba/Ca 值容易受到少量富含 Ca 的植物的干扰（胡耀武　2002）。为此，笔者参考以往研究方法（胡耀武　2002），以 log（Sr/Ca）值和 log（Ba/Ca）值进行检验样品的聚类分析，结果见表 8-11、图 8-2。进一步分析姜家梁新石器时代遗址古人类个体间的食物结构关系。

表 8-11　log（Sr/Ca）和 log（Ba/Ca）值

实验编号	log（Sr/Ca）	log（Ba/Ca）	实验编号	log（Sr/Ca）	log（Ba/Ca）
1	-0.212	-0.415	10	-0.016	-0.294
2	0.051	-0.680	11	0.014	-0.458
3	-0.189	-0.470	12	-0.113	-0.274
4	0.209	-0.378	13	0.018	-0.663
5	-0.095	-0.356	14	0.004	-0.623
6	-0.044	-0.279	15	0.102	-0.445
7	-0.125	-0.338	16	-0.129	-0.344
8	-0.077	-0.446	17	-0.042	-0.614
9	-0.126	-0.393			

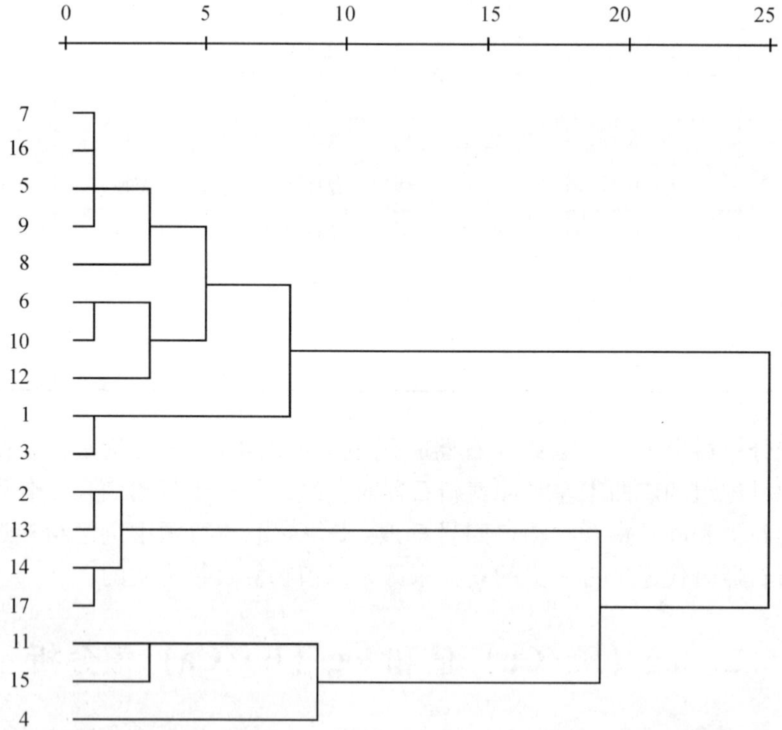

图 8-2　17 个检验样品 log（Sr/Ca）值和 log（Ba/Ca）值聚类图

由图 8-2 可见，检验样品分为两大类：第一类由 7、16、5、9、8、6、10、12、1 和 3 组成，log（Sr/Ca）值相对较低而 log（Ba/Ca）值相对较高；第二类由

2、13、14、17、11、15 和 4 组成，log（Sr/Ca）值相对较高而 log（Ba/Ca）值相对较低。经小样本均值 t 检验，在 $\alpha = 0.05$ 水平上，两类检验样品 log（Sr/Ca）值和 log（Ba/Ca）值均具有明显差异，但 log（Ba/Ca）值的差异性（$t = 4.15$，$P < 0.05$）小于 log（Sr/Ca）值的差异性（$t = 4.78$，$P < 0.05$）。依表 8-9 可知，Ba 和 Ca 具有典型相关性，所以 Ca 的含量富集程度会直接影响到 Ba 的含量，因此以 log（Sr/Ca）值作为分析依据更为可靠。

第二类的 log（Sr/Ca）值明显高于第一类，说明这些居民的食物中非稻类谷物或其他植物性食物的比重大，因为稻米的含锶量是很低的（胡耀武 2002）。第一类相对于第二类而言，肉类的比重可能较大一些，但植物性食物的比重仍然较高。

人种类学研究结果表明，姜家梁组居民的体质特征可概括为以中型颅为主，少量长颅型和圆颅型，伴以高颅型和狭颅型。中等程度的上面高和面宽，中等偏狭的面型，中等偏阔的鼻型，低眶型和偏低的中眶型，相对较大的面部扁平度。总体而言，姜家梁组所表现的个体间的差异虽然略超出了较纯的种系程度，但仔细研究其综合特征后发现，这种差异并非是大人种之间的差异表现，而更为确切地说应该是同一人种（黄色人种）下的类型间的区别。应该是一个“同种系多类型的复合体”。

本次试验所用的这 17 个个体在体质特征上存在某些细微的差异：除 15、3、7、10 是狭颅形伴狭面形外，其他个体几乎都是中等颅形伴偏中等的狭面形。所以，虽然姜家古代居民存在多类型的个体，但聚类结果似乎还看不出这种个体间体质差异的分布规律，这也说明姜家梁人群在营养方面总体上是较为一致的。

考古学文化研究结果表明，姜家梁墓葬在随葬品方面表现出很大的差别。有的墓葬没有任何随葬品，耳有的墓葬却有 4—5 件随葬品，男性多随葬石斧、锛类生产工具，女性多随葬陶纺轮（河北省文物研究所 2001）。这种男女分工的明确和职业化倾向与古 DNA 研究结果正相吻合（吉林大学考古 DNA 实验室 2001）。

笔者研究结果表明，总体而言，这 17 个个体在摄取食物的方式、种类和数量上可能存在差异，或许暗示这个群体中确实存在食物占有和分配上的差异某些或者是某种饮食习惯上的差异。

第五节 其他微量元素分析

随着古人骨微量元素研究的深入，难免在微量元素分析方法上出现混乱，主要原因是对于什么样的微量元素可以作为古食谱指示剂认识模糊。Ezzo 在综合营养学、地球化学、矿物学等相关知识基础上，提出了作为古代食谱指示剂的判断标准。其中重要的一点就是该元素最好不是人体的必需元素，没有什么主要的生理机能，人体对其浓度缺乏平衡调节机制，从而在骨骼中保持稳定。因此，长期以来，只有少数元素被认定是可靠的食物结构指示剂，包括 Sr 和 Ba（胡耀武　2002）。下面的几种微量元素虽然不是标准食谱指示剂，但因为这些是人体所必需的，与人类的饮食健康息息相关，所以略加讨论。

一、锌（Zn）

锌是机体中参与生理功能最多的微量元素之一。锌对骨骼发育的影响极大，儿童患锌缺乏症会导致骨骼发育迟缓，成年人的锌缺乏会增加骨骼的骨质疏松症的发生几率（张月红等译　2000）。锌缺乏还会导致夜盲、心血管疾病和智利低下等多种疾病（魏博源等　1994）。锌的含量也与食物结构具有密切关系，现代人骨骼中锌的含量变异值为 150—250μg/g，锌的含量与蛋白食物的摄入有明显的关联，谷物中的植酸酶也可将坚果内富含的锌载入人体，浆果和海产品中也富含锌。

甘肃酒泉干骨崖青铜时代前期人骨 Zn 的平均含量为 115. 98μg/g；甘肃酒泉干骨崖青铜时代后期人骨 Zn 的平均含量为 111. 35μg/g（郑晓瑛　1993）；德国中世纪 Schleswig 地区的人类 Zn 平均含量为 174. 10μg/g，广西崇左县冲塘新石器时代人骨 Zn 的平均含量为 265. 94μg/g（魏博源等　1994）；新疆和静县察吾呼沟口四号墓地出土人骨 Zn 的平均含量为 174. 29μg/g（张全超等　2005）；德国西南部早期中世纪遗址 Weingarten Zn 的平均含量为 229. 4μg/g（Schutkowski　1999）。姜家梁新石器时代遗址人骨 Zn 的平均含量为 92. 22μg/g。

与其他组比较，姜家梁新石器时代遗址人骨 Zn 的平均含量与甘肃酒泉干骨崖青铜时代前后期 Zn 的平均含量接近。表明姜家梁遗址居民的蛋白质摄入量较少。

二、铜（Cu）

铜是动物体内重要的必需的微量元素之一，它不仅参与机体内蛋白质、氨基酸、核酸、脂肪、碳水化合物和维生素等营养物质代谢，而且还在骨骼发育、生殖、免疫、凝血和生物膜的稳定性等生理机能中起重要作用（钱剑等　2003）。尽管铜在动物体内各组织间分布的差异很大，但它并不随年龄而发生变化。铜在健康人骨中的平均含量为 20μg/g，海产品、动物肝脏、坚果及豆类中富含铜元素，而植物中的铜元素含量很少。目前，古代人骨铜元素的食物结构研究还不像 Sr、Zn 和 Ca 那样深入，所以可对比的材料很少。

甘肃酒泉干骨崖青铜时代前期人骨 Cu 的平均含量为 3. 59μg/g，甘肃酒泉干骨崖青铜时代后期人骨 Cu 的平均含量为 9. 22μg/g（郑晓瑛　1993）；新疆和静县察吾呼沟口四号墓地出土人骨 Cu 的平均含量为 2. 94μg/g（张全超等　2005）。德国西南部早期中世纪遗址 Weingarten Cu 的平均含量为

14.6μg/g（Schutkowski 1999）。现代北方人 Cu 的平均含量为 14.39μg/g（刘乐乐等 1994）。姜家梁新石器时代遗址人骨 Cu 的平均含量为 3.85μg/g 与甘肃酒泉干骨崖青铜时代前期人骨 Cu 的平均含量最为接近。

三、铁（Fe）

铁也是人体内重要的必需的微量元素之一。铁元素是血红蛋白、肌红蛋白和许多酶的构成成分，现代人成年个体内铁平均含量为4—5g（张朝华等 2002）。缺乏造成的最直接的结果是缺铁性贫血，儿童的营养性贫血为全球四大营养性疾病之一（王莺芝 1999）。贫血在老年人中很普遍，研究结果表明，有相当部分的老年性贫血与某些慢性疾病如癌症和风湿病有关。

甘肃酒泉干骨崖青铜时代前期人骨 Fe 的平均含量为 52.14μg/g，甘肃酒泉干骨崖青铜时代后期人骨 Fe 的平均含量为 42.74μg/g（郑晓瑛 1993）；新疆和静县察吾呼沟口四号墓地出土人骨 Cu 的平均含量为 51.93μg/g（张全超等 2005）。现代北方人 Cu 的平均含量为 18.77μg/g（刘乐乐等 1994）。姜家梁新石器时代遗址人骨 Cu 的平均含量为 97.65μg/g，含量远远超过现代人铁元素含量，与新疆组相对接近，原因尚不明确。

四、镁（Mg）

由于镁是人体的必需元素，是机体代谢过程中很多酶的激活剂。对于心脏的节律，骨骼生长发育及呼吸系统、消化系统均有重要的影响和作用，正常成人体中镁含量为 21—25g，约占体重的 0.105%（曾昭华等 2001）。

甘肃酒泉干骨崖青铜时代前期人骨 Fe 的平均含量为 62.34μg/g，甘肃酒泉干骨崖青铜时代后期人骨 Fe 的平均含量为 71.27μg/g（郑晓瑛 1993）；新疆和静县察吾呼沟口四号墓地出土人骨 Cu 的平均含量为 3.76μg/g（张全超等 2005）。姜家梁新石器时代遗址人骨 Cu 的平均含量为 8.06μg/g。与现代人相比，姜家梁新石器时代遗址古人类体内的镁元素含量是很低的，其原因也有待进一步研究。

五、磷（P）

研究结果表明，肾脏肿瘤病人磷元素的含量最低，反映该病对磷元素在人体内代谢时造成的亏损严重，其次为肝脏病人（陈高恩等 2000）。氟、磷、钙、锰等元素含量与釉质着色程度呈正相关（任吉芳等 1999）。说明磷元素对人体的影响很大，在微量元素研究中虽然不能最为食谱指示剂，但可以参考其正常含量值进行古病理学的研究。

新疆和静县察吾呼沟口四号墓地出土人骨 P 的平均含量为 115. 26μg/g（张全超等 2005）。姜家梁新石器时代遗址人骨 P 的平均含量为 108. 65μg/g。两者磷元素的平均含量相当。

六、锰（Mn）

研究结果表明，肿瘤患者和肿瘤高发区成人头发自由基含量明显高于非高发区健康成人（郝珊等 2002）。锰元素的正常参考值为 4. 27μg/g（郝珊等 2002）。

甘肃酒泉干骨崖青铜时代前期人骨 Mn 的平均含量为 73. 58μg/g，甘肃酒泉干骨崖青铜时代后期人骨 Fe 的平均含量为 52. 48μg/g（郑晓瑛 1993）；新疆和静县察吾呼沟口四号墓地出土人骨 Mn 的平均含量为 45. 7μg/g（张全超等 2005）。姜家梁新石器时代遗址人骨 Mn 的平均含量为 17. 18μg/g。与现代人相比，姜家梁新石器时代遗址古人类体内的锰元素含量很高，但远远低于其他古代组。

第六节 小 结

（1）本次试验使用小样本均值 t 检验，考察了 11 例男性和 6 例女性的 9 种微量元素平均数的组间差异显著性水平，结果显示 Ca 和 P 这两种微量元素的含量存在显著的性差异，其他微量元素则无明显的性差异。

（2）检测样品的 Ca/P 值，检测结果较为理想，虽然 Ca/P 值稍偏大，但均在有效检测范围内，说明未经污染或受到较轻污染。

（3）本次试验对全部样品进行了 9 种微量元素相互间的典型相关关系检验，结果表明 Ba 和 Mn 之间不相关，说明本次试验所用样品未受到微生物的侵蚀。以 Ba 和 Mn 两种微量元素制作散点图，散点图也呈负相关。

（4）在进行食谱分析时，首先计算 Sr/Ca 值，经过分析国内外相关材料，比较得出姜家梁新石器时代遗址古人类的 Sr 含量是比较高的，说明姜家梁新石器时代遗址古人类的食物来源是以植物性食物为主的。

（5）以更为准确的 log（Sr/Ca）值和 log（Ba/Ca）值进行检验样品的聚类分析，检验样品分为两大类：第二类的 log（Sr/Ca）值明显高于第一类，说明这些居民的食物中非稻类谷物或其他植物性食物的比重大；第一类相对于第二类而言，肉类的比重可能较大一些，但植物性食物的比重仍然较高。

（6）虽然姜家古代居民是同种系多类型的复合体，但聚类结果似乎还看不出其居民之间体质差异的分布规律。结合考古学文化研究和古 DNA 研究成果，试验结果表明这 17 个个体在摄取食物的方式、种类、和数量上可能存在差异，或许暗示这个群体中确实存在食物占有和分配上的差异或者是某种饮食习惯上的差异。

（7）为避免在微量元素分析方法使用上出现混乱，在进行了可靠的食物结构指示剂的分析后，还略加讨论了几种人体所必需的微量元素，这些元素与人类的饮食健康息息相关，可结合古病理学进行更为细致和深入的古代人类健康状况研究。

参 考 文 献

蔡莲珍，仇士华．1984．碳十三测定和古代食谱研究．考古，(10)：949—455

陈高恩，王海婴．2000．中子活化分析法测定病人体内磷元素．广西物理，(3)：13，14

韩永志．1992．标准物质手册．中国计量出版社

郝珊，陶莎．2002．肿瘤患者及肿瘤高发区人头发自由基及硒、锰元素含量分析．Central China Medical Journal，(4)：208，209

河北省文物研究所．2001．河北阳原县姜家梁新石器时代遗址的发掘．考古，(2)：13—25

胡耀武．2001．古人类骨中羟磷灰石的XRD和喇曼光谱分析．生物物理学报，(4)：621—627

胡耀武．2002．古代人类食谱及其相关研究．中国科学技术大学博士学位论文

胡耀武，杨学明，左健．2000．科技考古论丛（第二辑）．中国科学技术大学出版社．51—58

吉林大学考古DNA实验室．2001．河北阳原姜家梁新石器时代人骨DNA的研究．考古，(7)：74—81

金海燕，张全超，宇博．2003．新疆青铜时代古代人骨中痕量元素的ICP-AES法测定．吉林大学学报（理学版），(2)：228—230

刘乐乐，罗素琴，柳树莲．1994．内蒙古蒙、汉大学生头发中四种元素的含量与发育水平关系的研究．中国学校卫生，9（3）：208—240

钱剑，王哲，刘国文．2003．铜在动物体内代谢的研究进展．动物医学进展．(2)：55—57

任吉芳，吉媛媛．1999．31种元素在着色氟牙症釉质中的定量分析．中华口腔医学杂志，(4)：229—231

王莺芝．1999．贫血幼儿血清锌钙铁元素水平及干预措施评介．中国儿童保健杂志，(4)：273—274

卫斯．1998．卫斯考古论文集．山西古籍出版社．1—214

魏博源，朱文，钟耳顺等．1994．广西崇左县冲塘新石器时代人骨微量元素的初步研究．人类学学报，(3)：260—263

西蒙·梅斯，肖建一，张小涓．2002．骨骼的化学分析．考古与文物，(2)：44—85

严文明．1979．黄河流域新石器时代早期文化的新发现．考古，(1)：45—50

严文明．1982．中国稻作农业的起源．农业考古，(1-2)：50—54

严文明．1989．再论中国稻作农业的起源．农业考古，(2)：72—83

曾昭华，曾雪萍．2001．地下水中镁的形成及其与人群健康的关系．四川地质学报，(3)：168—170

张朝华，贾存英．2002．富铁元素与人体健康．微量元素与人体健康，(3)：41—42

张全超，王明辉，金海燕等．2005．新疆和静县察吾呼沟口四号墓地出土人骨化学元素的含量分析．人类学学报，(4)：328—333

张雪莲．2003．应用古人骨的元素、同位素分析研究其食物结构．人类学学报，(1)：76—84

张月红. 2000. 锌与骨骼发育关系的研究进展//程义勇译. 国外医学医学地理分册 (2). 51—54

郑晓瑛. 1991. 甘肃酒泉干骨崖四坝文化人骨研究. 北京大学博士研究生学位论文

郑晓瑛. 1993. 中国甘肃酒泉青铜时代人类股骨化学元素含量分析. 人类学学报, (3): 241—249

Brown A B. 1974. Bone strontium as a dietary indicator in human skeletal populations. *Contrib. Geol*, (2): 47, 48

Burton J H, Wright L E. 1995. Nonlinearity in the relationship between bones Sr/Ca and diet: Paleodietary implications. *American Journal of PhysicalAnthropology*, (96): 273—282

Dennison K J. 1980. Amino acids in archaeological bone. *Journal of Archaeological Science*, (7): 81—86

Ezzo J. 1994. Putting the "chemistry" into archaeological bone chemistry analysis: Modeling potential paleodietary indicators. *Journal of Anthropological Archaeology*, (13): 1—34

Gilbert Jr R L. 1975. *Trace elemental analysis of trace skeleton Amerindian populations at Dickinson Mounds*. Ph. D. dissertation. University of Massachusetts, Amherst

Pate F D, Hutton J T. 1988. The use of soil chemistry data to address post-mortem diagenesis in bone material. *Journal of Archaeological Science*, (15): 729—739

Pate F D, Hutton J T, Norrish K. 1989. Ionic exchange between soil solution and bone: toward a predictive model. *Applied Geochemistry*, (4): 303—316

Price T D. 1989. Multi-element Studies of Diagenesis. *The Chemistry of Prehistoric Human Bone*. Academic Press: 126—154

Price T D, Blitz J, Burton J H et al.. 1992. Diagenesis in prehistoric bone: problems and solution. *Journal of Archaeological science*, (19): 513—530

Schoeninger M J. 1979. Status at Chalcatzingo: Some empirical and technical aspects of strontium analysis. *American Journal of Physical Anthropology*, (51): 295—310

Schutkowski H, Herrmann B. 1999. Diet, status and decomposition at Weingarten: trace element and isotope analyses on early mediaeval skeletal material. *Journal of Archaeological science*, (26) :675—685

Toots H, Voorhies M R. 1965. Strontium in fossil bones and the reconstruction of food chains. *Science*, (149): 854, 855

第九章　身高的推算

就普遍意义而言，在人类的演化道路上，其身高值是逐渐增大的。在晚期智人阶段形成的各个种族类型当中，身高值的差异比较明显，即使在同一人种亚种的群体内部，这种差异性依然存在。现代中国人的身高分布规律，总体上是北高南低，而尤以西南地区的居民为最低。那么，这种同一种族内部的身高差异是在何时形成的呢？这种差异形成的原因是什么？这种差异在历史上有无阶段性变化？这些问题的解决，需要我们掌握晚期智人以来的各个阶段的人群身高值作为参考。因此，笔者也探讨了姜家梁人群的身高平均分布，以期为解答上述问题积累相关的资料。

以往研究结果表明，从旧石器时代至现代，中国南北方居民在身高上存在“北高南低”的现象（吴新智　1960，1961；吴新智等　1984；张振标　1988）。因此，可以说身高存在着明显的种群甚至类群间的差异。

第一节　材料与方法

笔者从实际材料出发，对姜家梁新石器时代居民的身高进行综合推算，以便了解该地区新石器时代居民的身高水平。本次身高推算的骨骼部位包括股骨、胫骨、腓骨、肱骨、尺骨和桡骨。

依据朱泓等有关黄种人身高推算的说明（朱泓等　2004），参考吴汝康等和邵象清的推算方法（吴汝康等　1984；邵象清　1985）。有关中国汉族身高推算方法。用测骨盘测量股骨最大长、胫骨最大长、腓骨最大长、肱骨最大长、尺骨最大长和桡骨最大长。

黄种人男性身高推算公式：

$$身高 = 股骨 \times 3.66 + 5.00cm$$
$$身高 = 胫骨 \times 4.53 + 5.00cm$$
$$身高 = 腓骨 \times 4.58 + 5.00cm$$
$$身高 = 肱骨 \times 5.06 + 5.00cm$$
$$身高 = 尺骨 \times 6.41 + 5.00cm$$
$$身高 = 桡骨 \times 6.86 + 5.00cm$$

黄种人女性身高推算公式：

$$身高 = 股骨 \times 3.71 + 5.00cm$$
$$身高 = 胫骨 \times 4.61 + 5.00cm$$

身高 = 腓骨 ×4. 66 +5. 00cm

身高 = 肱骨 ×5. 22 +5. 00cm

身高 = 尺骨 ×6. 66 +5. 00cm

身高 = 桡骨 ×6. 16 +5. 00cm

第二节　结果与讨论

骨骼标本测量记录见表9-1，身高推算结果见表9-2。

表9-1　姜家梁新石器时代人骨之四肢骨最大长测量值表

骨骼 / 墓葬		股骨	胫骨	腓骨	肱骨	尺骨	桡骨
M3	♂	45. 50R	36. 50L 36. 05R		32. 50R		
M16	♂	44. 45R	34. 95L 34. 80R			25. 79L 25. 80R	
M17	♀	43. 45L					
M22	♂		38. 65L 39. 10R	37. 50L 37. 65R	33. 75R	27. 55L 27. 45R	26. 00R
M24	♂		37. 95R				
M26	♂	45. 55R					
M28	♀		31. 85R				
M29	♂	46. 95L					
M34	♀	44. 55R	35. 55L 35. 60R		32. 75L		
M35	♂	43. 30L 43. 25R	36. 35L 36. 20R		29. 85L 31. 90R		
M36	♂		37. 25L				
M37	♂	43. 45R					
M39	♂	43. 30L 43. 45R	35. 45L 35. 50R	34. 10L	30. 60L 30. 60R	25. 55R	23. 55R
M40	♂	43. 75L					23. 00R
M47 上	♀	39. 75L	31. 20L 31. 20R	31. 10R	27. 80L 27. 35R	22. 50L	20. 90L 21. 10R
M47 下	♂		35. 75L 35. 70R				
M51	♂	47. 80L	40. 40L 40. 35R	37. 70R	32. 75L 32. 75R	28. 45L 28. 55R	26. 75R

续表

墓葬＼骨骼		股骨	胫骨	腓骨	肱骨	尺骨	桡骨
M57	♂		36. 70R		32. 80L		
M58	♀	41. 50L					
M60	♀	42. 15L 42. 30R					
M63 左	♂		37. 15L 37. 30R			26. 05L	24. 90R
M63 右	♂	44. 65R					
M65 上	♂		34. 75L				
M65 下	♂			33. 05R	29. 55L 30. 05R	26. 00L	24. 00L
M68	♀	43. 45L					
M69	♂	44. 05R			32. 80L 33. 05R		

表 9-2　姜家梁新石器时代人骨之个体身高推算

墓葬＼骨骼		股骨	胫骨	腓骨	肱骨	尺骨	桡骨
M3	♂	171. 53R	170. 35L 168. 31R		169. 45R		
M16	♂	167. 69R	163. 32L 162. 64R			170. 31L 170. 38R	
M17	♀	166. 20L					
M22	♂		163. 32L 162. 65R	176. 75L 177. 44R	175. 78R	181. 60L 180. 95R	183. 38R
M24	♂		176. 91R				
M26	♂	171. 71R					
M28	♀		151. 83R				
M29	♂	176. 84L					
M34	♀	170. 28R	168. 89L 169. 12R		175. 96L		
M35	♂	163. 48L 163. 30R	169. 67L 168. 99R		156. 04L 166. 41R		
M36	♂		173. 74L				
M37	♂	164. 03R					

续表

墓葬＼骨骼		股骨	胫骨	腓骨	肱骨	尺骨	桡骨
M39	♂	163.48L 164.03R	165.59L 165.82R	161.18L	159.84L 159.84R	168.78R	166.55R
M40	♂	165.13L					162.78R
M47 上	♀	152.47L	148.83L 148.83R	149.93R	150.12L 147.77R	154.85L	133.74L 134.98R
M47 下	♂		166.95L 166.72R				
M51	♂	179.95L	188.01L 187.79R	177.67R	170.72L 170.72R	187.36L 188.01R	188.51R
M57	♂		171.25R		170.97L		
M58	♀	158.97L					
M60	♀	161.38L 161.93R					
M63 左	♂		173.29L 173.97R			171.98L	175.81R
M63 右	♂	168.42R					
M65 上	♂		162.42L				
M65 下	♂			156.37R	154.52L 157.05R	171.66L	169.64L
M68	♀	166.20L					
M69	♂	166.22R			170.97L 172.23R		

计算 19 个男性个体的平均身高为 169.69 cm，标准差为 5.69 cm；计算 7 个女性个体的平均身高为 160.39 cm，标准差为 8.58 cm。可以看出，姜家梁新石器时代居民中，女性存在着较明显的个体间身高差异，这可能与其较小的样本量有关，也可能暗示该群体的女性确实存在身高显著性差异的情况。

最新研究成果表明，中国新石器时代的居民的身高有一个从南到北的升高趋势，表明现代中国人身高的南北差异早在新石器时代就已经出现（表 9-3、图 9-1）（尚虹 2002）。

表 9-3 部分新石器时代的男性身高比较

遗址	身高值/cm
平洋	165.85
大南沟	169.61

续表

遗址	身高值/cm
大甸子	163.28
姜家梁	169.69
广饶	169.97
大汶口	172.26
西夏侯	171.30
龙虬庄	167.44
半坡	169.45
宝鸡	168.82
华县	168.40
姜寨	170.29
横阵	167.70
庙底沟	166.00
河姆渡	166.28
昙石山	163.50

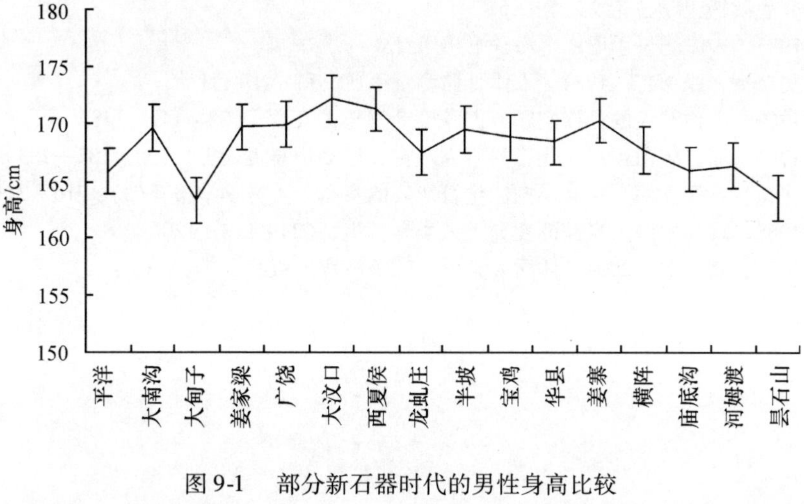

图 9-1　部分新石器时代的男性身高比较

与其他新石器时代人群的身高平均值比较，姜家梁新石器时代居民男性身高在北方群体的范围内，与东北地区的大南沟后红山文化墓居民平均身高（潘其风　1998）非常接近，略低于黄河下游地区居民的平均身高，略高于黄河中游地区居民的平均身高，明显高于南方地区居民的平均身高。与青铜时代北方人群比较，姜家梁新石器时代男性居民要比黑龙江省泰来县平洋青铜至早期铁器时代的男性居民（潘其风　1990）、内蒙古敖汉旗大甸子夏家店下层文化的男性居民（潘其风　1996）和内蒙古鄂尔多斯市伊金霍洛旗朱开沟青铜时代早期文化的男性居民（潘其风　2000）都要高大。

目前尚缺乏足够的女性身高对比材料，但与黄河下游广饶新石器时代女性平均身高（尚虹　2002）、平洋女性居民（潘其风　1990）、大甸子女性居民（潘其风　1996）和朱开沟女性居民（潘其风　2000）身高比较，姜家梁女性具有明显的身高值。

参　考　文　献

潘其风．1990．平洋墓葬人骨的研究//平洋墓葬．文物出版社．187—235

潘其风．1996．大甸子墓葬出土人骨的研究//大甸子——夏家店下层文化遗址与墓地发掘报告．科学出版社．224—322

潘其风．1998．大南沟新石器时代墓葬出土人骨的观察鉴定与研究//大南沟——后红山文化墓地的发掘报告．科学出版社．145—150

潘其风．2000．朱开沟墓地人骨的研究//朱开沟——青铜时代早期遗址发掘报告．文物出版社．340—399

尚虹．2002．山东广饶新石器时代人骨及其与中国早全新世人类之间关系的研究．中国科学院研究生院博士学位论文．59—61

邵象清．1985．人体测量手册．上海辞书出版社

吴汝康，吴新智，张振标．1984．人体骨骼测量手册．科学出版社

吴新智．1960．山顶洞人的种族问题．古脊椎动物与古人类，(2)：141—148

吴新智．1961．周口店山顶洞人化石的研究．古脊椎动物与古人类，(3)：182—203

吴新智，张振标，张建军．1984．柳江化石智人的身高．人类学学报，(3)：210—211

张振标．1988．现代中国人身高的变异．人类学学报，(2)：112—120

朱泓，李法军，魏东等．2004．体质人类学．高等教育出版社

余 论

如何更有效地利用已出土的古人骨资料进行人类学研究是一个值得探讨的问题。我认为有一个词语可能较为准确地表述了这一问题的含义，叫做“数据淘金”，它在国内人类学界还是一个比较新鲜的名词，其所涉及的主要问题就是如何更为彻底地从古代人骨资料上提取更多的信息。体质人类学的研究目的之一是与考古学相结合来探讨古代文化之间的交流，分析人种产生的原因和过程。因此，进行更为有效的细致的研究以获取更多隐藏在人骨之中的信息就成为我们面临的最为切实的问题之一。

经过几十年的研究积累，在诸多人类学工作者的努力之下，中国人类学领域已经建立起了较为完善的研究体系，但存在的问题是，有些较为实用的研究方法却因某些原因而未能普及开来。笔者正是基于这种考虑，在方法论上继承了前辈学者的研究成果，又采用了一种更新的多元的研究模式，对出自同一墓地的人骨材料进行了研究，但应该看到，由于作者在学科知识上的局限性，没有更加细致的对每个研究领域进行深入探讨，只是在总体研究模式上表现得较为全面，因此笔者只能是一种提纲挈领式的粗线条的研究。尽管如此，我还是相信其中许多研究工作是具有实用性的，能够初步得出一些相关信息。正因如此，多学科的交叉合作研究显得尤为重要，这也是今后研究工作的一种趋势。

笔者在研究过程中还遇到一个问题。这一问题的表现形式为如何让人类学研究和考古学研究互为所补，互为所用。众所周知，同一文化的种族载体可能是多元的；同样，同属相同种族的人群所建立的文化也可能是毫无关联的。因此，在进行这种互补互用的研究过程中就会遇到很多不确定因素，或是由于人类学资料积累不够，无法就现有研究成果与考古学结合来探讨族群关系和文化演变；或是因为考古学研究成果的局限，某些重要地区的考古学文化研究还未得出相对清晰的结论，因而也使得人种学研究受到来自考古学文化背景方面的限制。但有一点是确定无疑的，那就是我们要尽量展开学科间合作，弥补这种不足。笔者在研究过程中也是依据这一原则来进行的，但是由于前述的在知识结构上的限制，自己还无法对这一问题进行有效地解决。事实上，要解决这一问题，只靠个人的努力是不够的，所幸的是中国的许多优秀的体质人类学家和考古学家已经在此方面建立了合作传统，我们所应该做的就是要继承这种传统并在具体工作上，广泛地进行学科间的交流与合作，因为，“数据淘金”的一个先决条件就是多学科交叉合作。

总体而言，笔者在研究模式上尽量做到了多元化，在学科知识所及的范围内，尽可能的对这批珍贵的人骨材料进行了研究，同时，还尽可能的联合其他相关学科的科研人员，共同对某些需要互相探讨的问题进行了频繁交流。即使是这样，笔者的研究也仅仅是一种启发性的，在许多问题上还存在进一步探讨的可能。因此，在今后的工作中，笔者会不断学习理论知识，逐步提高自身的研究水平，并期待更多可资利用的相关学科研究成果，使得本次研究能够取得一个真正较为满意的结果。

附表一　个体测量项目代号说明

马丁号	测量项	英文说明及代号
1	颅骨最大长	Maximum cranial length（g-op）
8	颅骨最大宽	Maximum cranial breadth（eu-eu）
17	颅高	Basi - bregmatic height（b-ba）
21	耳上颅高	Auricular height（po-po）
9	最小额宽	Minimum frontal breadth（ft-ft）
7	枕骨大孔长	Foraman magnum length（ba-o）
16	枕骨大孔宽	Foraman magnum breadth
25	颅矢状弧	Cranial sagittal arc（n-o）
26	额骨矢状弧	Frontal arc（n-b）
27	顶骨矢状弧	Parietal arc（b-l）
28	枕骨矢状弧	Occipital arc（l-o）
29	额骨矢状弦	Frontal chord（n-b）
30	顶骨矢状弦	Parietal chord（b-l）
31	枕骨矢状弦	Occipital chord（l-o）
23	颅周长	Cranial horizontal circum ference（g，op）
24	颅横弧	Cranial transverse arc（po-b-po）
5	颅基底长	Basis length（n-enba）
40	面底长	Profile length（pr-enba）
48	上面高	Upper facial height（n-pr）
48	上面高	Upper facial height（n-sd）
47	全面高	Morphological facial height（n-gn）
45	面宽	Bizygomatic breadth（zy-zy）
46	中面宽	Middle facial breadth（zm-zm）
43（1）	两眶外缘宽	Biorbital breadth（fmo-fmo）
50	眶间宽	Interorbital breadth（mf-mf）
MH	颧骨高	Malar height（fmo-zm）
MB′	颧骨宽	Malar breadth（zm-rim. orb.）
54	鼻宽	Nasal breadth
55	鼻高	Nasal height（n-ns）

续表

马丁号	测量项	英文说明及代号
SC	鼻骨最小宽	Simotic chord
SS	鼻骨最小宽高	Simotic subtense
51	眶宽	Orbital breadth（mf-ek）
51a	眶宽	Orbital breadth from dacryon（d-ek）
52	眶高	Orbital height
60	上颌齿槽弓长	Maxillo-alveolar length（pr-alv）
61	上颌齿槽弓宽	Maxillo-alveolar breadth（ecm-ecm）
62	腭长	Palatal length（ol-sta）
63	腭宽	Palatal breadth（enm-enm）
12	枕骨最大宽	Maximum occipital breadth（ast-ast）
11	耳点间宽	Interauriculare breadth（au-au）
44	两眶宽	Biorbital breadth（ec-ec）
FC	两眶内宽	fmo-fmo
FS	鼻根点至两眶内宽之矢高	Nasio-frontal subtence（sub. fmo-n-fmo）
DC	眶间宽	d-d
32	额侧角 Ⅰ	Forehead slope angle（∠n-m FH）
	额侧角 Ⅱ	Profile angle of frontal bone（∠g-m FH）
	前囟角	Bregmatic angle（∠g-b. FH）
72	面角	Total facial angle（∠n-pr FH）
73	鼻面角	Nasal profile angle（∠n-ns FH）
74	齿槽面角	Alveolar profile angle（∠ns-pr FH）
75	鼻梁侧角	Nasalia roof angle（∠n-rhi FH）
77	鼻颧角	Nasion-frontal angle（∠fmo-n-fmo）
SSA	颧上颌角	Zygomaxillary angle（∠zm-ss-zm）
	面三角 Ⅰ（上齿槽角）	Alveolar angle（∠n-pr-ba）
	面三角 Ⅱ（鼻根点角）	Nasal angle（∠pr-n-ba）
	面三角 Ⅲ（颅底角）	Basilar angle（∠n-ba-pr）
	鼻梁角	72—75
8:1	颅长宽指数	Cranial index
17:1	颅长高指数	Cranial length-height index
17:8	颅宽高指数	Breadth basio-bregmatic height index
21:1	颅长耳高指数	Cranial length-aurical height index

续表

马丁号	测量项	英文说明及代号
9:8	额宽指数	Fronto-parietal index
16:7	枕骨大孔指数	Occipital foramen index
40:5	面突指数	Gnathic index
48:17	垂直颅面指数	Vertical cranio-facial index
48:45	上面指数（K）	Upper facial index
48:46	中面指数（V）	Middle facial index
54:55	鼻指数	Nasal index
52:51	眶指数 I	Orbital index Ⅰ
52:51a	眶指数Ⅱ	Orbital index Ⅱ
54:51	鼻眶指数	Nasion-orbital index Ⅰ
54:51a	鼻眶指数	Nasion-orbital index Ⅱ
SS:SC	鼻根指数	Simotic index
63:62	腭指数	Palatal index
45:（1+8）/2	横颅面指数	
17:（1+8）/2	高平面指数	
65	下颌髁突间宽	Bicondylar breadth（cdl-cdl）
66	下颌角间宽	Bigonial breadth（go-go）
67	颏孔间宽	Bimentalbreite
68	下颌体长	Mandibular body length
68（1）	下颌体最大投影长	Maximum projective mandibular breadth
69	下颌联合高	Symphysial height（id-gn）
MBH	下颌体高 I（颏孔位）	Height of the mandibular body Ⅰ
	下颌体高 II（臼齿位）	Height of the mandibular body Ⅱ
MBT	下颌体厚 I（颏孔位）	Thickness of the mandibular body Ⅰ
	下颌体厚 II（臼齿位）	Thickness of the mandibular body Ⅱ
70	下颌枝高	Height of the mandibular ramus
71	下颌枝宽	Breadth of the mandibular ramus
71a	下颌枝最小宽	Min. breadth of the mandibular ramus
	颏孔间弧	bimental bogen
79	下颌角	Mandibular angle（go）
68:65	下颌骨指数	Mandibular index
71:70	下颌枝指数	Mandibular ramus index

附表二　姜家梁新石器时代人骨个体测量表（男性）

M / 序号	A-Ⅰ-9	A-Ⅰ-16	A-Ⅰ-22	A-Ⅰ-39	A-Ⅰ-43 中	A-Ⅰ-65 上	A-Ⅰ-72	A-Ⅱ-6 上	A-Ⅱ-6 下	A-Ⅱ-9	A-Ⅱ-17 中	A-Ⅱ-20 上	A-Ⅱ-20 中	A-Ⅱ-24 下
1	183.20	175.70	180.50	176.70	181.40	191.70	181.71	181.10	178.00	182.00	175.00	191.40	183.20	178.00
8	129.80	136.00	136.00	136.00	122.00	132.80	132.80	137.00	133.40		136.40	135.00	137.20	126.50
17	136.00	138.50	142.60	138.40		140.70	136.00	134.90	131.30	144.80	133.00		135.80	136.70
21	127.00	118.00	116.60	119.70	115.40	125.60		115.00	114.60	118.20	112.00	118.00	120.00	113.80
9	86.70	89.40	90.90	83.30	79.80	92.40	88.68	92.58	87.58	90.00	86.72	94.12	87.82	78.43
7	36.40	35.10	33.10	35.00		36.70	34?	39.48	36.42	39.50	36.96		37.16	32.12
16	29.90	30.80	29.40	29.80		27.80	25.24	31.98	30.50	33.52	28.60		27.98	26.62
25	370.00	357.00	369.20	377.00	371.00	399.50	370.00	362.50	369.00	363.50	350.00	377.00	367.45	369.00
26	127.00	121.00	135.00	127.50	122.00	137.00	127.00	122.00	128.00	121.20	117.00	129.00	123.35	116.00
27	133.00	131.00	122.00	134.50	131.00	135.50	124.00	136.00	135.00	121.10	123.00	118.00	122.50	122.00
28	110.00	115.00	110.00	115.00	118.00	123.00	119.00	114.00	112.00	121.20	110.00	127.00	121.60	107.00
29	116.10	106.00	110.10	113.20	111.10	124.80	111.94	99.15	113.28	108.94	108.00	117.38	113.12	111.72
30	115.60	110.90	107.20	119.00	116.80	119.80	113.30	117.46	115.24	111.40	110.02	108.63	110.34	110.40
31	94.50	92.20	91.20	96.00	96.10	98.20	96.88	96.78	87.92	104.74	99.80	112.04	97.44	96.47
23	520.60	525.00	518.00	500.00	515.00	538.00	518.00	518.00	501.00	515.00	500.00	535.00	510.00	498.00
24	311.00	311.00	311.00	316.00	298.00	325.00		314.00	299.00		310.00	318.00	302.00	295.00

续表

M / 序号	A-Ⅰ-9	A-Ⅰ-16	A-Ⅰ-22	A-Ⅰ-39	A-Ⅰ-43 中	A-Ⅰ-65 上	A-Ⅰ-72	A-Ⅱ-6 上	A-Ⅱ-6 下	A-Ⅱ-9	A-Ⅱ-17 中	A-Ⅱ-20 上	A-Ⅱ-20 中	A-Ⅱ-24 下
5	112. 50	107. 70	110. 00	99. 40		100. 00	105. 70	102. 20	98. 16	107. 50	98. 50		108. 00	106. 90
40	105. 00	101. 00	107. 00	98. 60		105. 20	105. 12	105. 25	93. 20	102. 20			102. 35	101. 00
48	72. 90	78. 00	78. 60	68. 30	70. 70	72. 00	69. 12	81. 00	67. 48	82. 36		78. 00	67. 86	74. 02
48	77. 90	76. 00	81. 10	71. 70	74. 10	74. 60	72. 66	85. 28	72. 48	85. 26		80. 50	70. 36	76. 10
47	126. 30	123. 20	124. 70	119. 90	123. 00	125. 20	122. 32	129. 50	121. 86	131. 50		130. 38	127. 72	125. 48
45	134. 80	142. 80	142. 40	132. 30	127. 00	128. 40		137. 18	131. 20			140. 78	136. 98	126. 04
46	103. 30	112. 80	113. 50	105. 40	106. 10	102. 40	102. 64		98. 30	115. 00	106. 18	111. 68	97. 46	97. 40
43（1）	103. 30	110. 20	111. 60	99. 40	100. 80	98. 40	100. 14		99. 84	105. 44	106. 98	101. 98	87. 66	100. 10
50	18. 20	25. 10	21. 20	15. 90	14. 80	19. 60	14. 64		19. 52	21. 04	17. 88	18. 14	20. 78	17. 22
MH L	47. 50	46. 90	50. 40	46. 40	43. 50	47. 00	42. 83	55. 64	43. 84	47. 86		48. 48	49. 98	44. 62
MH R	49. 80	47. 80	48. 20	45. 80	42. 90	47. 60	42. 50		44. 22	49. 52		44. 16	50. 00	45. 20
MB L	29. 20	27. 80	33. 90	31. 10	26. 90	27. 40	24. 62	30. 78	25. 16	27. 54	25. 32	27. 60	27. 48	26. 20
MB R	31. 10	28. 50	31. 40	30. 70	26. 60	27. 00	24. 20		26. 14	29. 18	24. 52	28. 34	27. 20	25. 86
54	27. 10	30. 90	28. 10	25. 20	25. 00	29. 30	25. 34	27. 94	28. 98	24. 72	26. 00	25. 30	30. 18	25. 50
55	53. 80	57. 90	59. 10	53. 30	53. 20	57. 00	52. 22	61. 50	56. 68	60. 40		61. 20	54. 54	62. 20
SC	10. 20	10. 20	6. 50	9. 10	6. 70		6. 96			7. 38	7. 60	6. 20	8. 96	6. 80
SS	4. 00	4. 90	2. 80	3. 15	2. 00		1. 96			2. 08	3. 24			3. 10
51	45. 00	44. 30	44. 35	40. 10	44. 00	44. 80	43. 30	45. 44	44. 74	44. 24		50. 00	43. 24	45. 20
51	46. 80	45. 70	44. 50	42. 90	43. 10	44. 30	45. 28		45. 12	45. 82		48. 08	46. 08	44. 62
51a	40. 40	41. 90	41. 50	37. 00	41. 20	42. 00	39. 00	40. 44	40. 72	40. 8		44. 66	39. 32	40. 10
51a	42. 60	42. 30	41. 56	37. 80	39. 40	40. 00	40. 34		41. 12	41. 78			41. 62	39. 78

续表

M / 序号	A-Ⅰ-9	A-Ⅰ-16	A-Ⅰ-22	A-Ⅰ-39	A-Ⅰ-43 中	A-Ⅰ-65 上	A-Ⅰ-72	A-Ⅱ-6 上	A-Ⅱ-6 下	A-Ⅱ-9	A-Ⅱ-17 中	A-Ⅱ-20 上	A-Ⅱ-20 中	A-Ⅱ-24 下
52	34.20	31.20	31.30	30.30	34.40	31.40	33.24	38.65	32.72	36.3		33.60	33.54	39.76
52	35.10	32.30	31.70	31.10	34.50	33.90	30.78		32.94	35.58		30.96	34.82	39.80
60	51.50	54.90	64.50	54.00	53.30	58.00	54.60	58.74	52.24	53.64	54.36	60.80	57.74	56.80
61	67.20	75.90	74.20	60.80	68.30	64.50	66.28		67.48	70.38	63.50	71.96	67.74	63.70
62	44.60	46.70	55.80	49.80	47.30	38.20	45.64	41.74	40.54	43.88	40.00	49.62	50.34	45.10
63	40.10	44.60	45.50	41.50	42.00	38.80	43.65		45.56	43.44	38.54	45.50	39.22	41.70
12	100.60	114.90	116.20	106.40		98.00	103.50	105.50	105.76		109.72	114.50	106.84	109.52
11	120.90	130.70	136.90	124.10	122.20	120.30		131.43	125.24		125.86	131.82	122.28	120.10
44	98.10	106.80	106.80	93.90	97.60	100.70	99.46		97.66	103.94		108.42	101.82	99.90
FC	95.80	104.00	105.10	92.50	95.70	97.10	93.82		94.82	101.86	103.03	106.44	99.88	96.86
FS	23.80	15.40	19.60	16.10	14.00	19.00	13.40		15.54	16.86	14.60	14.30	16.30	15.70
DC	22.40	23.00	23.50	20.50	18.60		20.00		24.88	22.18	22.48	25.00	25.00	22.30
32	75.00	75.00	73.50	82.50	79.00	83.00	82.00	78.00	74.00	76.00	75.00	72.00	83.00	80.00
∠g-m FH	71.00	71.00	67.00	80.00	74.00	81.00	79.00	74.00	72.50	74.00	73.00	68.00	78.00	78.00
∠g-b FH	46.00	49.50	46.00	52.00	46.50	48.00	46.00	45.00	41.00	48.00	42.00	45.00	47.50	43.00
72	87.00	84.00	82.10	82.50	83.00	84.00	74.00	84.00	78.00	91.50		89.00	81.00	84.00
73	91.00	89.00	85.20	86.00	82.00	87.00	81.00	90.00	85.00	93.00		90.00	85.00	87.00
74	75.00	73.00	72.50	70.00	74.50	79.00	70.50		70.50	81.00		83.00	72.00	72.00
75	69.00	70.00	69.00	69.00			67.00							
77	136.00	144.50	140.70	142.00	147.00	138.00	149.00		147.00	144.50	151.50	152.00	146.00	145.50
SSA	117.10	123.00	120.00	120.00	126.00	129.00	128.50		130.50	129.50	118.00	128.50	121.00	119.00

续表

M / 序号	A-Ⅰ-9	A-Ⅰ-16	A-Ⅰ-22	A-Ⅰ-39	A-Ⅰ-43 中	A-Ⅰ-65 上	A-Ⅰ-72	A-Ⅱ-6 上	A-Ⅱ-6 下	A-Ⅱ-9	A-Ⅱ-17 中	A-Ⅱ-20 上	A-Ⅱ-20 中	A-Ⅱ-24 下
∠n-pr-ba	77.90	80.00	71.00	68.00		70.00	70.50	67.50		73.50			69.50	66.00
∠pr-n-ba	64.50	61.50	70.00	72.00		71.00	70.00	68.00		58.50			73.50	75.00
∠n-ba-pr	37.60	32.00	39.00	40.00		39.00	39.50	45.50		48.00			37.00	39.00
72-75	18.00	14.00	13.10	13.50			7.00							
8:1	70.10	78.40	75.90	77.00	67.30	68.90	73.10	75.60	79.40		79.30	70.50	74.90	71.10
17:1	81.10	79.20	79.00	78.30		73.00	74.80	74.50	73.80	79.60	77.30		86.24	76.80
17:8	104.77	101.10	104.00	101.80		105.90	102.40	98.50	98.40		97.50		101.10	108.10
9:8	67.50	65.30	67.80	61.30	65.40	71.80	66.80	68.90	65.70		63.60	70.90	64.00	61.40
16:7	82.10	87.70	88.80	85.10		75.70	74.20	81.00	83.70	84.90	77.40		75.30	82.90
40:5	93.30	93.77	102.00	101.20		105.20	99.50		94.93	95.51			94.77	94.50
48:17 pr	49.10	56.30	55.10	49.30		51.20	50.80	60.00	51.40	56.90			48.90	54.10
48:17 sd	52.40	60.60	56.90	51.80		53.00	53.40	63.20	55.20	58.90			50.70	55.70
48:45 pr	54.10	54.60	55.10	51.60	55.70	56.10		59.00	51.40			55.40	49.50	58.70
48:45 sd	57.80	58.80	57.00	54.20	58.30	58.10		62.20	55.20			57.20	51.40	60.40
48:46 pr	70.60	69.10	67.60	64.80	66.60	70.30	67.30		68.60	71.60		69.80	69.60	76.00
48:46 sd	75.40	74.40	69.70	68.00	69.80	72.90	70.80		73.70	74.10		72.10	72.20	78.10
54:55	50.40	53.40	47.50	47.30	47.00	57.80	50.30	40.93	51.10	41.34		41.33	54.40	41.00
52:51 L	76.00	70.40	70.57	75.60	78.20	70.10	76.80	85.10	73.10	82.1		67.20	77.60	88.00
52:51 R	75.00	70.70	70.34	72.50	80.00	76.50	68.00		73.00	77.7		72.70	75.60	89.20
52:51a L	84.70	74.50	75.42	81.90	83.50	74.80	85.20	95.60	80.40	89		75.30	85.30	99.20
52:51a R	82.40	74.90	75.31	82.30	87.60	84.80	76.30		80.10	85.2			83.70	100.00

续表

M / 序号	A-Ⅰ-9	A-Ⅰ-16	A-Ⅰ-22	A-Ⅰ-39	A-Ⅰ-43 中	A-Ⅰ-65 上	A-Ⅰ-72	A-Ⅱ-6 上	A-Ⅱ-6 下	A-Ⅱ-9	A-Ⅱ-17 中	A-Ⅱ-20 上	A-Ⅱ-20 中	A-Ⅱ-24 下
54:51 L	60.20	69.80	71.47	62.80	56.80	65.40	58.50	61.50	64.80	55.9		51.60	69.80	44.00
54:51 R	57.90	67.60	71.24	58.70	58.00	66.10	56.00		64.20	54		63.10	65.50	44.60
54:51a L	67.10	73.70	76.39	68.10	60.70	69.80	65.00	69.10	71.20	60.6		56.70	76.80	49.60
54:51a R	63.60	71.70	76.25	66.70	63.50	73.30	62.80		70.50	61.5			72.50	50.00
SS:SC	39.20	48.00	43.10	33.00	29.90		28.16			28.18	42.60			45.60
63:62	89.90	95.50	81.50	83.33	88.80	107.20	95.60			99.00	96.40	91.70	77.91	92.50
45:(1+8)/2	86.50	91.60	98.00	96.50	83.70	78.90		86.20	84.30			86.30	85.50	82.80
17:(1+8)/2	95.30	88.80	98.20	101.00		86.50	86.50	84.80	84.30		86.30		86.60	89.80
65	124.80	118.10	127.35	119.60	116.50	118.30	109.32	123.50	124.66	130.32	124.50	126.88	122.38	125.48
66	100.00	108.00	112.40	97.60	92.80	98.80	92.40	95.62	95.32	110.86	98.40	109.60	103.40	105.90
67	49.10	54.00	52.20	50.10	47.40	48.80	46.62	48.88	45.34	53.74	48.74	49.64	46.98	45.90
68	80.20	83.60	93.10	77.20	86.50	80.90	73.00	80.30	78.90	76.00	85.80	81.00	77.30	71.80
68(1)	103.00	105.00	106.00	106.60	108.80	110.20	102.30	110.50	101.90	115.30	107.30	107.20	107.80	110.50
69	39.10	36.60	40.10	30.90	36.80	38.90	39.36	40.98	36.54	41.20	32.94	37.54	38.80	36.08
MBH I L	30.10	35.00	34.10	30.00	36.70	37.50	33.40	29.55	34.86	34.34	31.38	35.60	27.70	31.40
R	31.90	34.20	35.20	29.20	31.50	37.50	33.08	28.94	33.20	37.14	32.40	34.44	30.54	30.90
MBH II L	27.80	33.00	31.10	28.80	33.60	33.00	29.66	30.44	31.14	31.84	28.96	31.78	27.76	29.62
R	31.80	31.20	33.00	27.50	33.30	32.70	29.94	28.16	32.98	35.34	30.10	33.70	20.00	29.64
MBT I L	13.30	15.10	14.60	13.40	14.20	12.30	12.36	14.22	13.62	14.42	16.12	15.40	16.40	12.82
R	13.40	15.20	16.00	15.10	13.80	14.20	13.44	15.80	13.62	14.82	15.74	15.20	16.16	12.10
MBT II L	14.40	17.70	17.40	15.10	18.20	15.80	16.70	15.10	16.28	16.98	17.82	17.48	18.84	15.00

续表

序号 \ M	A-Ⅰ-9	A-Ⅰ-16	A-Ⅰ-22	A-Ⅰ-39	A-Ⅰ-43 中	A-Ⅰ-65 上	A-Ⅰ-72	A-Ⅱ-6 上	A-Ⅱ-6 下	A-Ⅱ-9	A-Ⅱ-17 中	A-Ⅱ-20 上	A-Ⅱ-20 中	A-Ⅱ-24 下
R	15.40	17.00	17.50	16.40	19.30	16.80	16.00	15.40	16.14	17.86	15.98	17.74	20.60	14.62
70 L	61.30	65.20	64.00	56.90	68.90	59.80	58.50	63.00	51.50	61.32	54.90	60.32	62.94	64.34
70 R	64.40	63.10	67.20	53.70	64.80	57.40		62.78	53.30	67.74	56.98	61.36	62.00	65.46
71 L	45.90	50.00	46.10	42.00	47.30	47.40	44.32	42.00	43.94	46.84	44.78	40.96	39.22	
71 R	46.30	48.00	47.10	41.10	47.70	46.50		40.80	44.02	46.88	44.38	41.88	41.12	41.00
71a L	37.60	39.00	40.30	36.80	42.70	36.90	38.40	33.84	35.84	37.98	39.24	33.46	35.86	
71a R	38.10	37.00	40.20	36.80	38.80	36.50		33.54	36.36	27.66	38.74	36.36	38.54	33.72
79	104.00	121.00	105.00	120.50	117.00	114.90	114.00	119.00	124.00	128.00	130.00	122.00	128.00	128.00
68:65	64.30	70.80	70.10	64.50	74.20	68.40	66.80	65.00	63.30	58.30	68.30	63.80	63.20	57.20
71:70 L	74.90	76.70	72.00	73.80	68.70	79.30	75.80	66.70	81.60	76.40	81.60	67.90	62.30	
71:70 R	71.90	76.10	70.10	76.50	73.60	81.00		65.00	82.50	69.20	77.90	68.30	66.30	62.60
Bime bogen	58.00	94.30	63.00	60.00	53.00	59.00	58.50	59.00	56.00	75.00	60.00	62.00	52.00	53.00

序号 \ M	A-Ⅱ-25 下	A-Ⅱ-29（1）	A-Ⅱ-29（2）	A-Ⅲ-3	B-Ⅰ-13	B-Ⅰ-27	B-Ⅰ-35	B-Ⅰ-57	B-Ⅰ-67	B-Ⅰ-69	B-Ⅰ-71	B-Ⅰ-20 底	B-Ⅲ-1 上
1	178.50	181.00	176.50	188.60	169.30		172.90	176.00	180.00	179.00	163.40	167.00	163.20
8	135.30	127.10	133.80	127.20	133.40		134.30	145.70	139.40	142.90	136.80	136.80	131.40
17	142.50	140.70	133.30	141.10	139.40		135.90	142.80	136.70	141.50	140.00	141.50	130.35
21	116.40	115.20	118.00	116.00	113.30	115.00	116.10	119.00		120.00	115.00	122.50	118.00
9	90.45	94.22	94.08	85.00	88.50	89.20	90.40	92.30	88.30	89.20	84.24	92.36	85.40
7	38.46	38.96	37.26	38.64	33.20		35.80	36.70	36.40	31.00	36.80	33.64	31.08
16	30.48	30.72	28.06	32.53	31.30		27.30	27.30	29.60	31.30	32.76	30.68	25.44

续表

序号 \ M	A-Ⅱ-25 下	A-Ⅱ-29（1）	A-Ⅱ-29（2）	A-Ⅲ-3	B-Ⅰ-13	B-Ⅰ-27	B-Ⅰ-35	B-Ⅰ-57	B-Ⅰ-67	B-Ⅰ-69	B-Ⅰ-71	B-Ⅰ-20 底	B-Ⅲ-1 上
25	365.00	378.00	350.58	380.50	345.70		353.00	366.00	368.60		330.00	331.20	342.00
26	127.00	123.00	113.38	125.00	125.20	133.00	123.00	122.00	129.00	128.00	114.00	134.00	115.00
27	128.00	137.00	128.20	126.50	115.50		126.00	128.00	130.00	133.50	112.00	128.00	121.00
28	110.00	118.00	109.00	125.00	105.00		104.00	115.50	111.00		104.00	106.40	106.00
29	114.30	116.98	109.44	113.18	110.90	118.90	104.30	115.40	114.40	114.20	102.30	108.55	101.48
30	112.12	119.92	110.12	114.20	104.10		112.00	112.60	117.60	115.00	110.94	107.46	105.84
31	93.44	97.50	94.14	99.60	92.00		89.80	113.20	94.20		91.58	91.30	91.60
23	515.00	526.00	495.00	511.00	484.30		501.00	525.00	512.00	524.00	481.00	466.00	472.00
24	307.00	303.00	308.00	298.55	325.00		312.00	334.00	314.00	322.50	295.50	302.50	291.00
5	107.20	102.00	101.20	112.90	105.80		103.80	103.50	104.30	109.50	99.00	96.70	94.30
40	102.25	94.99	95.58		104.00		101.40	101.30	102.60	99.00	96.20	97.40	88.40
48	76.38	72.78	77.04		71.60	70.10	67.60	67.20	71.00	74.90	63.12	73.82	68.00
48	80.90	75.40	80.00		74.70	74.60	70.00	70.00	74.20	78.30	65.14	75.84	71.24
47	131.42	125.40	120.05		120.40	119.10	124.50	114.40	124.00	126.10	112.72	128.46	112.18
45	136.00	136.46	134.04		126.80		135.30	146.80	137.80	141.60	136.00	143.32	129.80
46	108.30	106.65	99.52	103.00	107.10	116.80	102.90	110.10	107.70	117.50	101.00	115.64	
43（1）	106.92	108.14	106.14	98.50	99.50	108.00	105.30	109.60	103.40	105.30	99.92	108.58	98.72
50	17.46	21.12	16.96	18.78	17.70		17.00	20.80	18.50	22.00	18.50	23.56	19.78
MH L	50.52	43.24	47.88		43.20	49.30	44.80	49.70	43.60	45.10	40.62	52.88	
MH R	46.14	43.10	46.82		42.20	49.60	42.80	48.10	43.60	46.20	40.42	50.74	42.66
MB L	30.10	24.96	28.88		25.30	35.80	26.40	28.50	26.80	27.60	21.10	32.30	

续表

序号＼M	A-Ⅱ-25下	A-Ⅱ-29（1）	A-Ⅱ-29（2）	A-Ⅲ-3	B-Ⅰ-13	B-Ⅰ-27	B-Ⅰ-35	B-Ⅰ-57	B-Ⅰ-67	B-Ⅰ-69	B-Ⅰ-71	B-Ⅰ-20底	B-Ⅲ-1上
MB R	28.38	24.48	25.42		24.90	32.90	25.00	28.20	27.60	28.60	29.00	33.38	23.54
54	25.92	26.88	22.90		23.80	30.30	27.60	26.70	30.10	28.90	26.92	26.44	
55	59.70	56.40	51.50		50.20	56.70	50.00	51.40	56.00	57.80	47.98	56.24	52.52
SC	4.64	8.84	3.64		5.40		10.00	7.20	6.60	8.80	8.16	10.00	
SS	1.68	3.88	1.96		1.20		3.90	2.10	2.50	3.50	3.20	4.48	
51	46.40	46.32	42.74		42.30		43.30	41.80	41.80	42.30	42.32	44.54	
51	47.50	45.80	42.76		41.40	47.20	43.10	42.50	43.20	41.10	43.20	43.86	41.80
51a	42.90	42.14	39.52		39.20		39.10	38.60	38.60	36.10	38.80	41.18	
51a	41.63	41.74	39.48		40.40	43.70	39.60	39.50	38.90	36.30	39.36	42.12	39.78
52	35.60	32.52	36.04		35.90	30.90	35.20	32.70	31.10	32.50	33.84	36.72	
52	34.44	32.52	34.14		35.90	31.70	33.80	31.20	30.20	34.80	32.55	32.44	34.22
60	53.50	53.30	54.12		54.50	54.20	53.70	53.00	58.00	55.40	55.18	56.74	
61	60.22	67.96	63.54		63.80	69.30	66.40	67.10	71.90	76.20	66.00	69.24	
62	45.80	44.24	43.52		45.40	47.60	47.70	46.20	48.80	46.90	48.54	48.94	45.28
63	44.94	45.62	38.28		40.70	45.00	42.60	44.40	49.10	46.10	41.38	41.34	33.92
12	111.40	103.00	103.52	103.72	108.30		109.30	114.70	103.00	118.00	111.48	106.94	107.68
11	130.66	122.90	123.80	118.42	121.90		128.70	127.30		136.00	133.00	128.00	135.92
44	104.42	104.12	96.84		95.80	103.20	97.30	98.70		101.00	98.50	99.60	101.60
FC	102.86	102.20	96.48	94.30	93.00	96.80	99.00	97.80		96.80	96.60	96.98	100.92
FS	17.46	14.99	15.08	13.84	16.00	12.80	16.10	14.80		15.00	15.00	10.98	13.84
DC	22.60	25.18	22.28		19.60		21.50	23.10		23.50	27.80	22.30	20.00

续表

M / 序号	A-Ⅱ-25 下	A-Ⅱ-29（1）	A-Ⅱ-29（2）	A-Ⅲ-3	B-Ⅰ-13	B-Ⅰ-27	B-Ⅰ-35	B-Ⅰ-57	B-Ⅰ-67	B-Ⅰ-69	B-Ⅰ-71	B-Ⅰ-20 底	B-Ⅲ-1 上
32	76.00	84.00	82.00	80.00	83.50	75.00	85.50	84.50			80.00	89.00	81.00
∠g-m FH	71.00	80.00	78.00	74.00	78.00	66.50	81.00	76.50			75.00	84.00	75.00
∠g-b FH	47.00	31.50	52.00	48.00	46.00	42.00	48.50	48.00			45.00	43.00	46.00
72	85.50	84.00	88.00		82.00	73.50	71.50	81.50			84.00	79.00	85.00
73	86.50	84.00	89.00		86.00	77.00	88.00	85.00			89.00	83.00	86.00
74	82.00	80.00	82.00		70.00	62.00	68.00	66.00			75.00	70.00	75.00
75	65.00	67.00	73.00		71.50		66.00	70.00			68.00	64.00	67.00
77	146.00	149.80	147.00	148.50	142.50	152.50	145.00	145.00		147.00	150.00	156.70	150.00
SSA	119.00	122.50	127.30		123.50	129.70	134.00	140.50		135.00	137.00	130.50	125.00
∠n-pr-ba	73.50	73.00	68.00		70.00		70.00	71.00		73.00	75.50	70.00	68.50
∠pr-n-ba	64.00	65.00	64.00		68.00		69.50	72.50		72.00	59.50	71.20	67.00
∠n-ba-pr	42.50	42.00	48.00		42.00		40.50	36.50		35.00	45.00	38.80	44.50
72-75	20.00	17.00	15.00		10.50		5.50	11.50			16.00	15.00	18.00
8:1	75.80	70.20	78.40	65.30	78.80		77.67	82.78		77.44	79.83	83.72	81.92
17:1	79.80	77.70	76.40	74.80	82.34		78.60	81.14		75.94	79.05	85.68	84.73
17:8	105.30	110.70	97.40	110.93	104.50		101.19	98.01		98.06	99.02	102.34	103.44
9:8	66.90	74.60	70.40	69.00	66.34		67.31	63.35		63.34	62.42	61.58	67.51
16:7	79.30	78.90	75.30	84.20	94.28		76.26	74.39	81.32	100.97	89.02	91.20	81.85
40:5	95.38	93.10	94.63		98.30		97.69	97.87	98.37	90.41	97.17	100.72	93.74
48:17 pr	53.80	51.70	57.80		51.36		49.74	47.06	51.94	52.93	45.09	52.17	52.17
48:17 sd	56.80	53.60	60.00		53.59		51.51	49.02	54.28	55.34	46.53	53.60	54.65

续表

M 序号	A-Ⅱ-25下	A-Ⅱ-29（1）	A-Ⅱ-29（2）	A-Ⅲ-3	B-Ⅰ-13	B-Ⅰ-27	B-Ⅰ-35	B-Ⅰ-57	B-Ⅰ-67	B-Ⅰ-69	B-Ⅰ-71	B-Ⅰ-20底	B-Ⅲ-1上
48: 45 pr	53. 30	53. 30	57. 50		56. 47		49. 96	45. 78	51. 52	52. 90	46. 41	51. 51	52. 39
48: 45 sd	56. 40	55. 70	59. 70		58. 91		51. 74	47. 68	53. 85	55. 30	47. 90	52. 92	54. 88
48: 46 pr	70. 50	68. 20	77. 40		66. 85	60. 02	65. 69	61. 04	65. 92	63. 74	62. 50	63. 84	
48: 46 sd	74. 70	70. 70	80. 40		69. 75	63. 87	68. 03	63. 58	68. 90	66. 64	64. 50	65. 58	
54: 55	43. 40	49. 40	44. 47		47. 41	53. 44	55. 20	51. 95	53. 75	50. 00	56. 11	47. 01	
52: 51 L	76. 70	70. 20	84. 30		84. 87		81. 29	78. 23	74. 40	76. 83	79. 96	82. 44	
52: 51 R	72. 50	71. 00	79. 80		86. 71	67. 16	78. 42	73. 41	69. 91	84. 67	75. 35	73. 96	81. 87
52: 51a L	83. 00	77. 20	91. 20		91. 58		90. 03	84. 72	80. 57	90. 03	87. 22	89. 17	
52: 51a R	82. 70	77. 90	86. 50		88. 86	72. 54	85. 35	78. 99	77. 63	95. 87	82. 70	77. 02	86. 02
54: 51 L	55. 90	58. 00	51. 20		56. 26		63. 74	63. 88	72. 01	68. 32	63. 61	59. 36	
54: 51 R	54. 60	58. 70	51. 20		57. 49	64. 19	64. 04	62. 82	69. 68	70. 32	62. 31	60. 28	
54: 51a L	60. 40	63. 80	55. 40		60. 71		70. 59	69. 17	77. 98	80. 06	69. 38	64. 21	
54: 51a R	62. 30	64. 40	55. 50		58. 91	69. 34	69. 70	67. 59	77. 38	79. 61	68. 39	62. 77	
SS: SC	36. 20	43. 90	53. 30		22. 22		39. 00	29. 17	37. 88	39. 77	39. 22	44. 80	
63: 62	98. 10	103. 10	87. 96		89. 65	94. 54	89. 31	96. 10	100. 61	98. 29	85. 25	84. 47	74. 91
45:（1+8）/2	91. 40	88. 60	86. 10		83. 78		88. 09	91. 27	86. 29	87. 98	90. 61	94. 35	88. 12
17:（1+8）/2	90. 80	91. 30	85. 60	90. 50	78. 52		76. 17	76. 33	78. 02	82. 63	72. 98	83. 10	
65		124. 72	118. 46	116. 00	114. 00	129. 10	125. 00	128. 40	125. 00	126. 00	123. 76	120. 68	116. 24
66	107. 53	105. 66	98. 14	114. 00	98. 00	110. 30	103. 00	102. 90	108. 80	102. 60	102. 36	100. 64	101. 14
67	50. 74	49. 88	48. 34	47. 22	47. 20	49. 10	52. 90	48. 90	49. 60	49. 30	48. 84	48. 12	43. 50
68	84. 00	73. 80	72. 30	71. 80	76. 00	96. 50	84. 20	76. 50	84. 00	80. 10	80. 30	83. 00	70. 50

续表

M / 序号	A-Ⅱ-25 下	A-Ⅱ-29（1）	A-Ⅱ-29（2）	A-Ⅲ-3	B-Ⅰ-13	B-Ⅰ-27	B-Ⅰ-35	B-Ⅰ-57	B-Ⅰ-67	B-Ⅰ-69	B-Ⅰ-71	B-Ⅰ-20 底	B-Ⅲ-1 上
68（1）		98. 50	112. 00	100. 20	108. 30	121. 10	109. 00	112. 00	108. 80	103. 00	98. 00	105. 70	93. 20
69	38. 30	35. 84	41. 24	37. 14	36. 40	34. 50	36. 00	39. 50	30. 10	37. 40	33. 31	38. 94	33. 80
MBH I L	35. 50	33. 20	30. 28	30. 46	31. 10	36. 30	31. 80	34. 50	31. 30	34. 90	30. 56	35. 50	31. 22
R	29. 63	32. 14	32. 00	33. 60	31. 30	35. 80	31. 20	34. 20	31. 20	32. 00	31. 98	34. 24	31. 40
MBH II L	33. 14	28. 20	22. 26	29. 84	29. 80	33. 30	29. 20	32. 20	28. 90	31. 30	30. 80	35. 24	30. 34
R	29. 38	30. 58	28. 54	31. 50	28. 40	32. 70	28. 50	33. 20	31. 30	32. 00	30. 76	34. 56	31. 40
MBT I L	14. 48	12. 72	14. 96	12. 80	13. 30	14. 00	13. 80	15. 10	14. 40	16. 00	15. 52	14. 82	14. 52
R	14. 82	13. 74	15. 12	13. 08	13. 00	13. 70		14. 70	16. 50	16. 10	15. 50	15. 40	13. 46
MBT II L	16. 38	15. 22	16. 78	16. 74	15. 30	15. 20	16. 90	15. 20	18. 70	17. 70	19. 52	16. 92	15. 44
R	16. 12	14. 00	16. 44	16. 58	18. 00	21. 50		16. 00	18. 70	18. 40	19. 36	17. 42	15. 74
70 L		57. 26	54. 68	58. 40	53. 00	70. 00	61. 10	70. 00	71. 00	67. 80	58. 70	67. 96	56. 78
70 R		55. 84	54. 20	59. 62	51. 50	68. 30	61. 20	63. 70	70. 00	64. 20	59. 12		57. 36
71 L		40. 34	41. 74	42. 50	42. 80	46. 30	44. 80	46. 20	44. 70	47. 00	45. 34	46. 38	40. 34
71 R		42. 00	40. 68	42. 70	42. 30	47. 40	44. 80	46. 90	46. 80	46. 90	45. 14		40. 34
71a L		30. 66	31. 16	35. 16	37. 20	39. 60	38. 80	35. 30	36. 90	37. 30	38. 16	36. 88	32. 86
71a R		31. 00	32. 32	36. 14	36. 20	41. 50	38. 20	34. 80	38. 70	36. 80	38. 80		31. 92
79	128. 00	129. 00	131. 00	136. 00	117. 00	112. 20	104. 50	120. 00	110. 00	116. 00	105. 00	124. 50	125. 00
68∶65	78. 10	59. 20	61. 00	61. 90	66. 70	74. 70	67. 30	59. 60	67. 20	63. 60	64. 90	68. 80	60. 70
71∶70 L		70. 50	76. 30	72. 80	80. 80	66. 10	73. 30	66. 00	63. 00	69. 30	77. 20	68. 20	71. 00
71∶70 R		75. 20	81. 00	71. 60	82. 10	69. 40	73. 20	73. 60	66. 90	72. 70	76. 40		70. 30
Bime bogen	62. 00	58. 00	46. 00	57. 00	56. 00	56. 00	62. 00	56. 00	70. 00	58. 00	58. 50	55. 00	54. 00

续表

序号 \ M	C-Ⅰ-3	C-Ⅰ-8	C-Ⅰ-10	C-Ⅰ-25	C-Ⅰ-26*	C-Ⅰ-36	C-Ⅰ-37	C-Ⅰ-40*	C-Ⅰ-44	C-Ⅰ-51*	C-Ⅰ-53	C-Ⅰ-65 下	C-Ⅱ-25 上	C-Ⅲ-7 下
1	193.20					160.00	177.90	162.00		164.00	170.90	172.00	180.90	175.00
8						147.70		138.30		140.00	142.10	138.00	130.00	
17								134.00		138.80		135.60	128.00	
21						123.00	117.00	112.50		119.30	109.30	118.00	114.10	
9		85.30	88.00	99.40		91.50	80.90	90.00	89.20	87.70	85.00	87.40	88.72	79.22
7								36.50	40.70	42.80			38.70	
16								28.30		29.10		29.60	24.80	
25	380.00							345.00		339.00			349.50	444.00
26	127.00	124.00	123.00	119.00		127.00	122.20	120.00	112.00	120.00	127.00	135.00	133.00	117.00
27	134.00						118.00	112.00		122.00	135.00	125.00	103.50	129.00
28	119.00							113.00		97.00			113.00	98.00
29	118.30	109.10	111.60	108.20		114.10	100.40	107.40	107.70	109.50	112.70	111.60	117.44	105.32
30	114.90						107.40	98.30		107.70	102.70		110.84	112.68
31	101.60							86.90		85.60			94.56	79.10
23						553.00		481.00		501.00	570.00	520.00	505.00	500.00
24						327.00		315.00		324.00	310.80	309.00	211.00	
5								96.70		105.10		98.00	94.50	
40								88.40		99.70		118.00		
48	68.80	64.00	70.80	79.60	71.70	73.10	64.10	67.60	67.40	79.20	65.50	70.30		
48	54.50	67.20	74.90	82.10	59.00	76.60	70.60	71.60	73.70	82.20	68.20	75.10		

续表

M / 序号	C-Ⅰ-3	C-Ⅰ-8	C-Ⅰ-10	C-Ⅰ-25	C-Ⅰ-26*	C-Ⅰ-36	C-Ⅰ-37	C-Ⅰ-40*	C-Ⅰ-44	C-Ⅰ-51*	C-Ⅰ-53	C-Ⅰ-65下	C-Ⅱ-25上	C-Ⅲ-7下
47	117.70	110.90		131.60	122.40	124.60	119.10	118.30	122.40	130.40	101.00	123.30		
45						134.60		135.80		134.00		130.10		
46	101.30		101.80	107.00	111.40	112.50	93.30	102.60	105.40	107.80	103.70	96.10		
43（1）		99.90	104.20	111.60	104.20	91.10	99.30	101.60	104.50	102.80	100.70	98.30	102.00	100.18
50	16.40	15.60	18.00	19.10	17.70	17.70	16.50	20.10	18.30	19.20	20.00	14.50		18.40
MH L	50.10		52.5		46.20	48.90	43.90	46.90	44.60	54.70	45.00	49.30		
MH R	52.10	43.80	48.7		43.90	47.50	45.60	47.20	46.20	53.80	42.70	47.80		
MB L	30.20		30.1		31.20	32.10	28.20	27.10	25.10	32.50	25.30	24.00		
MB R	31.30	23.90	28.6		28.70	31.80	27.10	27.10	25.00	34.30	24.10	24.40		
54	22.30	25.80	29.2	29.70	24.60	29.10	25.20	26.40	26.30	26.50		25.10		
55	52.80	48.60	52.9	59.80	58.60	56.90	50.90	50.50	52.00	51.30		51.50		
SC		6.00	7.1	6.10		9.20	4.20	10.10		4.20		4.60		
SS		2.90	4.5	3.00		4.00	2.80	3.50		1.50		1.50		
51	50.00		44		40.00	44.20	42.80	41.50	44.60	42.90	38.20	42.90		
51	39.60	41.80	44.2		42.30	43.30	41.00	42.20	42.60	43.80	40.00	43.50		
51a			39.3			39.70	40.60	37.70		39.80	35.30	39.60		
51a		37.30	38			39.10	39.20	40.00		40.00	35.20	40.90		
52	34.10		34.8	34.80	32.80	33.90	30.80	32.10	35.30	37.40	32.50	36.20		
52	27.80	34.40	33.1		33.50	34.10	32.50	31.50	37.70	36.50	32.80	36.70		
60	48.50	47.80		53.80	52.90	54.20		47.60	48.50	54.90		46.30	60.20	49.78

续表

序号 \ M	C-Ⅰ-3	C-Ⅰ-8	C-Ⅰ-10	C-Ⅰ-25	C-Ⅰ-26*	C-Ⅰ-36	C-Ⅰ-37	C-Ⅰ-40*	C-Ⅰ-44	C-Ⅰ-51*	C-Ⅰ-53	C-Ⅰ-65下	C-Ⅱ-25上	C-Ⅲ-7下
61	67.00	60.10	68.1	74.10	65.60	71.10	66.80	61.80	59.90	66.80		65.50	66.70	66.88
62	34.00	39.30		48.80	44.50	45.60		41.80	43.00	42.00		33.00	44.96	40.00
63	45.70	43.40	40	47.40	42.40	46.20	42.20	41.10	41.30	40.80		41.00	34.98	45.42
12						148.60		102.70	106.70	103.60			108.92	
11						130.90		136.50	126.10	126.50	118.40	126.60	124.32	
44	95.00		100.30		96.70	97.00	94.20	99.60	99.70	97.90	95.20	97.80		
FC	91.00	93.00	97.3	138.00	95.80	97.40	94.10	96.40	98.90	98.00	91.70	91.90	94.18	96.40
FS	15.50	9.00	18	15.00	16.00	16.20	13.00	18.10	20.10	24.00	15.50	9.50	16.42	14.24
DC		21.70	22.3			23.20	18.10	24.20		23.00	24.60	18.00		36.00
32	58.50	84.00	78	63.00	70.00	86.00	84.00	88.00	81.00	75.00	67.00	79.00	79.00	80.00
∠g-m FH	53.00	79.00	76	60.00	62.00	81.00	82.00	85.00	76.00	71.00	64.00	74.50	77.00	75.00
∠g-b FH	30.00	56.00	48.50	35.00	63.00	51.00	52.00	50.00	43.00	48.50	43.00	45.00	48.00	53.00
72	85.00	77.00	78.00	68.00	75.00	83.00	73.50	97.50	77.00	85.00	72.00	82.50		
73	87.00	80.00	80.00	70.00	67.00	87.00	77.00	89.50	88.00	88.50	77.00	85.00		
74	65.00	62.00	70.00	63.00	63.00	68.00	48.00	76.50	66.00	82.50	57.00	79.00		
75		63.00	60.00	63.00		69.00	60.00	75.50				83.00		
77	140.40	159.50	143.00	148.00	144.00	144.00	149.50	150.50	158.50	145.50		158.00	143.50	148.50
SSA	111.00		132.00	118.80	126.20	122.80	110.00	134.00	131.00	151.50	149.00	118.00		
∠n-pr-ba								74.80		72.00		69.00		
∠pr-n-ba								62.80		63.50		67.00		

续表

序号 \ M	C-Ⅰ-3	C-Ⅰ-8	C-Ⅰ-10	C-Ⅰ-25	C-Ⅰ-26*	C-Ⅰ-36	C-Ⅰ-37	C-Ⅰ-40*	C-Ⅰ-44	C-Ⅰ-51*	C-Ⅰ-53	C-Ⅰ-65下	C-Ⅱ-25上	C-Ⅲ-7下
∠n-ba-pr								42.40		40.50		44.00		
72-75		14.00	18.00	5.00		14.00	13.50	22.00				2.00		
8:1						92.30		85.40		85.40	83.10	80.20	71.90	
17:1								82.70		84.60		78.80	70.80	
17:8								81.30		99.10		98.30	98.50	
9:8						61.90		65.10		62.60	59.80	63.30	68.20	
16:7								77.50						
40:5								91.40						
48:17 pr								50.40						
48:17 sd								53.40						
48:45 pr						54.30		49.80						
48:45 sd						56.90		52.70						
48:46 pr	67.90		69.5	74.40	64.30	65.00		65.90	63.90	67.90		69.5	74.40	64.30
48:46 sd	53.80		73.6	76.70	53.00	68.00		69.80	69.90	53.80		73.6	76.70	53.00
54:55	42.20	53.10	55.20	49.70	42.00	51.10	49.50	52.30	50.60	42.20	53.10	55.20	49.70	42.00
52:51 L	68.20		79.1		82.00	76.70	72.00	77.30	79.10	68.20		79.1		82.00
52:51 R	70.20		74.9		79.20	78.80	79.30	74.60	88.50	70.20		74.9		79.20
52:51a L			89.4			86.70	94.90	85.10				89.4		
52:51a R			86			85.90	95.60	78.80				86		
54:51 L	44.60		66.4		61.50	65.80	58.90	63.60	59.00	44.60		66.4		61.50

续表

M / 序号	C-Ⅰ-3	C-Ⅰ-8	C-Ⅰ-10	C-Ⅰ-25	C-Ⅰ-26*	C-Ⅰ-36	C-Ⅰ-37	C-Ⅰ-40*	C-Ⅰ-44	C-Ⅰ-51*	C-Ⅰ-53	C-Ⅰ-65 下	C-Ⅱ-25 上	C-Ⅲ-7 下
54:51 R	56.30		66.1		58.10	67.20	61.50	62.60	61.70	56.30		66.1		58.10
54:51a L			74.3			74.40	62.10	70.00				74.3		
54:51a R			76.8			73.30	64.30	66.00				76.8		
SS:SC		48.30	63.40	49.20		43.50	90.50	34.70			48.30	63.40	49.20	
63:62	134.40	110.40		97.10	95.30	101.30		98.30	96.00	134.40	110.40		97.10	95.30
45:(1+8)/2						87.50		90.40						
17:(1+8)/2								89.20						
65							121.00	125.80						
66		102.70				106.60	94.10	107.50	99.00		102.70			
67	47.10	47.50		50.30		52.50	46.40	47.50	43.80	48.80	46.40	47.20	47.78	47.66
68		73.50		82.50		80.80	78.60	68.40	77.80	86.30	75.80	81.70	73.20	80.00
68（1）		97.70		108.10		108.50	101.80	102.50	145.00	109.10	97.00	109.10	65.70	61.30
69	35.90	31.90		39.50	31.60	32.50	33.20	34.70	31.90	31.70	32.80	34.70	41.62	32.20
MBH Ⅰ L	33.20	26.20		35.70		31.90	30.70	30.10	30.20	35.90	31.40	33.80	32.34	30.50
R	32.40	25.80		35.50		33.80	32.60	28.90		35.80	29.50	34.30	33.96	30.88
MBH Ⅱ L	32.00	24.80		33.20		29.70	28.70	26.30	27.40	25.90	27.60	30.90	30.52	30.00
R	30.60	24.40		29.80		31.30	31.60	25.80		34.20	29.10	30.80	32.88	28.26
MBT Ⅰ L	19.10	10.80		14.70		14.20	12.00	13.90	12.40	16.20	13.70	13.90	14.45	12.74
R	19.40	10.80		14.20		13.20	12.00	15.20		15.00	12.20	12.90	14.12	13.24
MBT Ⅱ L	19.90	13.20		17.00		18.20	15.90	15.10	17.40	20.40	14.90	16.50	18.26	14.02

续表

M / 序号	C-Ⅰ-3	C-Ⅰ-8	C-Ⅰ-10	C-Ⅰ-25	C-Ⅰ-26*	C-Ⅰ-36	C-Ⅰ-37	C-Ⅰ-40*	C-Ⅰ-44	C-Ⅰ-51*	C-Ⅰ-53	C-Ⅰ-65下	C-Ⅱ-25上	C-Ⅲ-7下
R	20.00	13.00		16.30		16.70	14.80	16.10		17.80	14.10	14.60	16.66	15.84
70 L				59.00		60.20	62.90	54.10		69.70	69.60	57.10	67.36	56.64
70 R		58.10		58.00		60.50	60.00	52.50		66.00	51.10	58.20	66.82	56.78
71 L				46.70		44.60	46.10	42.30	43.90	50.50	44.90	41.10	42.72	39.34
71 R		41.70		46.00		44.90	47.10	42.60	43.80	45.40	47.10	39.10	43.60	40.00
71a L				38.50		38.30	36.00	34.10	32.50	40.00	38.50	34.50	34.78	31.88
71a R		32.90		37.10			35.00	33.80	32.90	41.80	37.20	34.10	34.80	32.00
79		119.00		120.00	108.00	117.10	106.00	133.00	124.00	112.00	118.00	122.20	111.50	112.50
68:65							65.00	54.40		69.60	69.10	69.40	59.50	63.60
71:70 L				79.20		74.10	73.30	78.20		72.50	64.20	72.00	63.40	69.50
71:70 R		71.80		79.30		74.20	78.50	81.10		68.80	92.20	67.20	65.20	70.40
Bime. bogen	57.00	60.00		60.00		62.00	57.00	55.10	54.00	57.00	57.00	57.00	58.00	61.00

注：A 代表姜家梁一组，B 代表姜家梁二组，C 代表变形颅和数据残缺个体，* 代表变形颅。

附表三　姜家梁新石器时代人骨个体测量表（女性）

序号＼M	Ⅰ-2	Ⅰ-4	Ⅰ-5	Ⅰ-6	Ⅰ-11	Ⅰ-12	Ⅰ-14	Ⅰ-15	Ⅰ-17	Ⅰ-18	Ⅰ-23	Ⅰ-28	Ⅰ-29	Ⅰ-32
1		168.30								172.00		161.10		168.90
8							148.90			143.00		142.90		144.70
17										132.90		128.70		136.00
21										118.60	113.00	114.00		119.20
9	100.70	89.30		85.80			87.20	85.80	97.80	84.40		79.50		95.20
7												30.80		30.80
16									32.10	30.50		26.50		20.80
25												344.00		367.00
26	141.00	124.00					134.00	126.00		118.00	127.00	122.00		131.00
27		117.00										112.00		122.00
28												110.00		114.00
29	121.70	111.00					116.40	112.20	123.00	103.80	112.00	108.40		114.50
30		105.30										100.10		108.50
31												90.90		94.80
23		520.00								515.00		488.00		504.00
24										360.00	305.00	320.00		323.00

续表

序号 \ M	Ⅰ-2	Ⅰ-4	Ⅰ-5	Ⅰ-6	Ⅰ-11	Ⅰ-12	Ⅰ-14	Ⅰ-15	Ⅰ-17	Ⅰ-18	Ⅰ-23	Ⅰ-28	Ⅰ-29	Ⅰ-32
5										97. 10		90. 40		98. 70
40									108. 30	95. 20		88. 00		93. 80
48		71. 40						64. 90	70. 70	65. 40	58. 50	63. 60		65. 00
48		76. 80						55. 10	80. 10	70. 80	63. 30	68. 80		72. 00
47		122. 40						120. 20	122. 20	114. 50	93. 90	115. 80		111. 40
45										123. 60		121. 80		133. 50
46		101. 80		105. 40				98. 80	107. 50	95. 50		97. 00		104. 30
43（1）		101. 10		99. 60			100. 30	102. 00	110. 90	94. 10	100. 00	95. 90		103. 20
50		20. 70						20. 00	23. 00	12. 80	16. 80	16. 70		19. 70
MH		47. 20	40. 10					43. 50	43. 90	43. 80		49. 40		48. 70
MH		43. 60						41. 90	40. 00	44. 20		49. 20		48. 10
MB	38. 50	26. 60	22. 60					21. 20	27. 90	24. 60		24. 70		28. 60
MB		25. 90						22. 90	28. 30	24. 00		25. 00		28. 40
54		30. 50						26. 90	27. 80	26. 00	29. 60	27. 10		26. 60
55	51. 90	55. 50						54. 50	51. 40	51. 80	51. 10	49. 80		53. 70
SC		12. 90							6. 70	7. 10		7. 60		8. 80
SS	3. 00	5. 00							1. 00	3. 00		3. 20		3. 10
51	45. 90	41. 20	44. 60					42. 80	42. 70	39. 20		39. 80		40. 80
51		40. 00						41. 70	43. 30	40. 50		41. 40		40. 80
51a		38. 10	40. 70					38. 60	40. 50			37. 40		37. 90
51a		38. 10						39. 00	41. 30			37. 90		38. 90

续表

M \ 序号	I-2	I-4	I-5	I-6	I-11	I-12	I-14	I-15	I-17	I-18	I-23	I-28	I-29	I-32
52	42.50	37.60	33.80					34.30	33.50	33.50	35.40	33.90		32.00
52		34.80						31.20	32.80	34.50	34.70	33.30		32.40
60		50.20			52.90			47.10	55.00	54.00	49.00	42.30		51.20
61		64.30			67.30			69.60	64.30	58.00	66.90	59.30		63.00
62		43.20			45.50			42.30	44.00	48.60				43.40
63		40.70						43.90	42.10	37.70	41.00	38.60		37.60
12												102.90		109.30
11										126.10	109.00	123.30		128.10
44		95.80						98.40	104.00	89.50		92.80		96.30
FC		93.40					92.60	96.10	103.50	85.50	97.00	90.90		95.20
FS		14.10		16.00			9.00	14.20	14.60	10.30	16.00	17.00		20.10
DC		20.60						23.60	24.50			20.00		22.10
32								72.00	82.00	82.00		88.00		85.00
∠g-m FH								71.50	78.00	78.00		85.00		82.00
∠g-b FH								40.00	47.00	48.00		51.00		50.00
72								69.00	84.50	81.00		85.00		89.00
73								72.00	88.00	86.00		91.00		92.00
74								55.00	77.00	62.00		62.00		79.00
75									75.00	75.00				
77		147.50					159.00	148.00	150.00	154.00	145.00	152.00		145.00
SSA		127.00		124.00				149.00	144.00	125.50		131.00		133.00

续表

序号 \ M	Ⅰ-2	Ⅰ-4	Ⅰ-5	Ⅰ-6	Ⅰ-11	Ⅰ-12	Ⅰ-14	Ⅰ-15	Ⅰ-17	Ⅰ-18	Ⅰ-23	Ⅰ-28	Ⅰ-29	Ⅰ-32
∠n-pr-ba										66. 50		70. 00		67. 00
∠pr-n-ba										73. 00		66. 00		72. 00
∠n-ba-pr										40. 50		44. 00		41. 00
72-75										6. 00				
8:1										83. 10		88. 70		85. 70
17:1										77. 30		79. 90		80. 50
17:8		70. 10								92. 90		90. 10		94. 00
9:8		75. 40					58. 60			59. 00		55. 60		65. 80
16:7		55. 00										86. 00		67. 50
40:5		91. 30								98. 00		97. 30		95. 00
48:17 pr		87. 00								49. 20		49. 40		47. 80
48:17 sd		98. 70								53. 20		53. 50		52. 90
48:45 pr		98. 70								52. 90		52. 20		48. 70
48:45 sd		74. 00								57. 30		56. 50		53. 90
48:46 pr		76. 30							67. 80	68. 50		65. 60		62. 30
48:46 sd		80. 10							74. 50	74. 10		70. 90		69. 00
54:55								49. 40	54. 10	50. 20	57. 90	54. 40		49. 50
52:51 L	83. 80	80. 10						80. 10	78. 50	85. 50		85. 20		78. 40
52:51 R								74. 80	75. 80	85. 20		80. 40		79. 40
52:51a L	90. 60	47. 30						88. 90	82. 70			90. 60		84. 40
52:51a R								81. 30	79. 40			87. 90		83. 30

续表

序号＼M	Ⅰ-2	Ⅰ-4	Ⅰ-5	Ⅰ-6	Ⅰ-11	Ⅰ-12	Ⅰ-14	Ⅰ-15	Ⅰ-17	Ⅰ-18	Ⅰ-23	Ⅰ-28	Ⅰ-29	Ⅰ-32
54:51 L		94.20						62.90	65.10	66.30		68.10		65.20
54:51 R								64.50	64.20	64.20		65.50		65.20
54:51a L								69.70	68.60			72.50		70.20
54:51a R								69.00	67.30			71.50		68.40
SS:SC									14.90	42.30		42.10		35.20
63:62								103.80	95.70	77.60				86.60
45:(1+8)/2		118.50								78.50		63.80		85.10
17:(1+8)/2										84.40		84.70		86.70
65		107.70			136.70	140.30		123.80				115.00		126.60
66		46.30			103.80	116.20	104.20	101.60			107.90	94.60		93.40
67		73.60			51.80	53.20	47.60	49.50	49.90	44.20	46.60	47.10	49.90	46.10
68						79.80		79.10	70.40		81.80	71.00		78.30
68（1）		107.90			101.30	123.00		103.00	93.70		112.30	102.30		96.30
69		31.70	31.10			34.30	35.70	35.00	36.50	30.30	30.40	26.30	34.40	29.50
MBH Ⅰ L		31.00	28.90		33.00	26.10	32.00	30.90	32.80	27.50	29.70	22.10	30.50	26.20
R		32.70	31.60		33.60	26.70	33.10	32.10	30.40	27.80	29.80	27.00	32.80	29.20
MBH Ⅱ L		28.80			30.20	29.10	27.60	26.70	28.60	26.50	26.50	22.90	27.50	21.20
R		27.10			32.60	28.70	28.70	31.00	27.50		26.10	21.50		19.80
MBT Ⅰ L		13.80	11.90		12.70	12.80	14.10	12.20	15.30	13.70	12.00	12.30	15.60	13.00
R		13.60	9.20		13.30	14.20	15.40	13.30	14.00	13.30	9.10	13.20	18.60	14.10
MBT Ⅱ L		15.80			14.40	16.30	16.00	15.50	17.80	15.70	16.10	13.00		18.20

续表

M / 序号	Ⅰ-2	Ⅰ-4	Ⅰ-5	Ⅰ-6	Ⅰ-11	Ⅰ-12	Ⅰ-14	Ⅰ-15	Ⅰ-17	Ⅰ-18	Ⅰ-23	Ⅰ-28	Ⅰ-29	Ⅰ-32
R		17.50			13.80	16.40	16.40	15.80	18.10		17.00	14.40		18.00
70 L		58.40			66.00	72.90		53.10			58.90	46.90		52.40
70 R		55.00			67.20	71.90		55.80				48.30		53.50
71 L		43.00			46.60	41.80		33.40			40.20	41.60		43.30
71 R		43.10			45.10	42.10		37.60				40.00		42.00
71a L		34.50			35.20	35.70		38.60			30.40	31.00		35.60
71a R					35.60	36.70		31.50	35.90			29.80		34.80
79		131.00			114.00	109.00		118.00	130.50		121.50	134.00		105.00
68:65		62.10				56.90		63.90				61.70		61.80
71:70 L		78.60			70.60	57.30		62.90			68.30	88.70		82.60
71:70 R		78.40			67.10	58.60		67.40				82.80		78.50
Bime bogen		52.00	56.00		64.00	60.00	56.00	60.00	57.00	52.00	57.00	57.00	62.00	71.20

M / 序号	Ⅰ-34	Ⅰ-38	Ⅰ-42	Ⅰ-43 上	Ⅰ-46	Ⅰ-47 上	Ⅰ-47 中	Ⅰ-47 下	Ⅰ-48	Ⅰ-49	Ⅰ-52	Ⅰ-54	Ⅰ-55	Ⅰ-56
1				173.50		166.50	174.90					181.60		
8				125.30		143.00	131.00					133.60		
17							148.70							
21				108.50			122.60					115.00		
9				84.80		91.60	87.20		92.00			84.50		
7							36.30							
16							24.90		33.60					

续表

M / 序号	Ⅰ-34	Ⅰ-38	Ⅰ-42	Ⅰ-43上	Ⅰ-46	Ⅰ-47上	Ⅰ-47中	Ⅰ-47下	Ⅰ-48	Ⅰ-49	Ⅰ-52	Ⅰ-54	Ⅰ-55	Ⅰ-56
25							371.00							
26				115.00		120.00	125.00		112.00			125.00		
27				125.00			136.00					119.50		
28							110.00							
29				102.10		109.20	113.70		100.90			111.00		
30				111.20			119.80					107.90		
31							95.20							
23				489.00		500.00	500.00					493.00		
24				290.00			314.00					309.50		
5							116.60							
40							106.10							
48				63.00		59.40	72.20					65.00		
48				66.40		62.70	73.70					67.70		
47				111.30		109.90	113.10					107.20		
45							126.80					125.90		
46						106.90	98.80					98.50		
43（1）				93.10		106.60	106.70		108.50			107.00		
50				14.90		20.40	19.60					19.30		
MH				42.30		43.30	47.80					44.50		
MH						41.20	45.40					43.70		
MB				23.00		26.10	26.50					30.40		

续表

序号 \ M	Ⅰ-34	Ⅰ-38	Ⅰ-42	Ⅰ-43 上	Ⅰ-46	Ⅰ-47 上	Ⅰ-47 中	Ⅰ-47 下	Ⅰ-48	Ⅰ-49	Ⅰ-52	Ⅰ-54	Ⅰ-55	Ⅰ-56
MB						25.20	26.70					25.20		
54				27.60		25.30	24.50					28.70		
55				48.10		44.90	49.20					51.90		
SC						6.70	9.30					8.80		
SS						3.30	3.10					4.00		
51				42.50		40.60	44.60					40.10		
51						40.10	41.70					41.10		
51a						37.20	38.50					36.80		
51a						35.20	37.20					37.20		
52				32.30		30.40	33.90					34.10		
52						30.10	35.80					31.40		
60			52.1	48.90		49.20	54.30					52.00		
61			62.2	63.80		67.30	65.20					57.20		
62			44.3	41.10		43.90	50.60					46.70		
63			39.9	38.60		43.50	38.00					33.20		
12							112.50							
11				123.30			120.70					119.90		
44						98.40	98.70					96.30		
FC				89.20		96.60	97.00					91.40		
FS				13.00		15.70	15.20					13.00		
DC						27.10	26.70					23.00		

续表

M / 序号	Ⅰ-34	Ⅰ-38	Ⅰ-42	Ⅰ-43 上	Ⅰ-46	Ⅰ-47 上	Ⅰ-47 中	Ⅰ-47 下	Ⅰ-48	Ⅰ-49	Ⅰ-52	Ⅰ-54	Ⅰ-55	Ⅰ-56
32				83.00			85.00					82.00		
∠g-m FH				76.50			82.50					80.00		
∠g-b FH				45.00			53.00					48.50		
72				83.00			78.50					80.50		
73				89.00			85.00					87.00		
74				71.00			63.00					72.50		
75							71.00							
77				149.00		145.50	146.10					145.50		
SSA						136.50	118.50					132.50		
∠n-pr-ba							70.00							
∠pr-n-ba							70.00							
∠n-ba-pr							40.00							
72—75							7.00							
8:1				72.20		85.90	74.90					73.60		
17:1							85.00							
17:8							113.50							
9:8				67.70		64.10	66.60					63.20		
16:7							68.60							
40:5							91.00							
48:17 pr							48.60							
48:17 sd							33.40							

续表

M / 序号	Ⅰ-34	Ⅰ-38	Ⅰ-42	Ⅰ-43上	Ⅰ-46	Ⅰ-47上	Ⅰ-47中	Ⅰ-47下	Ⅰ-48	Ⅰ-49	Ⅰ-52	Ⅰ-54	Ⅰ-55	Ⅰ-56
48:45 pr							56.90					53.80		
48:45 sd												53.80		
48:46 pr						55.60	73.10					68.70		
48:46 sd						58.70						68.70		
54:55				57.50		56.30	83.90					55.30		
52:51 L				76.00		74.90	76.00					85.00		
52:51 R						75.10	85.90					76.40		
52:51a L						81.70	88.10					92.70		
52:51a R						85.50	96.20					84.40		
54:51 L				64.90		62.30	54.90					71.60		
54:51 R						63.10	58.80					69.80		
54:51a L						68.00	63.60					78.00		
54:51a R						71.90	65.90					77.20		
SS:SC						49.30	33.30					45.50		
63:62			90.10	93.90		99.10	75.10					71.10	89.30	
45:(1+8) /2							82.90					79.90		
17:(1+8) /2							97.20							
65	115.20					119.80					125.20	119.00	125.10	
66	98.90					104.00					93.70	97.90	100.00	
67	50.40	50.80		46.40		49.20					45.50	49.50	45.00	
68	75.50			75.50		83.10					64.00	78.80	69.40	

续表

M / 序号	Ⅰ-34	Ⅰ-38	Ⅰ-42	Ⅰ-43上	Ⅰ-46	Ⅰ-47上	Ⅰ-47中	Ⅰ-47下	Ⅰ-48	Ⅰ-49	Ⅰ-52	Ⅰ-54	Ⅰ-55	Ⅰ-56
68（1）	99.10			99.00		109.60					88.60	103.70	106.50	
69	31.90	35.50	35.10	31.40		36.20	40.70	42.00				32.10	33.70	
MBH Ⅰ L	31.40		34.40	28.20		31.40		36.80			28.70	26.70	31.90	
R	17.00	32.60	35.80	29.40		31.10	38.10	37.60			30.80	26.10	32.20	
MBH Ⅱ L	31.10	28.90		26.90		30.10	34.80	32.20			25.10	26.10	27.40	
R	16.20		32.40	27.60		30.20	36.20	33.80			26.90	24.30	30.10	
MBT Ⅰ L	16.90	17.00	14.30	12.50		13.50	13.50	13.10			10.90	13.20	13.40	
R	15.00	17.20	14.50	12.20		14.00	14.60	16.30			12.40	13.90	13.30	
MBT Ⅱ L	15.90	17.40		14.00		18.10	16.90	14.80			14.20	16.80	14.20	
R	17.00		17.60	15.50		17.80	17.20	15.10			13.30	16.80	15.20	
70 L	66.80					59.90					49.70	58.90	60.30	
70 R	65.80		61.40	50.60		57.80					55.80	60.00	59.00	
71 L	43.10					44.80					44.00	39.00	42.60	
71 R	41.10		46.00	41.60		43.80					43.30	42.10	43.10	
71a L	38.30					39.30	32.80				33.20	34.00	31.80	
71a R	35.10		38.00	34.50		38.30					33.50	35.50	33.00	
79	113.00			126.00		104.00	122.00				119.00	102.00	131.50	
68:65	65.50					69.40					70.80	66.20	55.50	
71:70 L	64.50					74.80					88.50	66.20	70.60	
71:70 R	62.50		74.90	82.20		75.80					72.40	70.20	73.10	
Bime bogen	60.00	58.00		56.00		61.50					55.00	58.00	54.00	

续表

M / 序号	Ⅰ-58	Ⅰ-59	Ⅰ-60	Ⅰ-62	Ⅰ-63左	Ⅰ-63右	Ⅰ-64	Ⅰ-65中	Ⅰ-66	Ⅰ-68	Ⅱ-14	Ⅱ-29（4）	Ⅱ-29（5）	Ⅲ-9	Ⅲ-10下
1	171. 30	168. 90	182. 00	161. 70							184. 40	171. 00		167. 60	169. 80
8		160. 00	137. 00	136. 00							137. 40	131. 00		132. 00	126. 30
17			130. 70	131. 00										132. 10	130. 00
21			117. 40	114. 00								111. 10		109. 50	109. 20
9	94. 30	88. 90	85. 50	83. 80						91. 50	90. 52	79. 66		80. 00	79. 42
7			37. 40	34. 00										35. 10	33. 52
16				29. 40										27. 38	28. 12
25			363. 00	346. 50										325. 00	351. 00
26	132. 00	125. 00	134. 00	122. 00							125. 00	119. 00	102. 25	102. 00	130. 00
27	123. 00	115. 00	119. 00	117. 00							125. 00	127. 00	101. 70	106. 00	122. 00
28			110. 00	107. 50										117. 00	99. 00
29	113. 30	109. 40	116. 20	107. 10							114. 80	106. 36	109. 86	100. 96	102. 79
30	108. 60	101. 60	106. 10	106. 60							112. 78	113. 84	111. 66	97. 92	108. 98
31			96. 60	90. 40										101. 96	94. 72
23	550. 00	492. 00	497. 00	478. 00							528. 00	149. 50		366. 00	466. 00
24			322. 00	305. 00							322. 00	129. 80		118. 60	279. 00
5			104. 60	92. 80										95. 00	96. 20
40			100. 00	91. 40										90. 00	88. 22
48	71. 30		68. 90	68. 80						66. 00	79. 26	66. 66		62. 74	64. 62

续表

序号 \ M	Ⅰ-58	Ⅰ-59	Ⅰ-60	Ⅰ-62	Ⅰ-63左	Ⅰ-63右	Ⅰ-64	Ⅰ-65中	Ⅰ-66	Ⅰ-68	Ⅱ-14	Ⅱ-29（4）	Ⅱ-29（5）	Ⅲ-9	Ⅲ-10下
48	76.00		72.90	72.60						71.20	84.66	85.50		75.10	67.42
47	115.40		121.10	116.90						117.10	135.10	109.50		117.28	110.30
45			130.50	133.20							137.44	123.50		127.94	120.24
46	101.60		103.90	100.00						107.80		104.48		100.12	97.38
43（1）	102.60	100.40	101.10	101.10	103.70					105.90	109.16	96.42		98.36	99.92
50	16.80	20.00	16.00	19.50						18.00	22.22	15.66		14.14	19.10
MH	42.80		45.20	41.00						45.40	51.44	44.12		45.20	39.81
MH	46.80		47.30	41.90						41.30		44.84		45.18	40.76
MB	21.10		28.40	21.20						26.90	33.92	27.86		25.30	23.44
MB	22.70		27.80	23.50						25.20		26.97		25.46	23.68
54	25.90		27.50	24.60						29.40	31.50	24.96		25.64	24.98
55	54.60		55.00	50.50						56.40	56.68	54.62		52.20	48.46
SC	16.90		9.80	6.00						7.00	9.20			8.10	8.84
SS			3.80	2.00						3.00	4.49				2.32
51	42.50		41.30	42.00						44.10	43.40	43.20		42.16	39.50
51	43.90		42.00	42.40						44.20		41.04		42.60	41.30
51a			38.70	40.40						40.90	39.80	38.66		38.60	35.90
51a			38.50	38.80						42.00		35.00		40.20	36.38
52	35.70		34.80	33.30						32.80	29.89	31.46		35.40	32.46

续表

序号 \ M	Ⅰ-58	Ⅰ-59	Ⅰ-60	Ⅰ-62	Ⅰ-63 左	Ⅰ-63 右	Ⅰ-64	Ⅰ-65 中	Ⅰ-66	Ⅰ-68	Ⅱ-14	Ⅱ-29（4）	Ⅱ-29（5）	Ⅲ-9	Ⅲ-10 下
52	36.80		33.70	32.50						31.80		32.96		34.22	32.36
60	51.30		55.00	49.80		53.90				48.00	58.70	49.58		49.70	49.30
61	63.10		67.00	62.00		71.30				65.00	71.54	60.24		61.84	60.78
62			47.30	43.60							51.54	41.08		44.88	41.20
63	39.70		42.40	41.20						44.20	40.74	39.02		33.94	35.80
12		105.40		108.80							105.56	104.34		101.62	98.52
11			128.60	122.30							128.20	115.80		115.70	113.52
44	99.80		95.80	98.80						100.60		92.76		96.82	95.26
FC	95.00	93.60	92.50	95.80						99.10	103.16	88.74	93.20	91.76	92.56
FS	18.00	14.80	17.70	13.00						11.00	16.22	14.08	10.84	13.00	13.76
DC			20.10	22.20						21.60		23.16		18.26	23.70
32	83.50		86.00	88.80							85.00	83.00		78.50	84.00
∠g-m FH	80.00		84.00	86.00							79.00	76.00		72.00	77.50
∠g-b FH	42.00		48.00	49.00							31.00	49.00		44.00	46.50
72	71.00		85.00	84.00							82.00	88.00		78.50	88.00
73	75.00		88.00	85.00							88.00	90.00		84.50	93.00
74	52.00		75.00	80.00							71.00	73.00		74.00	73.00
75			67.00												77.00
77	155.00	147.00	146.00	151.00						157.00	148.00	147.00	155.00	149.20	149.00

续表

M / 序号	Ⅰ-58	Ⅰ-59	Ⅰ-60	Ⅰ-62	Ⅰ-63左	Ⅰ-63右	Ⅰ-64	Ⅰ-65中	Ⅰ-66	Ⅰ-68	Ⅱ-14	Ⅱ-29（4）	Ⅱ-29（5）	Ⅲ-9	Ⅲ-10下
SSA	30.00		126.00	135.50						133.00	129.00	132.00		127.50	128.50
∠n-pr-ba			74.00	69.00										72.80	74.20
∠pr-n-ba			68.00	67.00										68.00	65.00
∠n-ba-pr			40.00	44.00										39.20	40.80
72—75			18.00												11.00
8:1		94.70	75.30	84.10							74.50			78.80	74.40
17:1			57.00	81.00										78.80	76.60
17:8			75.70	96.30										100.10	102.90
9:8		55.60	62.40	61.60							65.90			60.60	62.90
16:7				86.50										78.00	83.90
40:5			95.60	98.80										94.70	91.70
48:17 pr			66.40	52.50										47.50	49.70
48:17 sd			70.30	55.40										56.90	51.90
48:45 pr			52.80	51.70							57.70	54.00		49.00	53.70
48:45 sd			55.90	54.50							71.60	55.47		58.70	56.10
48:46 pr	70.20		66.30	68.80								63.80		62.70	58.60
48:46 sd	74.80		70.20	72.60								65.60		75.00	61.10
54:55	47.40		55.00	48.70						52.83	55.60	45.70		49.10	51.50
52:51 L	84.00		84.30	79.30						74.40	68.90	72.80		84.00	82.20

续表

M / 序号	Ⅰ-58	Ⅰ-59	Ⅰ-60	Ⅰ-62	Ⅰ-63 左	Ⅰ-63 右	Ⅰ-64	Ⅰ-65 中	Ⅰ-66	Ⅰ-68	Ⅱ-14	Ⅱ-29（4）	Ⅱ-29（5）	Ⅲ-9	Ⅲ-10 下
52:51 R	83.80		80.20	76.70						71.90		81.30		80.30	78.40
52:51a L			89.90	82.40						80.20	75.10	81.40		91.70	90.40
52:51a R			87.50	83.80						75.70		94.20		85.10	88.90
54:51 L	60.90		66.60	58.60						66.60	72.60	57.80		60.80	63.20
54:51 R	59.00		65.50	58.00						66.50		60.80		60.20	60.50
54:51a L			71.10	60.90						71.90	79.10	64.60		66.40	69.60
54:51a R			71.40	63.40						70.00		71.30		63.80	68.70
SS:SC			38.80	33.30						75.00	48.80				26.20
63:62			89.60	94.50							79.00	95.50		75.60	86.90
45:(1+8)/2			81.80	89.20							85.40	81.80		85.40	81.20
17:(1+8)/2			65.10	87.80										88.20	87.80
65	132.20		123.80	118.60		132.10					137.14	104.08	112.36	116.84	110.62
66	101.20			95.70							112.90	87.86	90.56	92.86	92.12
67	46.10		45.50	48.00	50.20	48.20	50.80	45.60		52.80	54.92	47.98	46.00	48.20	42.00
68	74.90		85.50	68.80		76.10				77.40	82.30	77.90	74.00	70.50	66.00
68（1）	106.90		103.30	100.90		114.40				131.00	68.20	62.30	55.90	51.00	49.20
69	32.70		33.80	31.80						37.20	42.18	28.88	34.74	36.78	30.00
MBH Ⅰ L	27.80		33.30	29.10	30.10	39.40				34.60	35.30	52.50	29.62	31.10	27.10
R	29.70	25.20	31.00	30.50	30.90	39.50				33.30	35.83	25.88	29.52	31.38	28.00

续表

M / 序号	Ⅰ-58	Ⅰ-59	Ⅰ-60	Ⅰ-62	Ⅰ-63左	Ⅰ-63右	Ⅰ-64	Ⅰ-65中	Ⅰ-66	Ⅰ-68	Ⅱ-14	Ⅱ-29（4）	Ⅱ-29（5）	Ⅲ-9	Ⅲ-10下
MBH Ⅱ L	29.60		33.80	16.60	29.30	35.40				32.80	35.06	25.86	26.08	23.82	23.84
R	29.30	26.80	32.10	28.30	30.80	35.80				31.50	33.50	26.88	27.16	27.72	25.14
MBT Ⅰ L	13.10		12.90	13.40	13.80	14.60	11.50	9.90		14.80	15.04	13.74	12.20	13.70	10.18
R	13.50	10.90	14.20	13.60	14.60	14.10	13.10	11.50		14.50	14.40	14.34	13.08	14.76	12.40
MBT Ⅱ L	16.50		16.60	15.80	16.10	14.60	13.60	13.80		15.40	17.16	16.78	14.70	17.98	13.68
R	16.20	13.50	19.00	15.90	18.00	15.30	13.50	13.50		20.50	17.80	17.00	14.56	14.20	13.68
70 L	63.80		62.80	57.90		69.80	62.30	62.90		55.20	70.20	58.54	55.26	58.20	58.34
70 R	58.60	55.10		57.40							69.55	60.34	59.28	55.84	53.44
71 L	44.00		44.30	40.70		48.10	46.20			45.80	47.34	41.94	43.00	40.36	40.60
71 R	46.90	43.10	44.90	41.90							48.34	41.52	40.92	40.44	40.20
71a L	34.50	34.50	39.30	32.50	38.90	34.30	32.30	32.00		39.90	39.12	34.80	32.86	32.42	29.76
71a R	36.50		42.20	33.30							40.18	34.06	32.84	35.44	31.14
79	120.00		108.00	119.00		125.00				119.00	113.00	115.50	129.00	126.00	126.50
68:65	56.70		69.10	58.00		57.60					60.00	74.80	65.90	60.30	59.70
71:70 L	69.00		70.50	70.30		68.90	74.20			83.00	82.60	59.40	77.80	69.30	69.50
71:70 R	80.00	78.20		73.00							83.10	68.80	69.00	72.40	75.20
Bime bogen	60.00		52.00	56.00	61.00	57.00	62.00	55.00		62.50	70.00	62.00	56.00	56.00	41.00

后　记

这本书是在我的博士论文基础上修改而成的。从 2004 年 6 月完成答辩到现在已经过去整整三年了。在这三年时间里，我一边在中山大学人类学系从事体质人类学的教学工作，一边继续我自己有关人种学方面的研究。回头看看三年前完成的博士论文，应当说除了个别地方略显材料不足外，研究的方法和基本的结论还是能够成立的。因此，我一方面为了保留我当时的研究水平，另一方面也为了激励自己更加的钻研，没有对论文的研究材料进行增补。

春鸟秋虫，酷暑寒冬。屈指默算，自 1999 年跟随朱泓先生学习体质人类学，到现在已经整整八年了。在这八年之间，先生如慈父般地教育我、引领我、呵护我。这是我今生莫大的幸运！即使我现在与先生远隔万里，我们还是经常保持着联系，我不能没有先生的指引。先生高尚的人格魅力和精深的学术造诣，使我耳濡目染，所获良多。在博士论文写作过程中，先生更是给予了悉心的指导，倾注了大量心血，在此向先生深鞠一躬，谨致谢忱。

我也忘不了在撰写论文的五年之中，学府内外，诸多师友的无私相助。今日回想起来，正是在他们的鼎力协助下，我才能够顺利完成。

我要感谢河北省文物局谢飞先生、河北省文物研究所李珺先生和张晓铮先生，他们为我的研究提供了珍贵的人骨资料，特别是李珺先生和张晓铮先生在我调研期间给予了全面的照顾。河北省文物局文物处张文瑞先生、荀莺歌女士在资料搜集方面给予了无私帮助。秦皇岛市文物处徐永江先生在繁忙的工作中为我绘制了精确的姜家梁墓葬平面分布图，提高了研究的科学性和工作效率。

我要感谢我的同门兄长、师姐、师弟和师妹们。他们是沈阳市文物考古研究所的陈山博士和吉林大学边疆考古研究中心的魏东博士、方启博士及张全超博士，西北大学文博学院的陈靓博士，山东画报社的郑丽慧女士和湖北省文物考古研究所的周蜜博士。在论文撰写期间，他们给予了诸多支持、鼓励和帮助。

我要感谢我的同窗挚友，吉林大学边疆考古研究中心的井中伟博士、周海峰博士、吉林大学古籍研究所的何景成博士、广州市文化局文物处的郑小炉博士及吉林省文物考古研究所的李光日先生。九年朝夕相处，情同手足，在各个方面他们倾其所有，无怨无求。

我要感谢吉林大学边疆考古研究中心林沄先生，他对书中某些重要细节提出了探讨性的疑问，使我澄清了对相关问题的认识，并及时加以修正；感谢中心的赵宾福教授、陈全家教授在相关问题探讨和资料搜集方面给予的无私帮助；感谢中心陈国庆教授在相关日文资料翻译方面给予的帮助；感谢潘玲副教授在相关俄文资料定名方面给予的帮助；感谢中心的冯恩学教授在相关称谓方面给予的指教；感谢中心的林雪川先生在资料搜集和人骨复原方面给予的帮助；感谢吉林大学边疆考古研究中心考古 DNA 实验室周慧教授、崔银秋博士、段虹宇博士、于长春博士、许月博士、谢承志博士和张红波先生等给予的相关知识和资料搜集方面的指导和帮助。

我要感谢吉林大学商学院孟庆福教授、数学系赖民博士、董志山博士、张玉成博士和李鹏松博士，他们曾在相关数据统计和分析方面给予了无私的帮助。

我要感谢浙江省考古研究所黄昊德先生、河南省文物考古研究所的武志江先生和河南大学历史文化学院的张玲女士，他们在资料搜集方面给予了诸多帮助。

我要感谢中国社会科学院考古研究所的潘其风研究员，在某些重要问题上，潘先生曾给予诸多指导；张君副研究员无私地提供了有关颅骨非连续性形态特征研究的珍贵外文资料，并就某些相关问题与我进行了有益的探讨；王明辉副研究员在资料搜集、相关问题探讨和生活方面曾给予诸多帮助。

我要感谢中国科学院古脊椎动物与古人类研究所吴新智院士、刘武研究员、尚虹副研究员和吴秀杰博士。吴新智院士就颅骨非连续性形态特征的筛选问题给予有益的指导；刘武研究员在牙齿非连续性形态特征研究方面给予诸多指教，并无私提供了相关的珍贵外文资料；尚虹副研究员和吴秀杰博士在资料搜集和有关问题的探讨方面给予了诸多帮助。我要感谢中国科学院研究生院的胡耀武博士，他为我提供了关于食谱分析方面的诸多帮助。

我要感谢中山大学人类学系许永杰教授和郑君雷教授，在本书修改的过程中，我们进行了多次有益的探讨，他们给予了许多有价值的参考意见。

我要感谢我的家人，特别是我的妻子林冠男。在撰写论文和此书期间，她提出了诸多有益的建议，并在资料的搜集和整理方面做了许多繁琐而细致的工作。正是在这种亲情的支持下，我才能精神百倍，术业专攻。

再次感谢给予指导和帮助的诸位师友和亲人！

李法军

于中山大学康乐园

2007 年 10 月 30 日

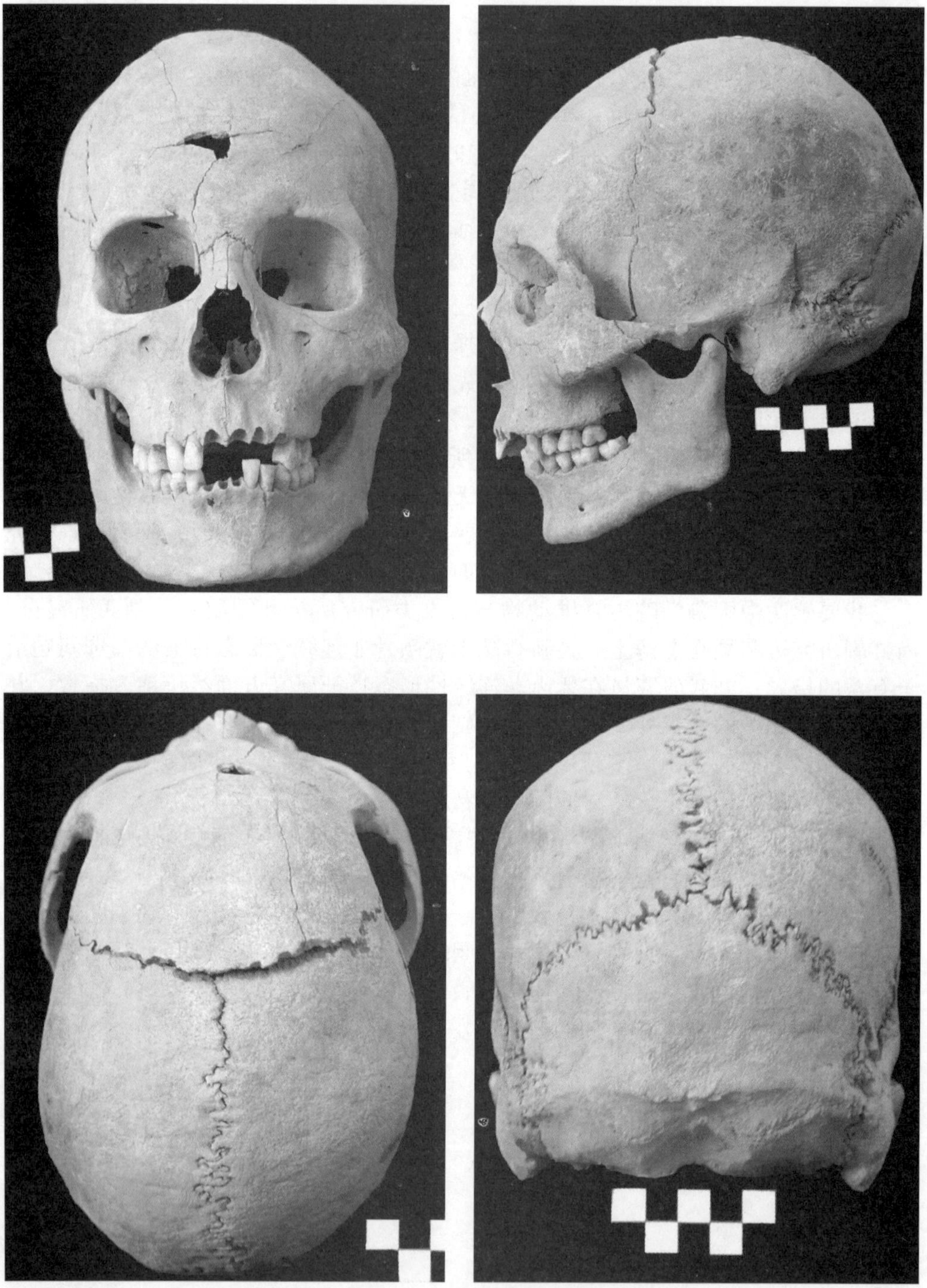

姜家梁男性头骨
95 M16

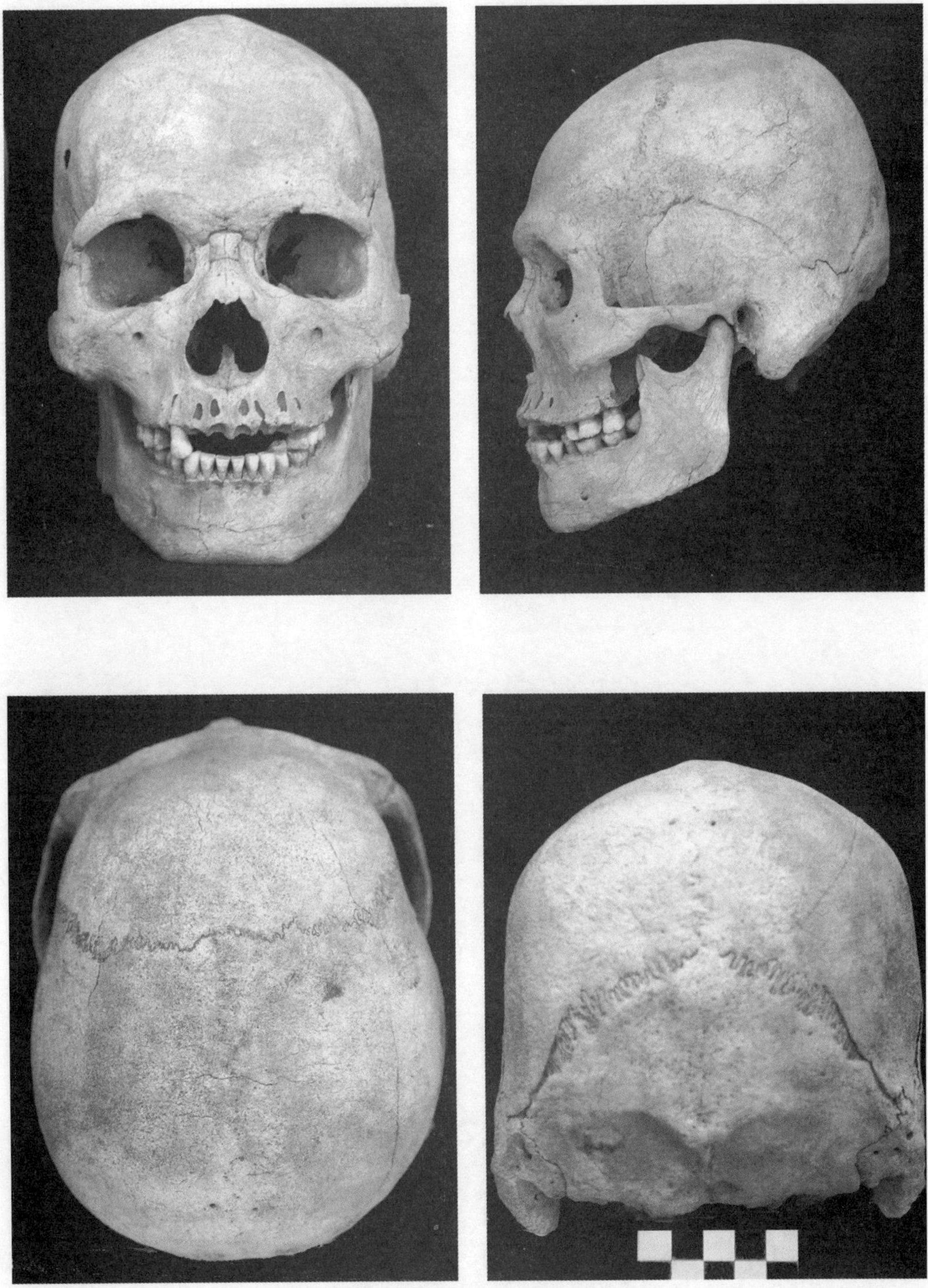

姜家梁男性头骨

95 M16

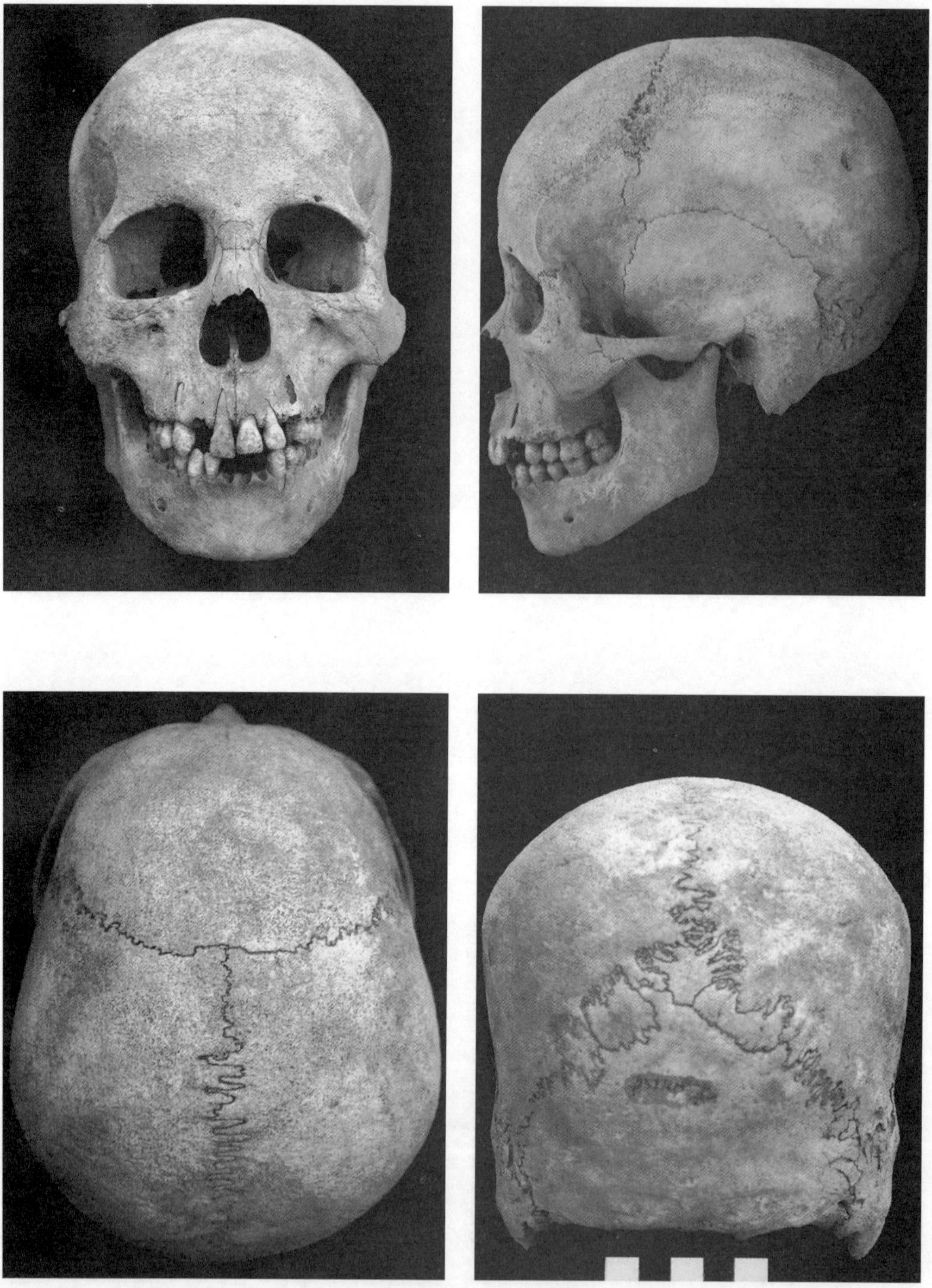

姜家梁男性头骨

95 M39

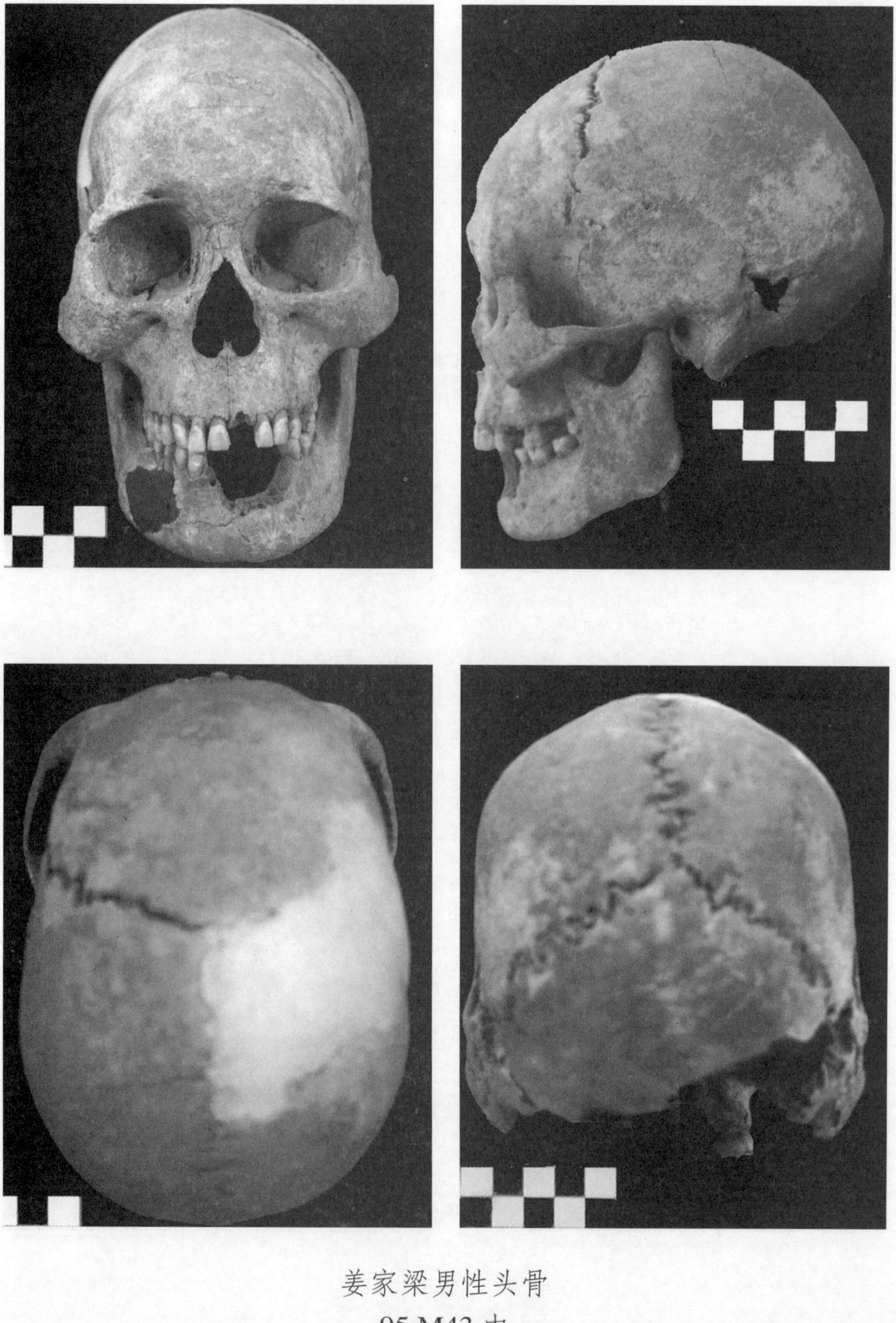

姜家梁男性头骨

95 M43 中

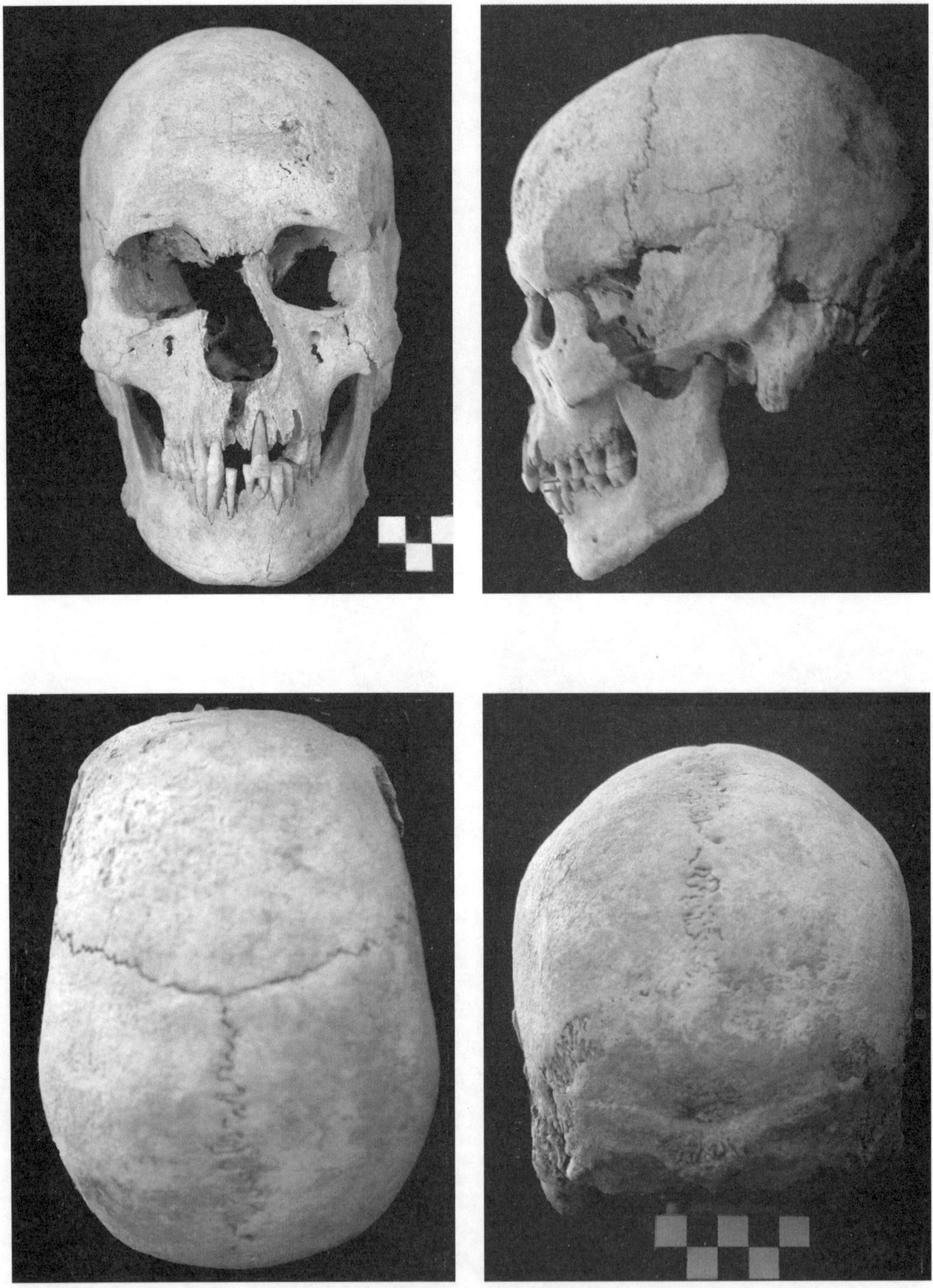

姜家梁男性头骨

95 M65 上

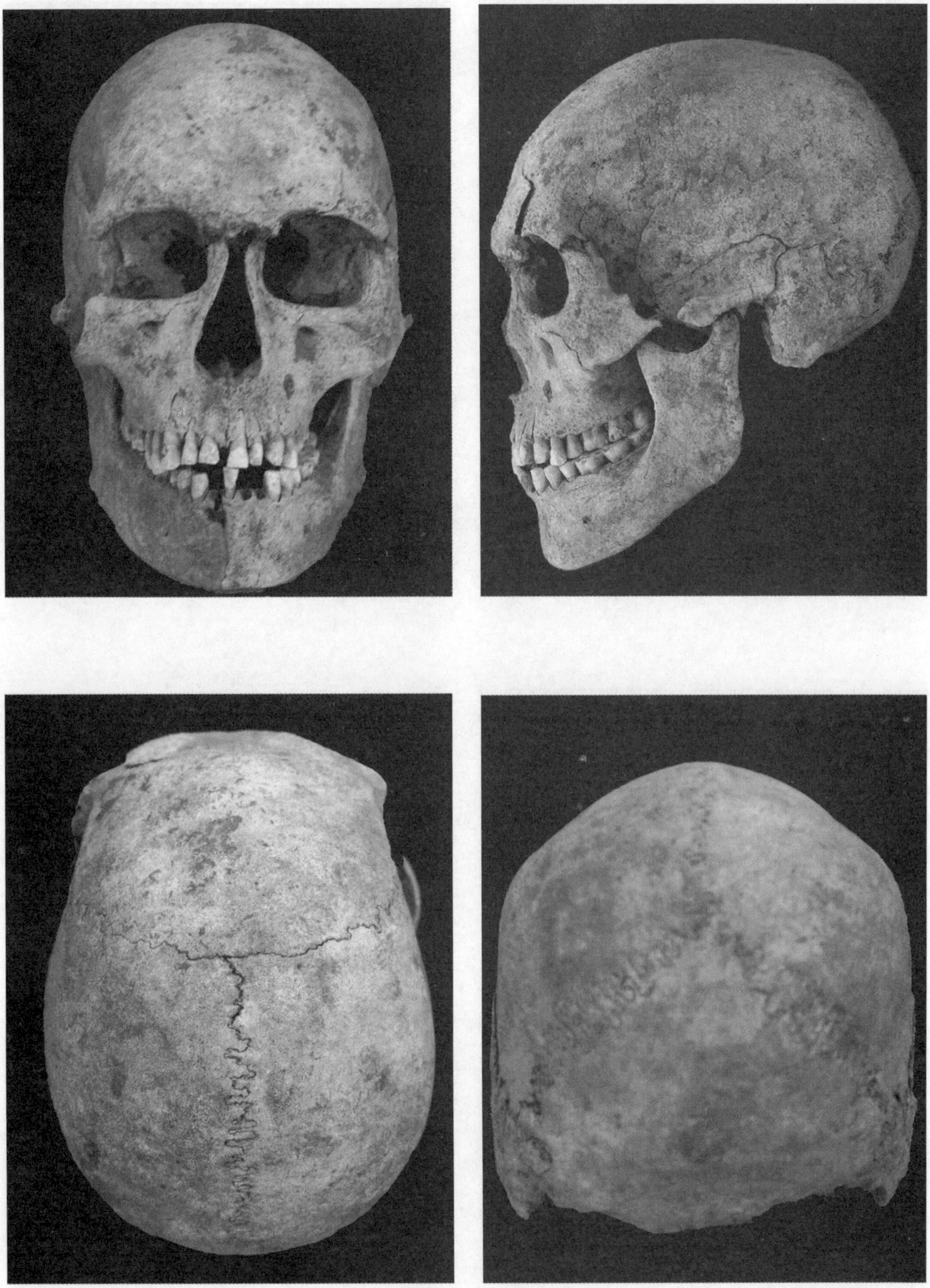

姜家梁男性头骨

98Ⅱ M20 上

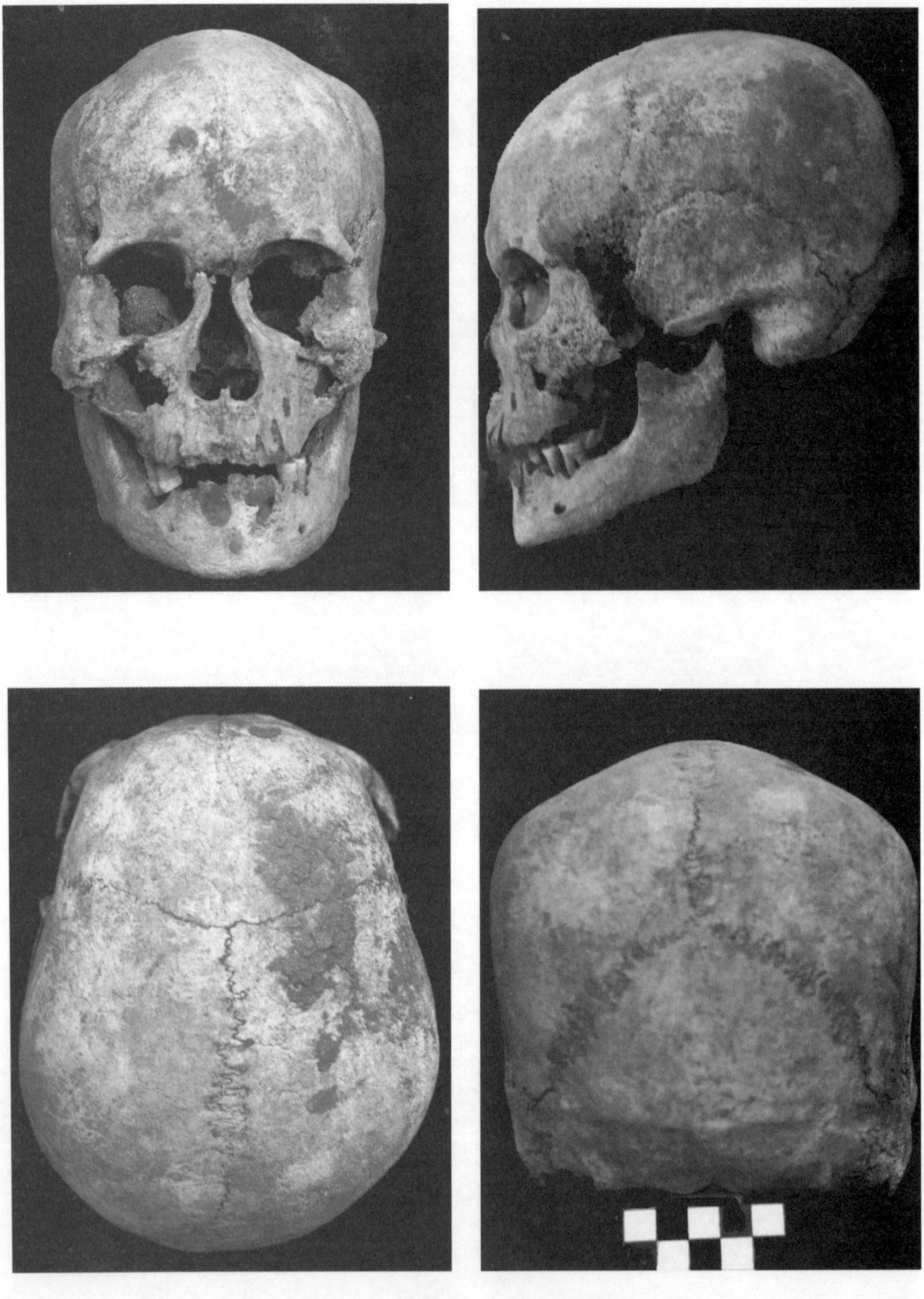

姜家梁男性头骨

98Ⅱ M20 中

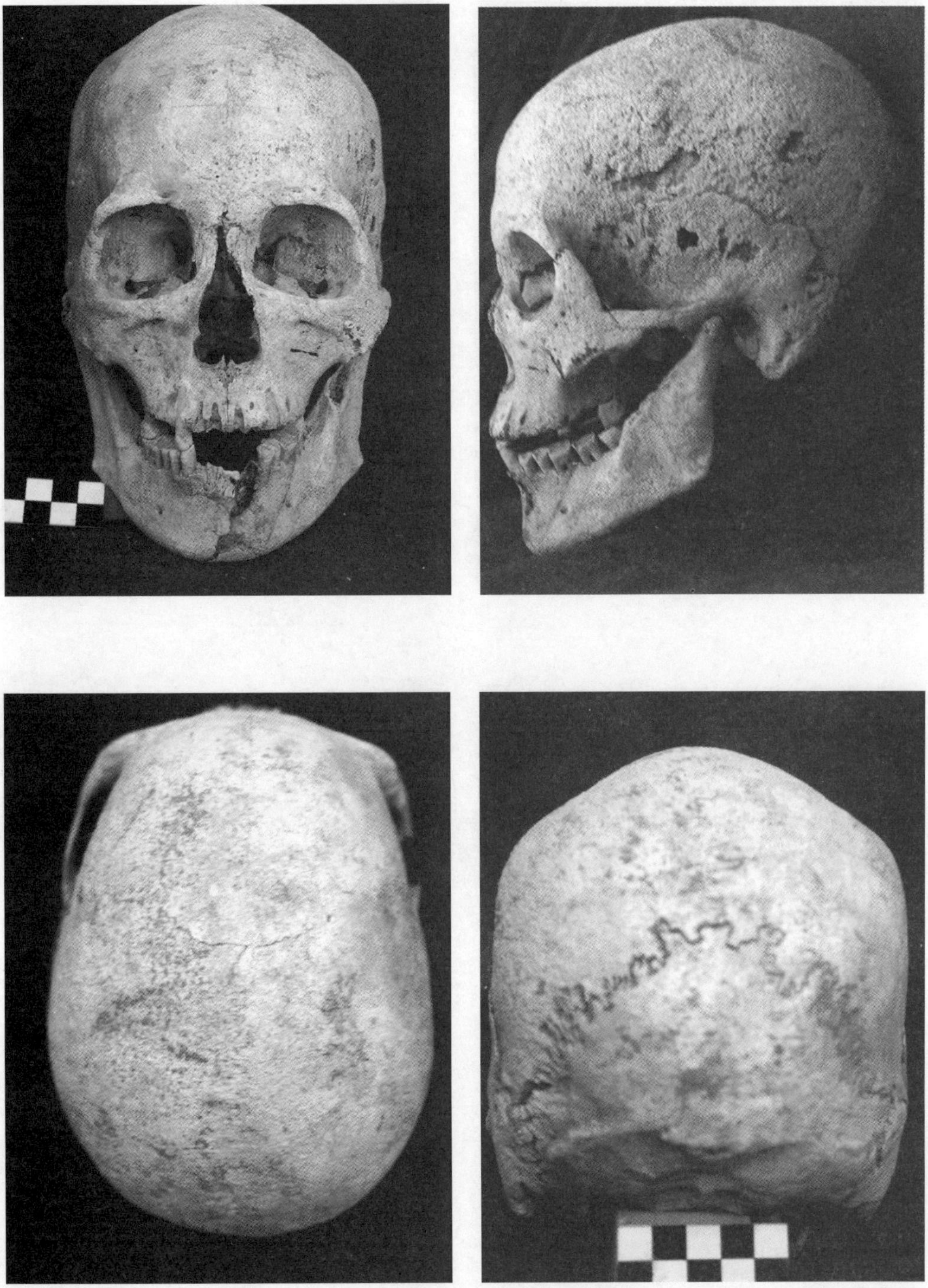

姜家梁男性头骨

98Ⅱ M24 下

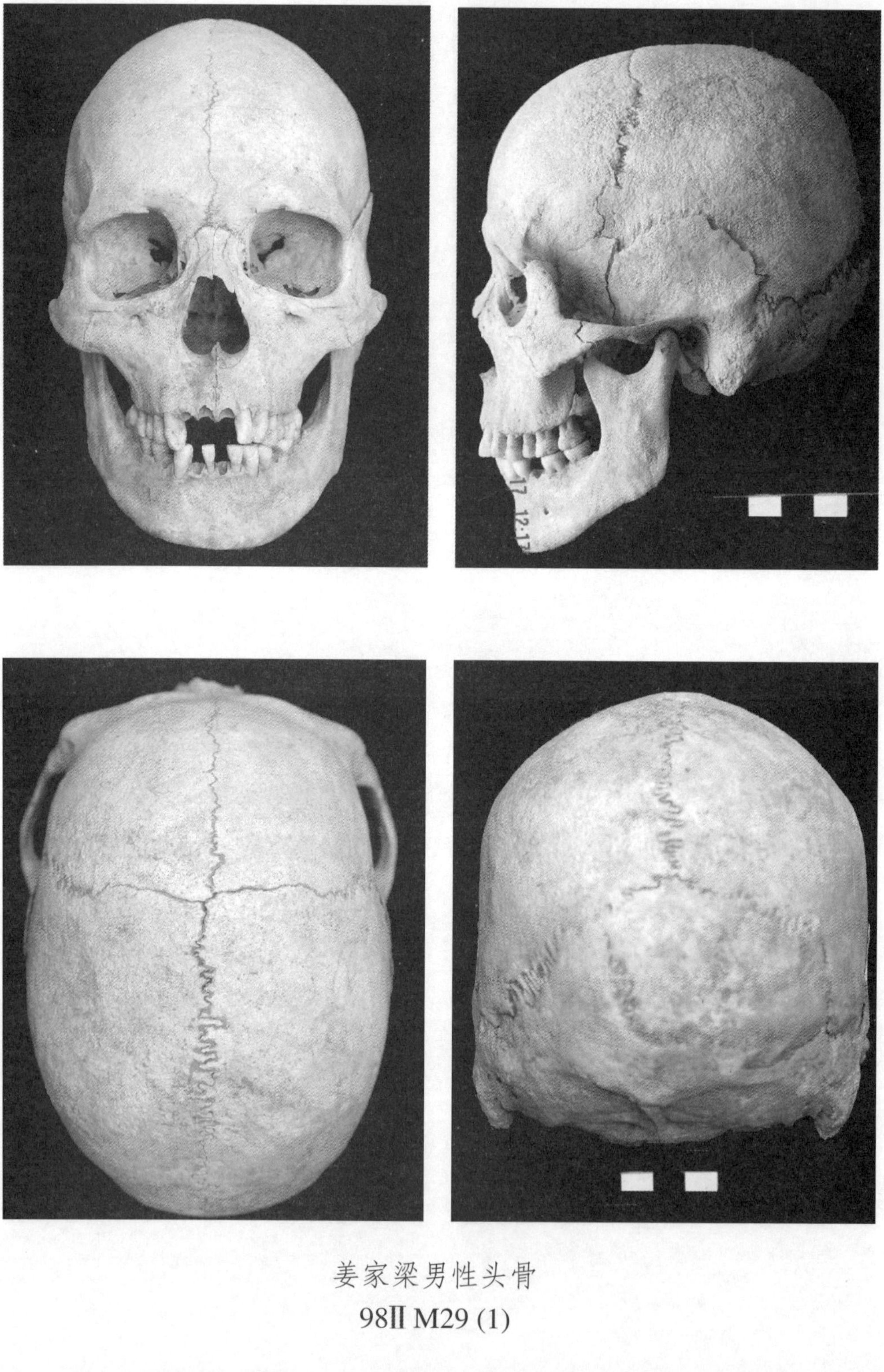

姜家梁男性头骨

98Ⅱ M29 (1)

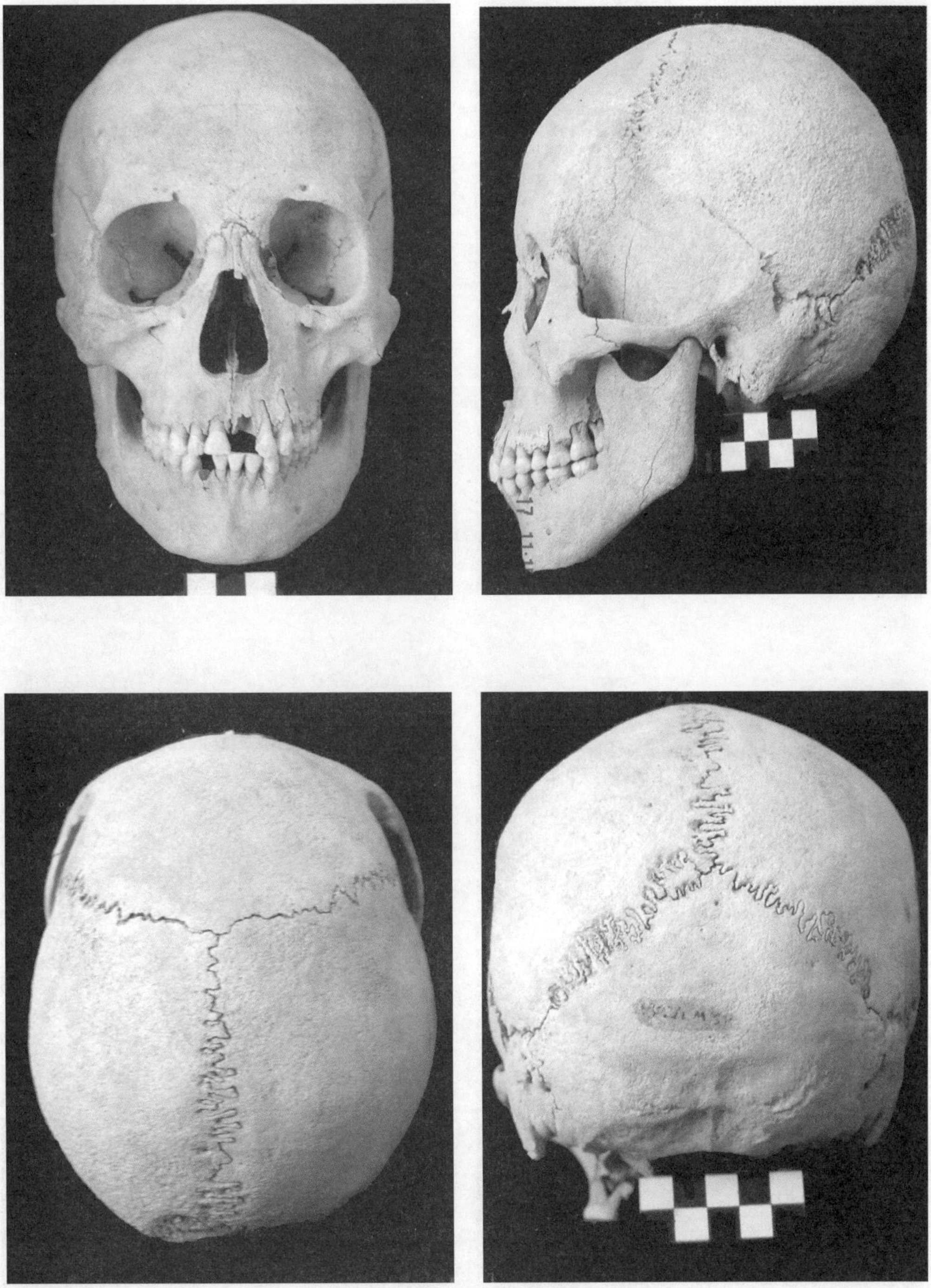

姜家梁男性头骨
95 M13

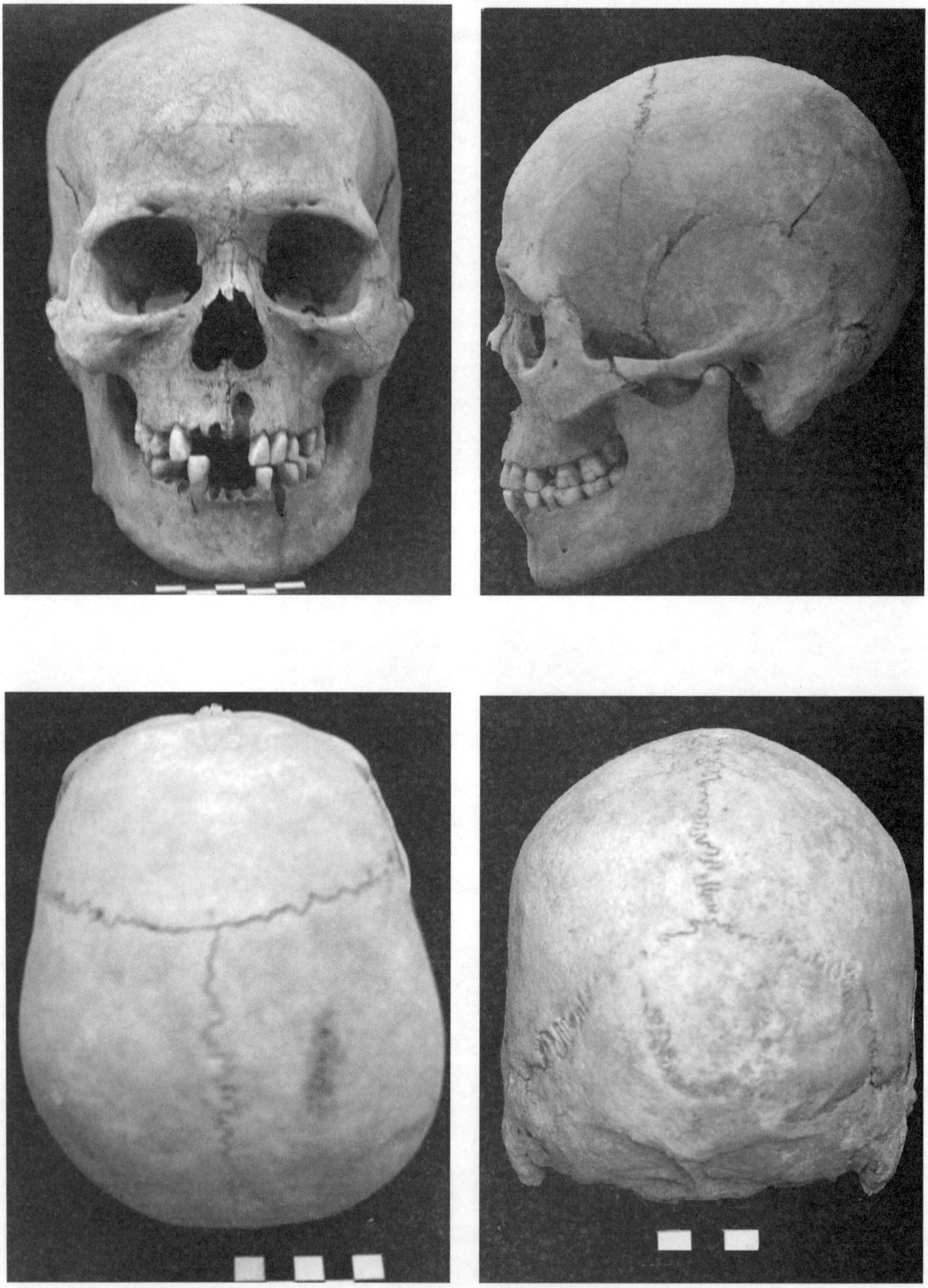

姜家梁男性头骨

95 M35

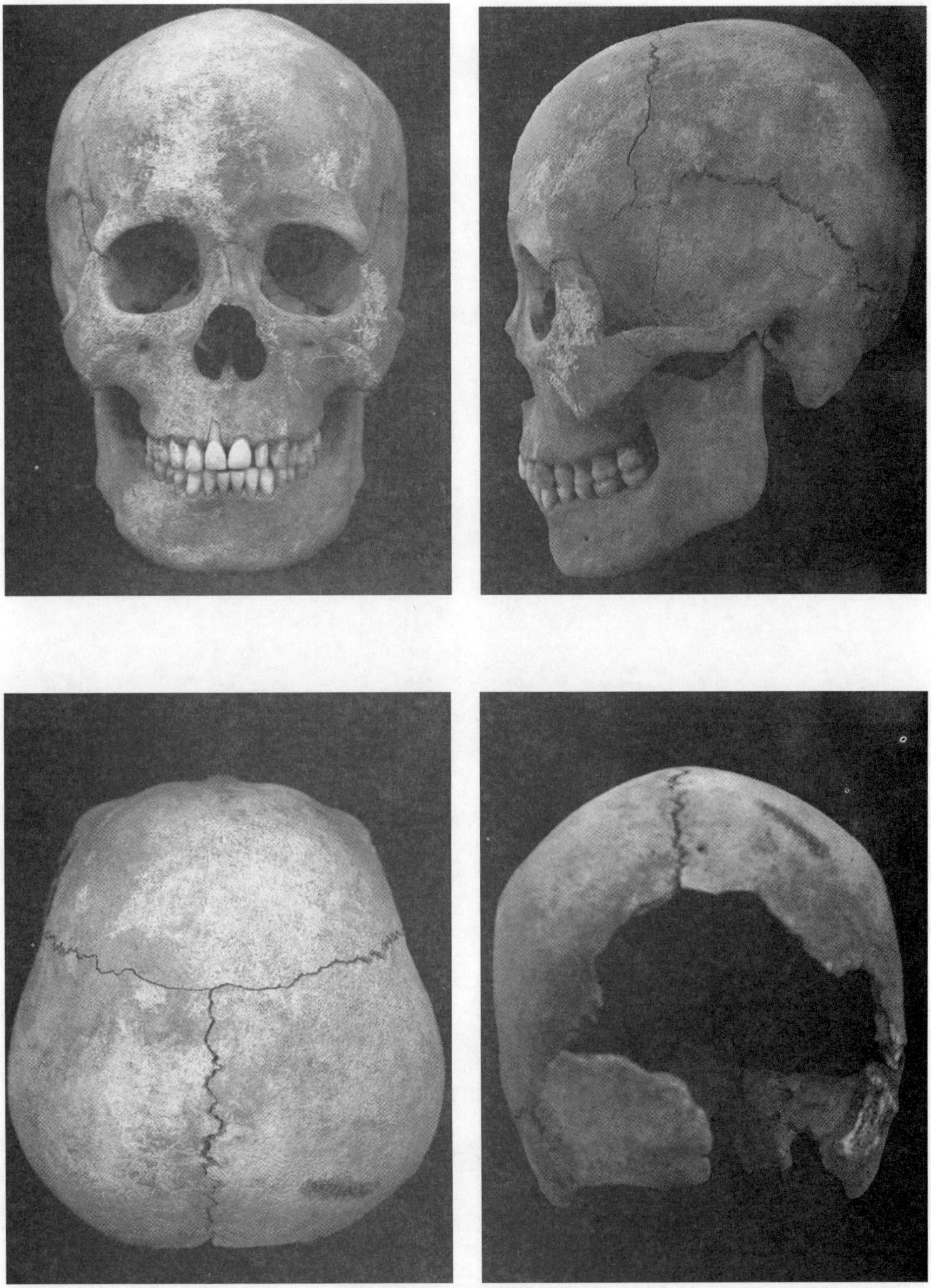

姜家梁男性头骨

95 M36

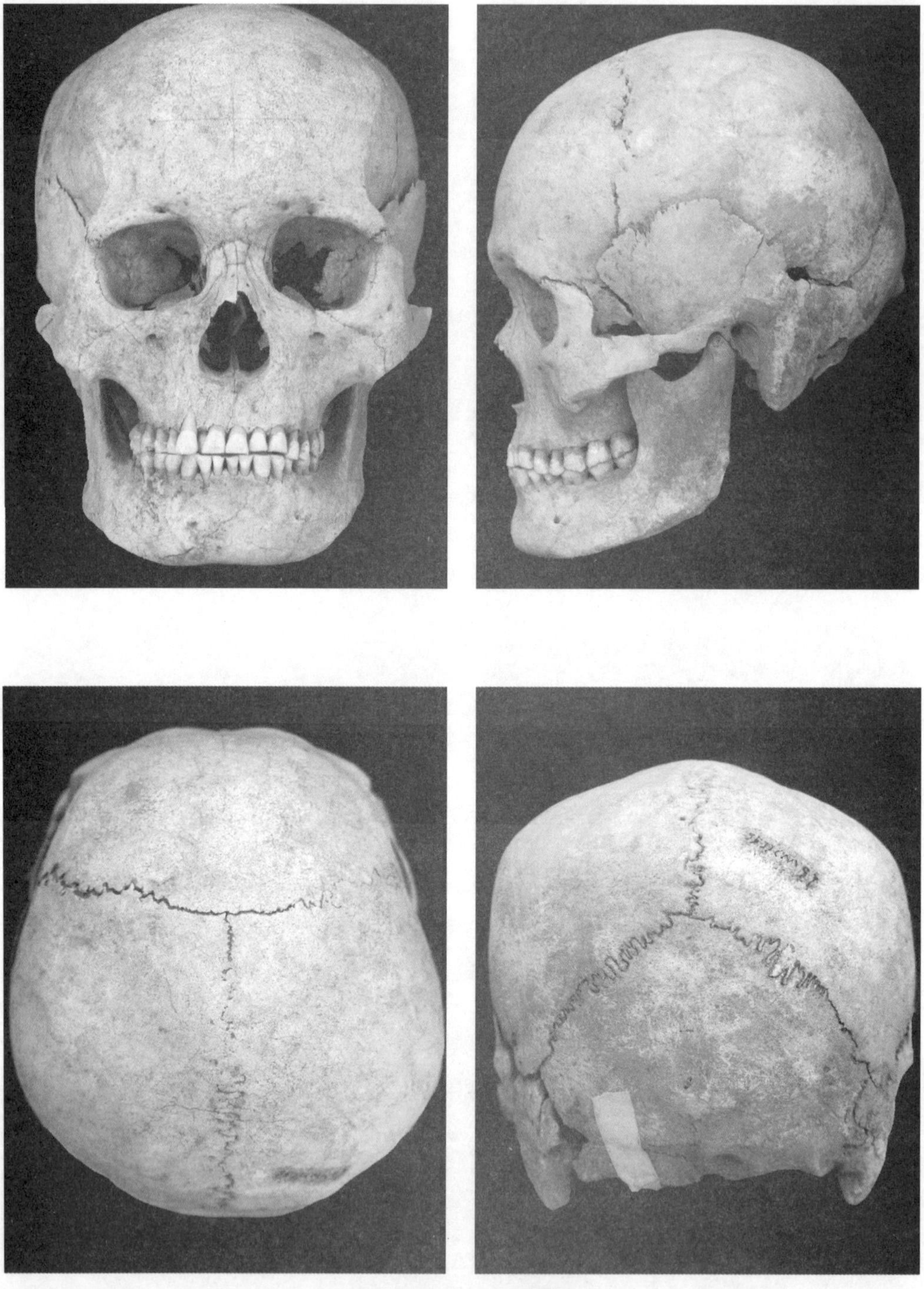

姜家梁男性头骨

95 M57

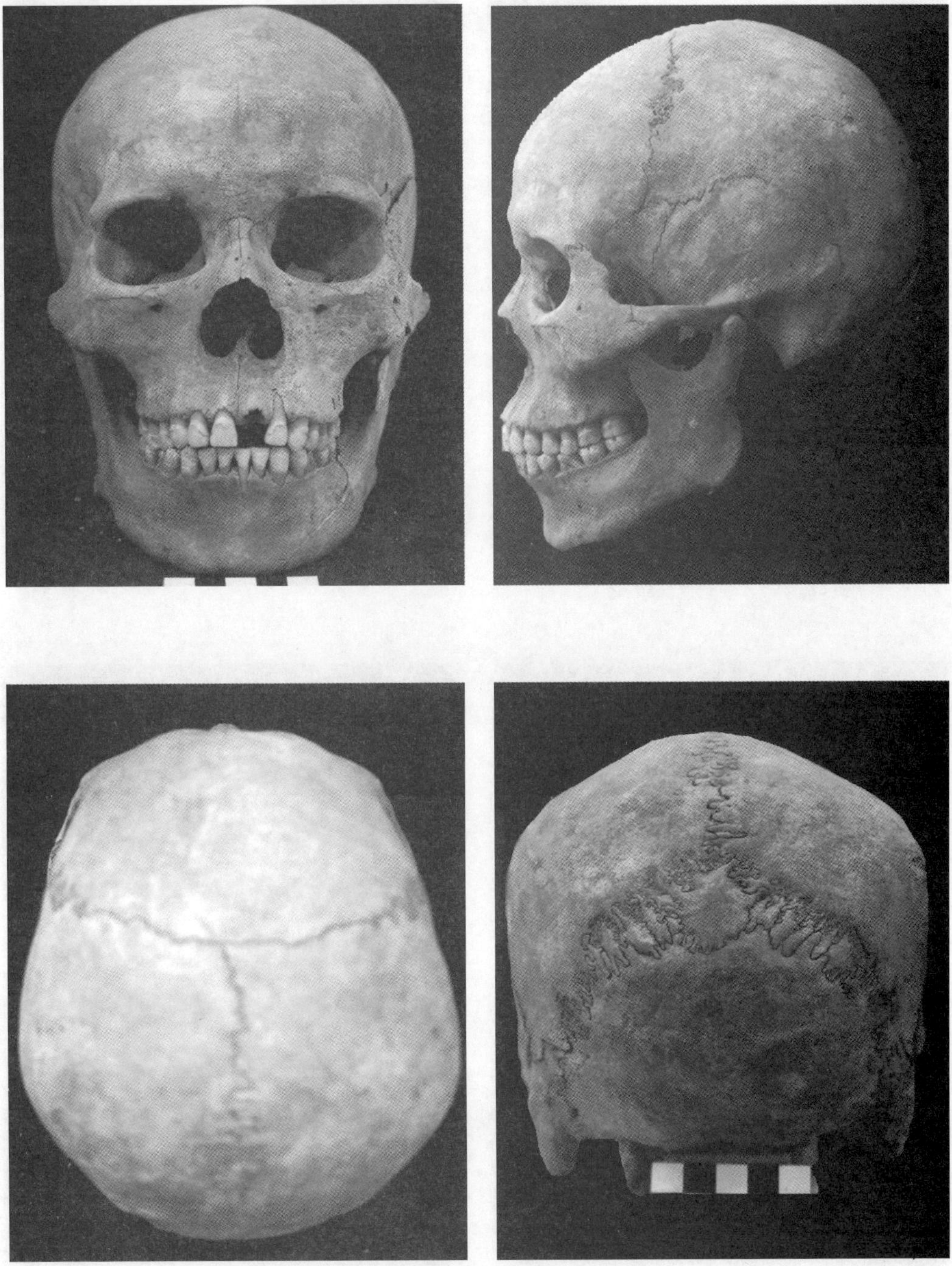

姜家梁男性头骨

95 M67

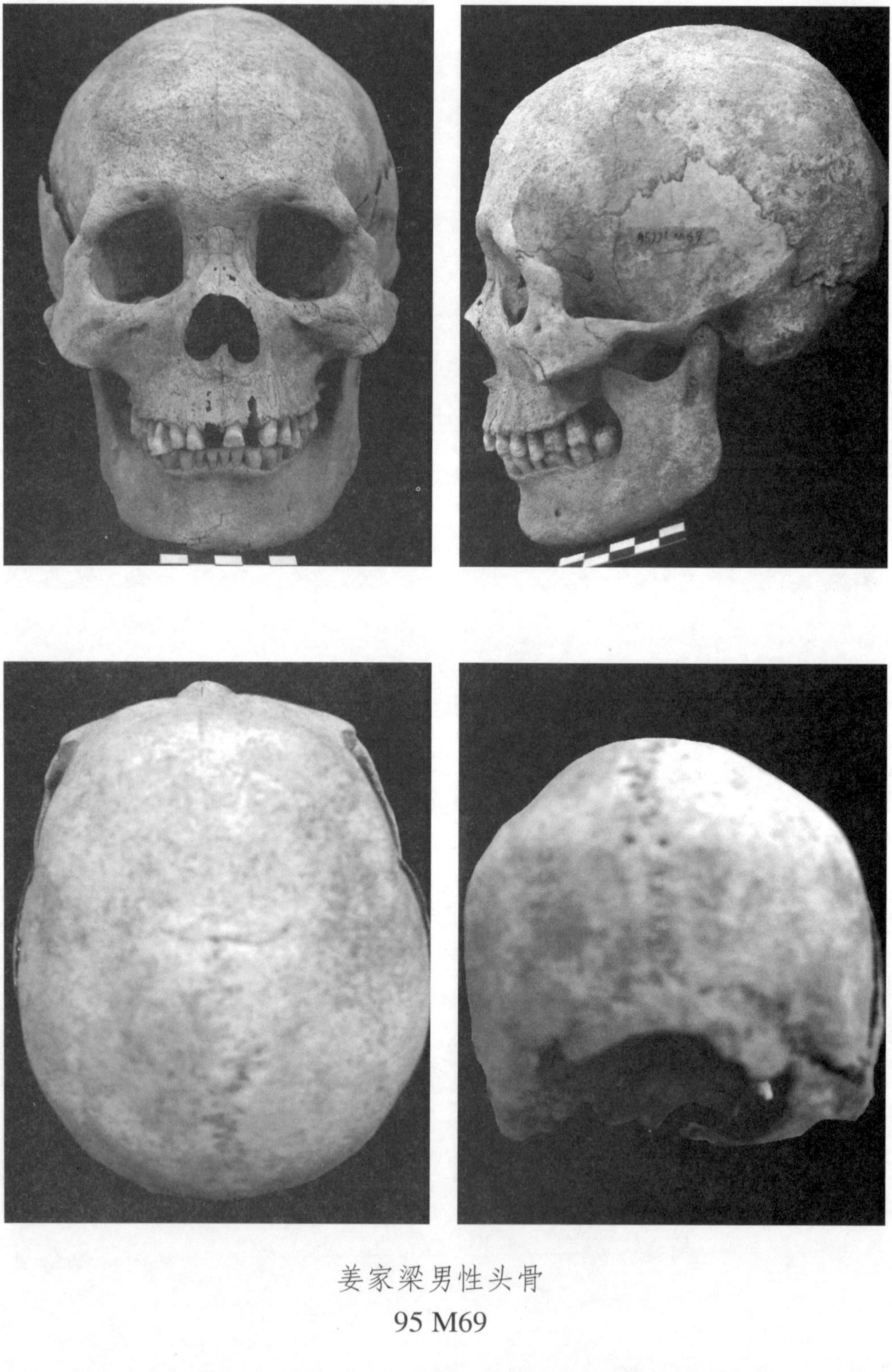

姜家梁男性头骨

95 M69

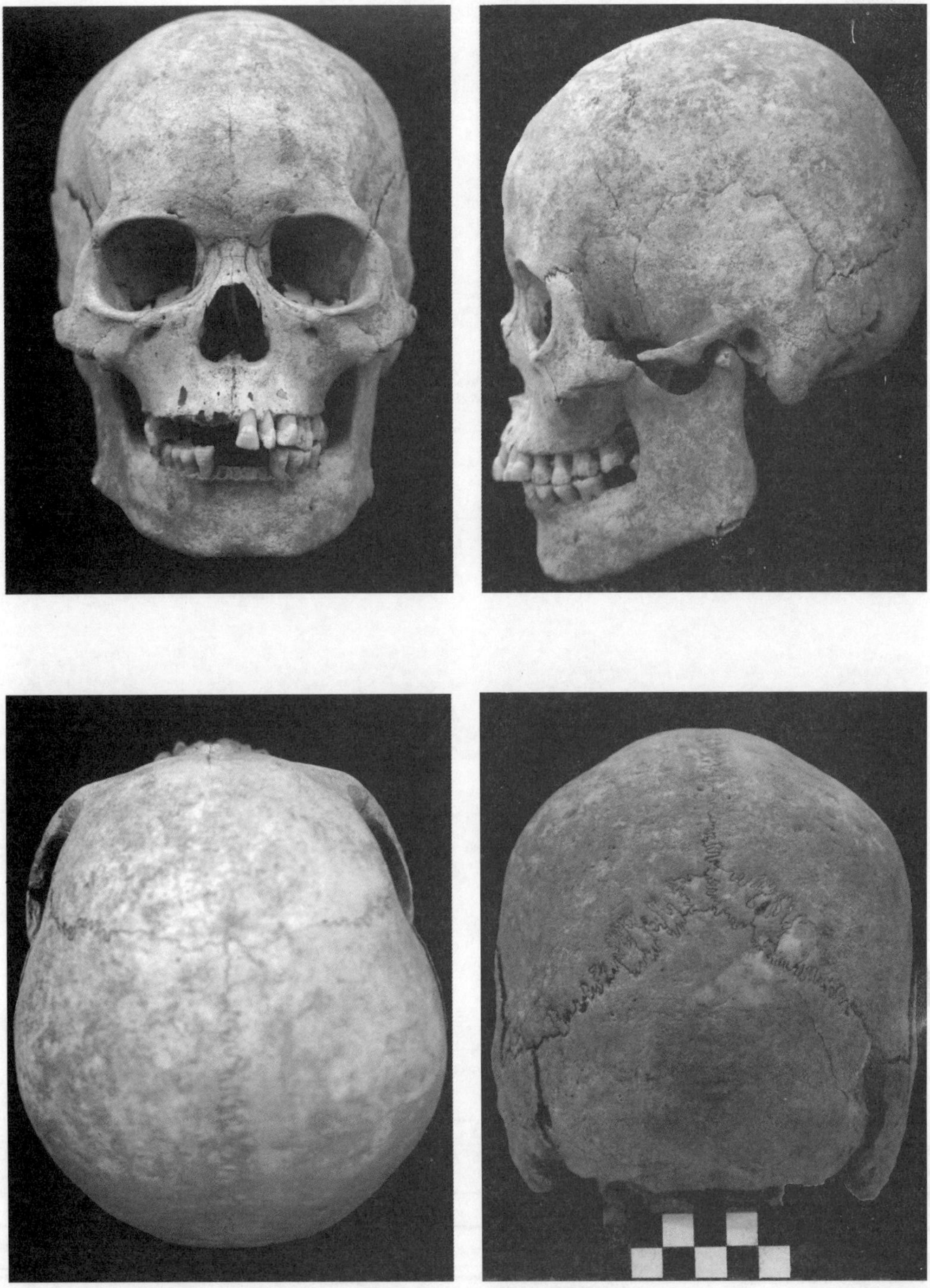

姜家梁男性头骨

95 M71

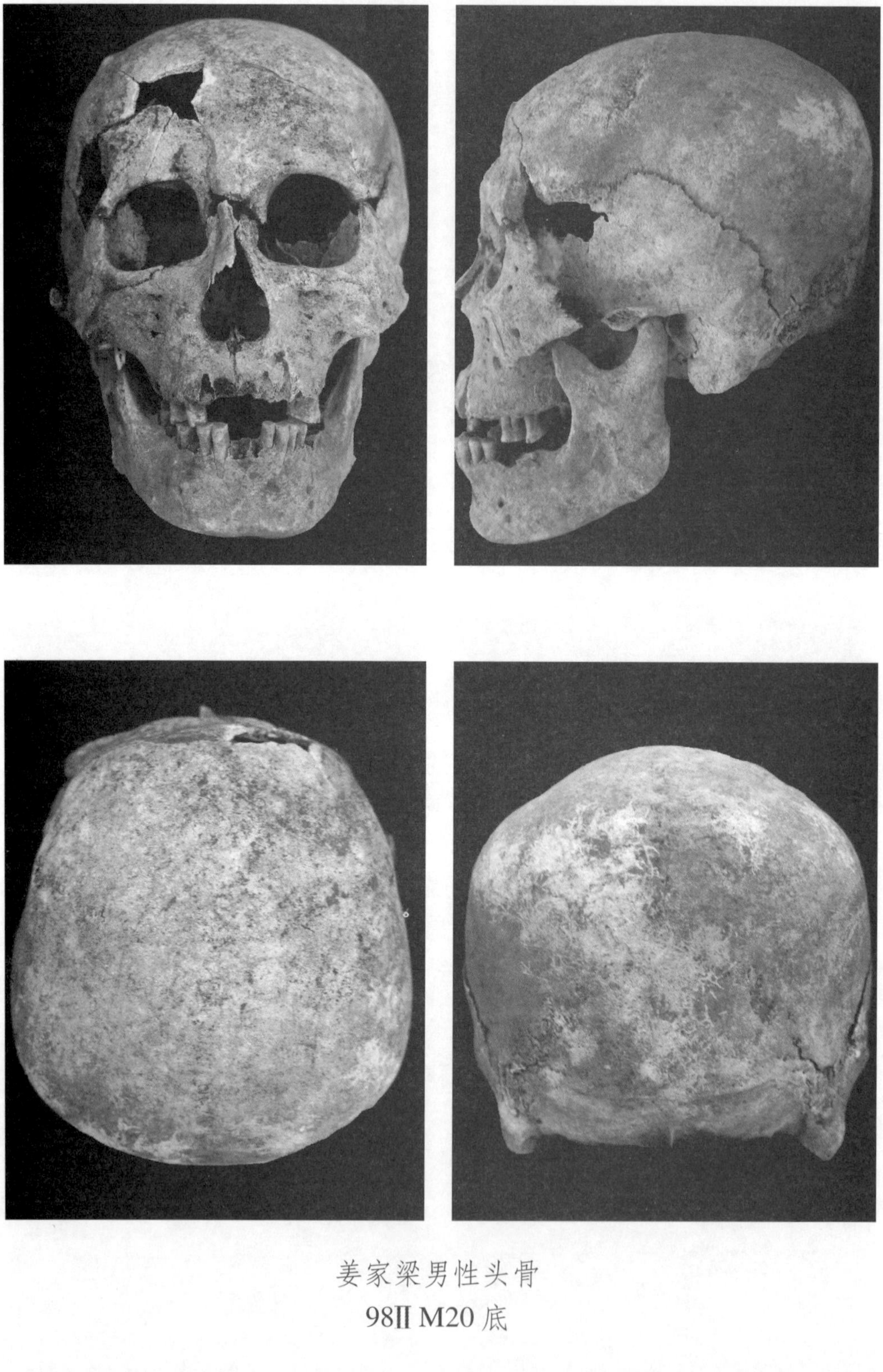

姜家梁男性头骨

98Ⅱ M20 底

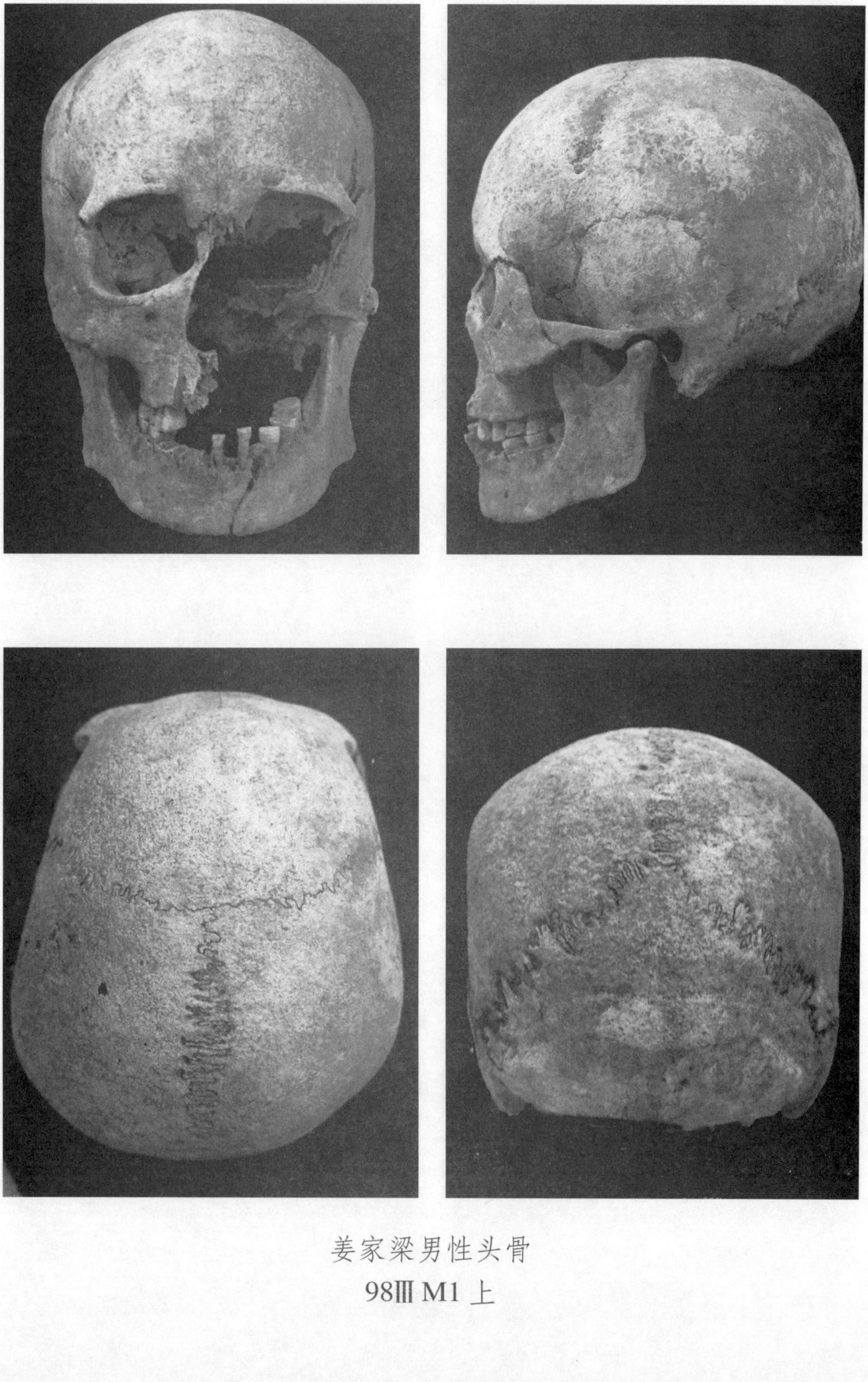

姜家梁男性头骨

98Ⅲ M1 上

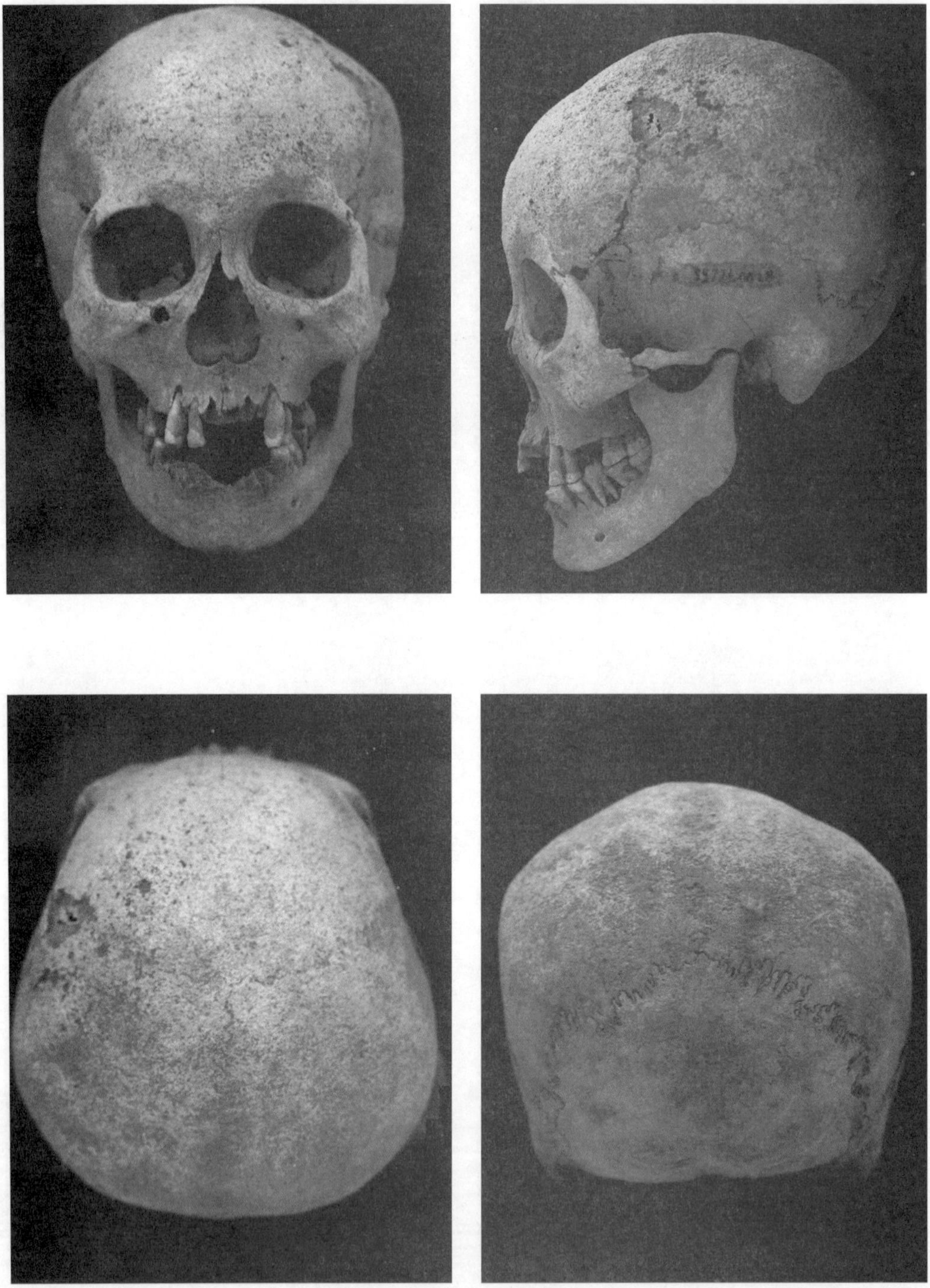

姜家梁女性头骨

95 M28

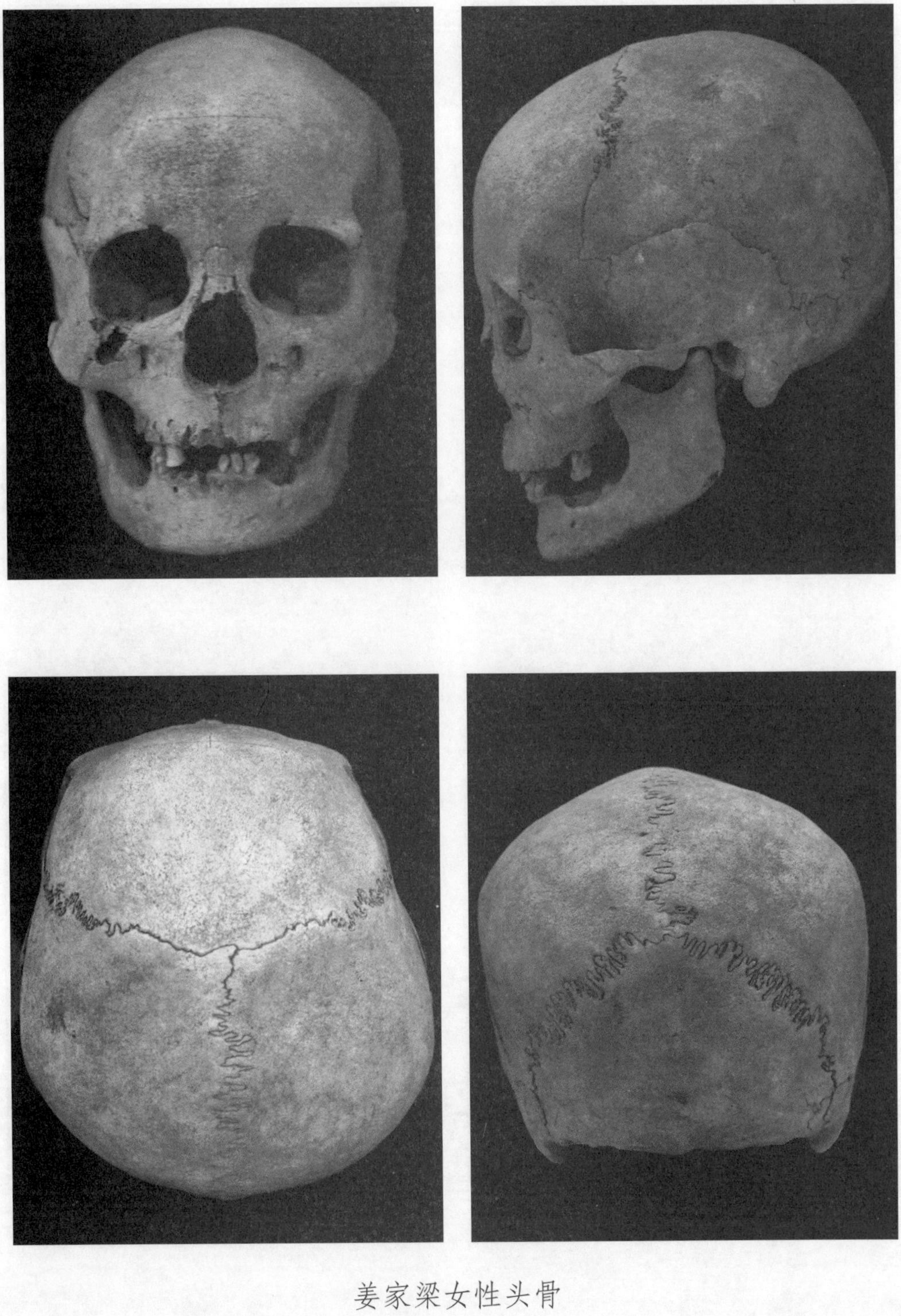

姜家梁女性头骨
95 M32

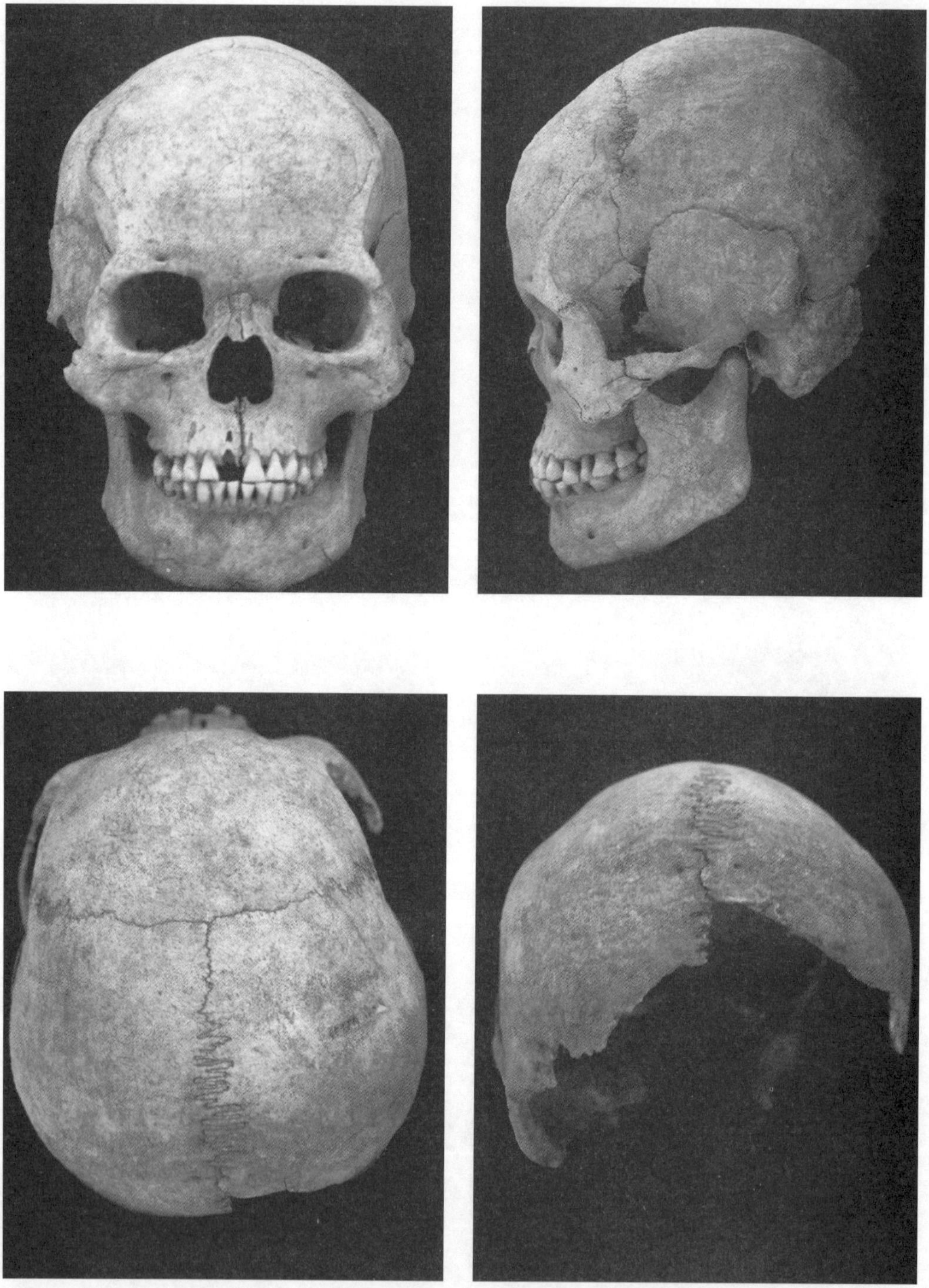

姜家梁女性头骨
95 M47 上

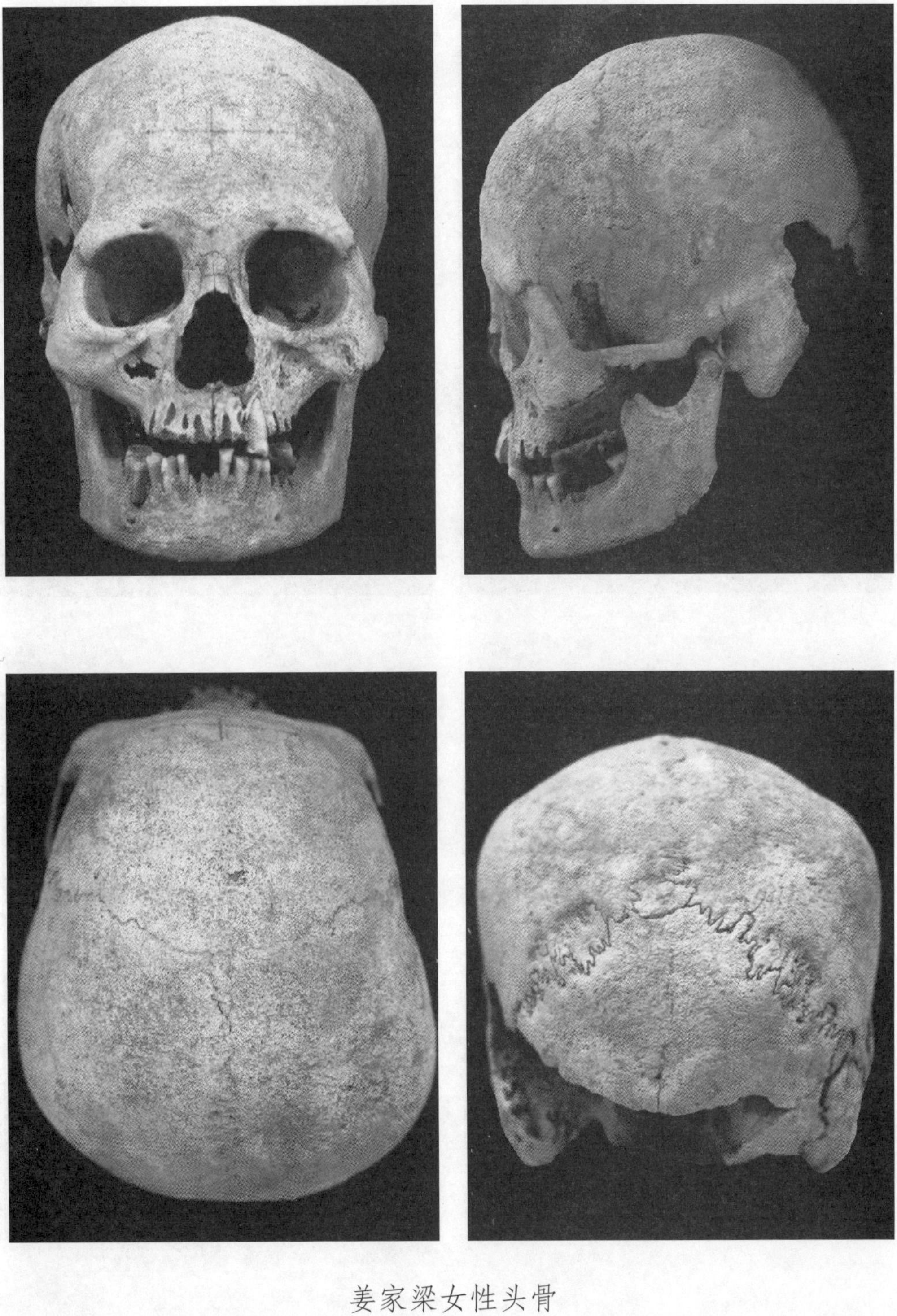

姜家梁女性头骨

95 M54

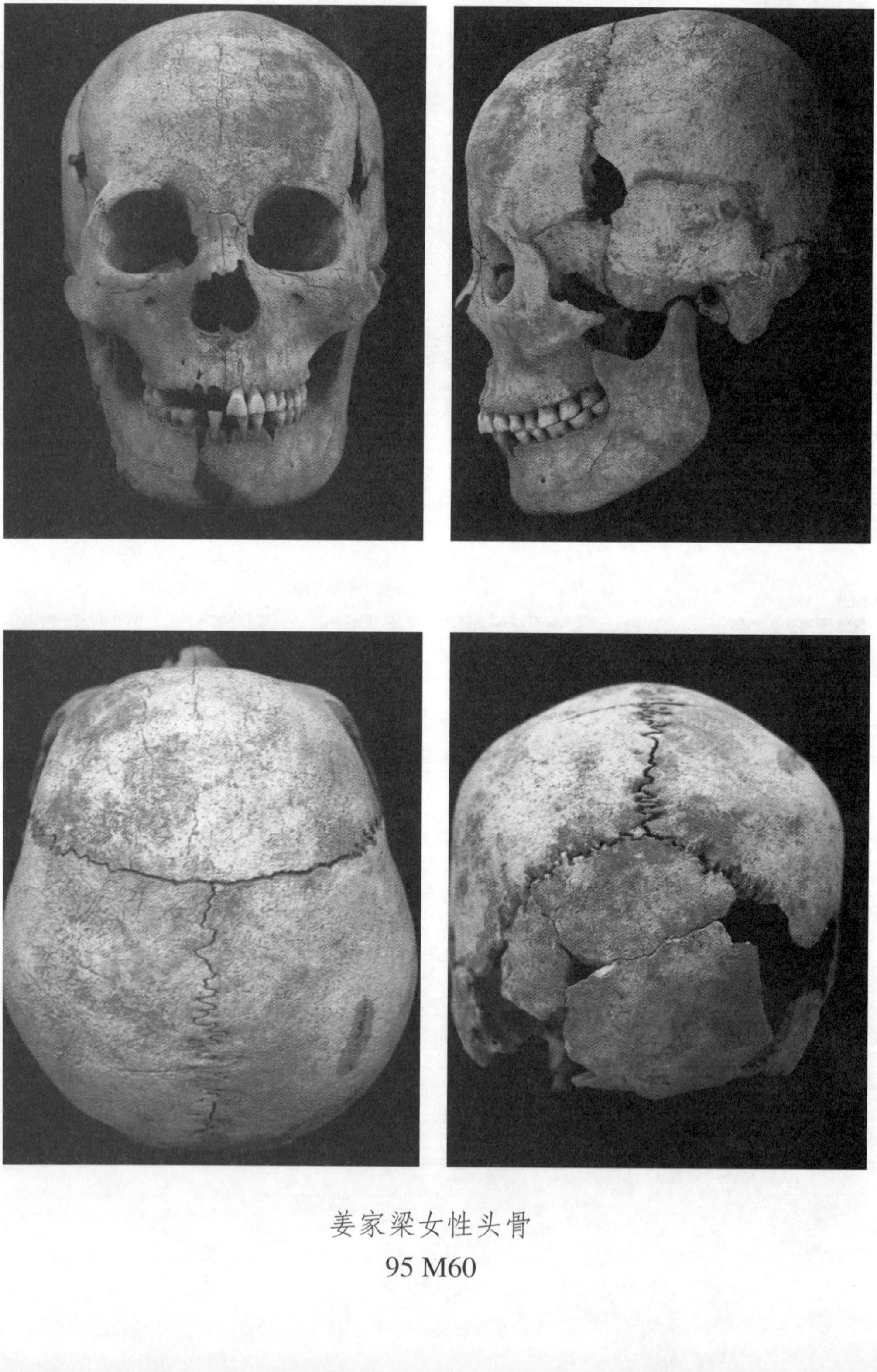

姜家梁女性头骨

95 M60

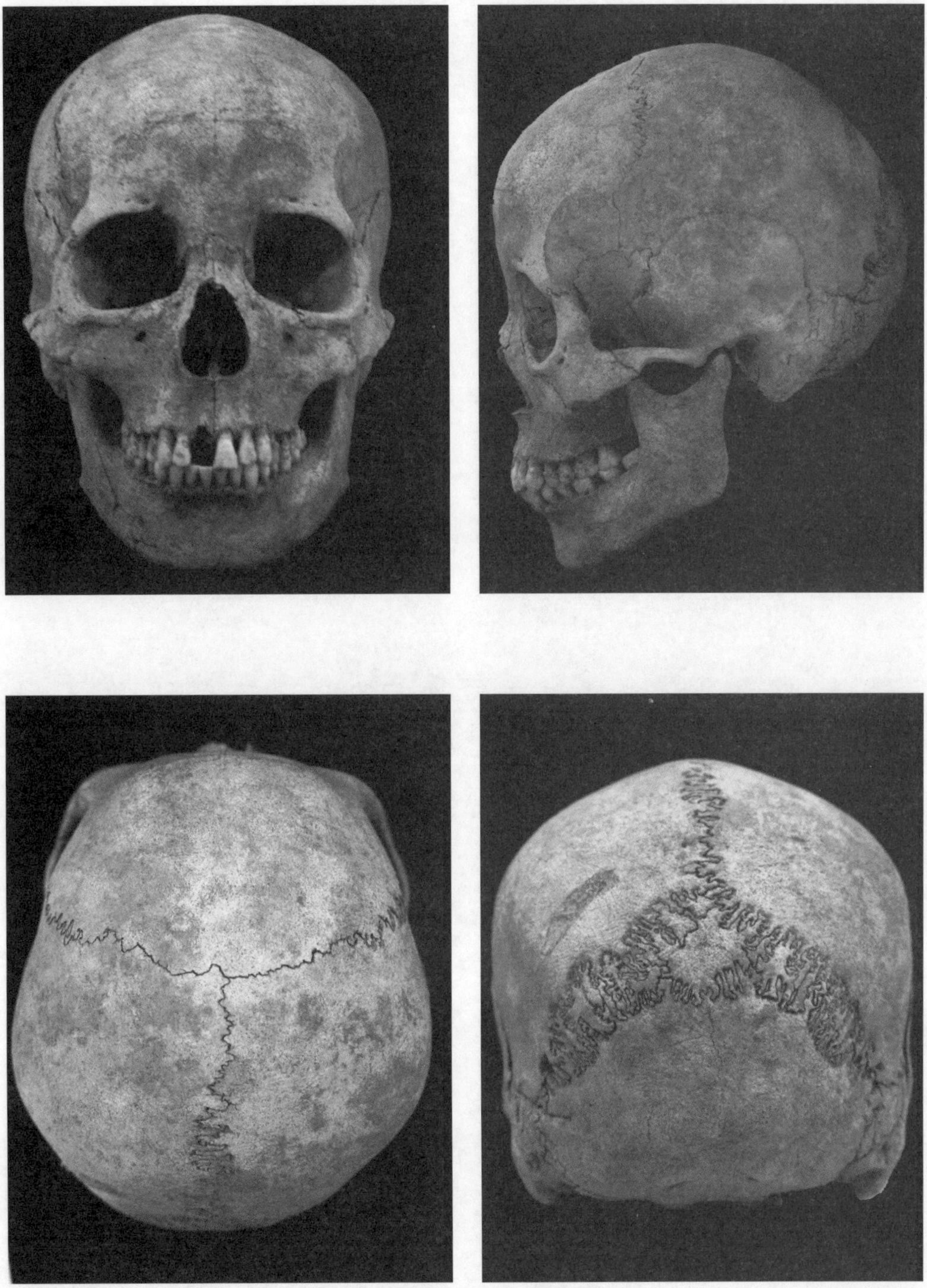

姜家梁女性头骨

95 M62

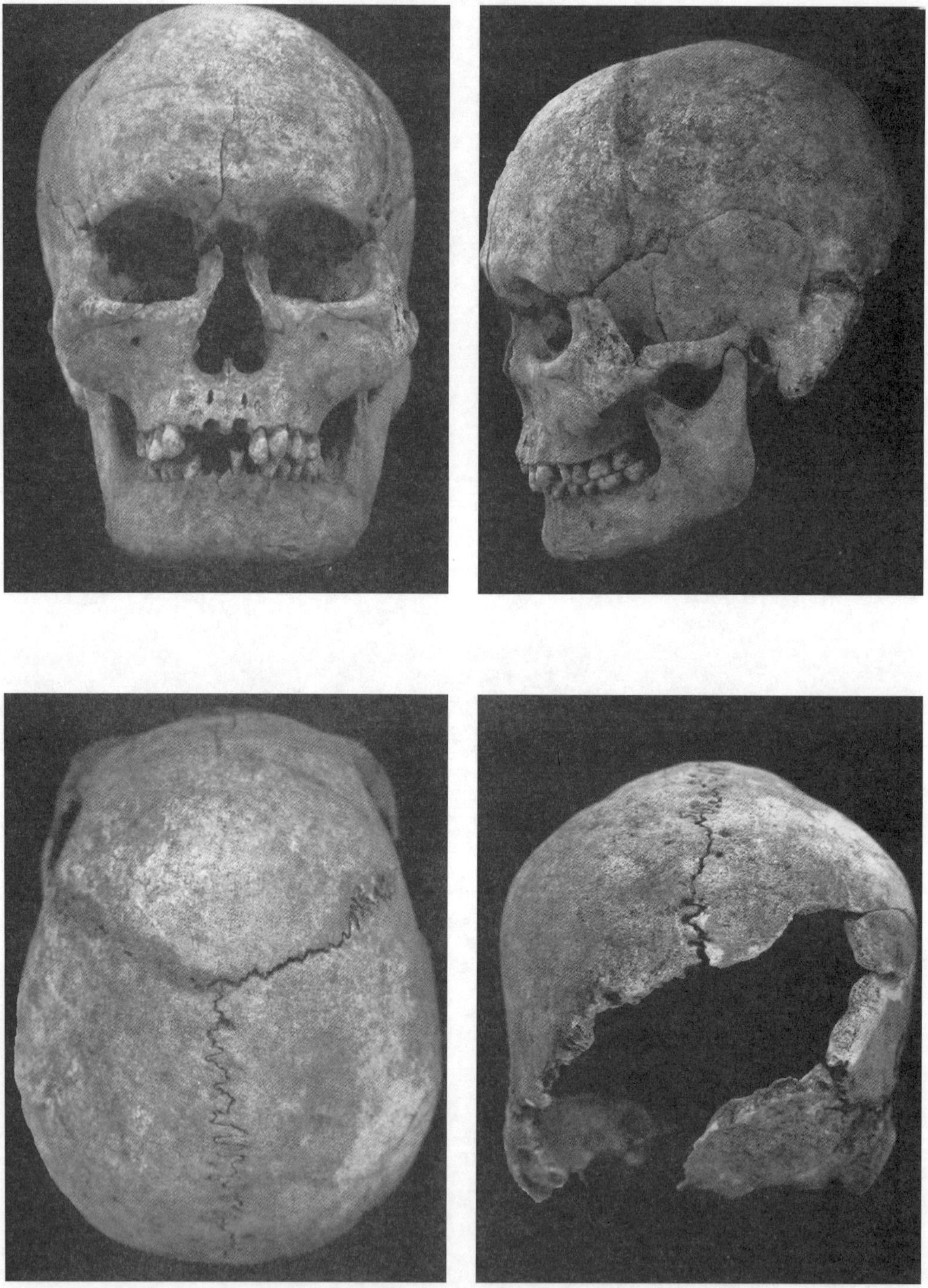

姜家梁女性头骨

98Ⅱ M29 (4)

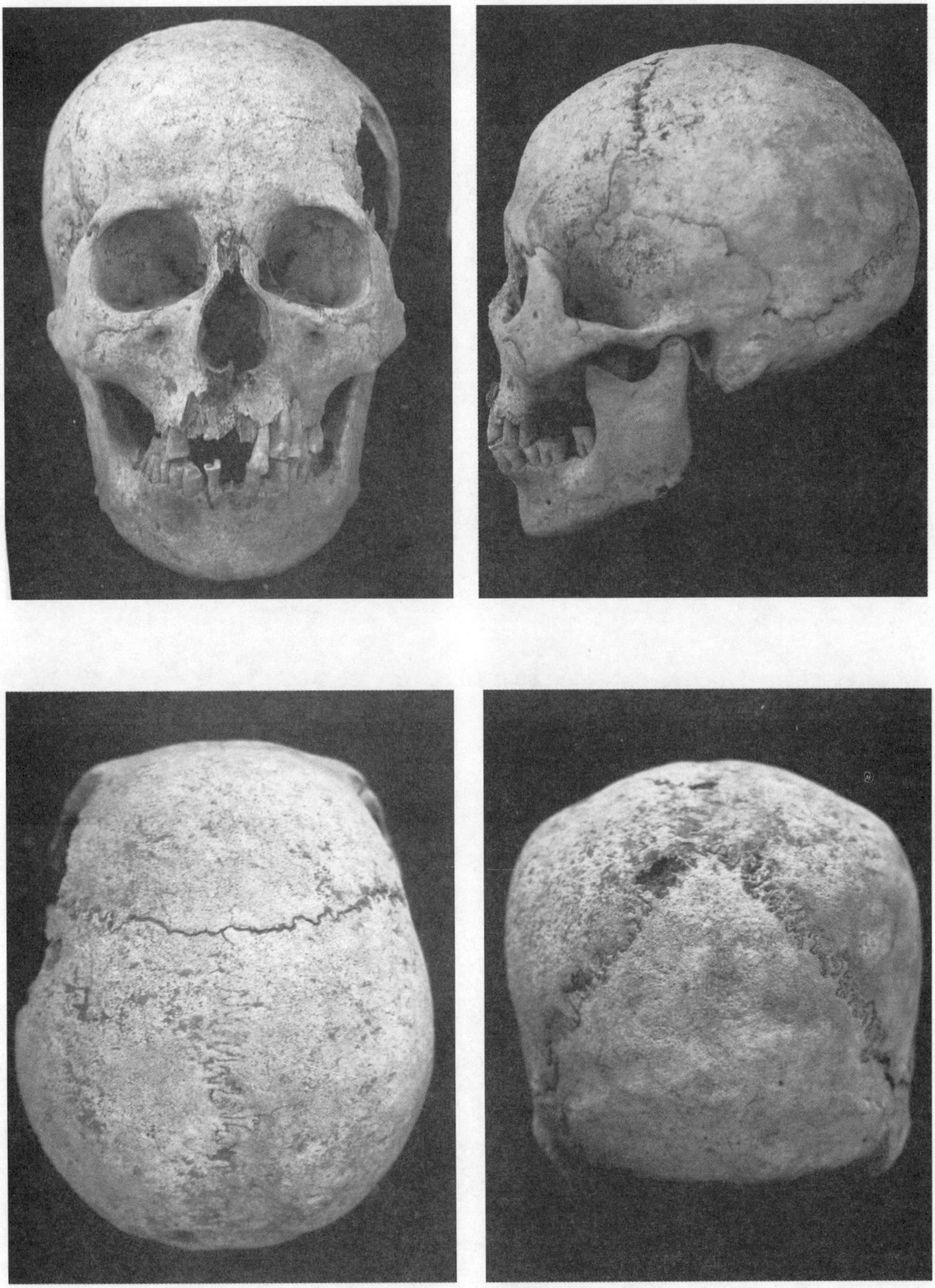

姜家梁女性头骨

98Ⅲ M9